Public Relations

für Kommunikations-, Marketing- und Werbeprofis

Bernhard Müller
Angela Kreis-Muzzulini

Public Relations

für Kommunikations-, Marketing- und Werbeprofis

Verlag Huber
Frauenfeld Stuttgart Wien

Bibliografische Information der deutschen Bibliothek:
Die Deutsche Bibliothek verzeichnet diese Publikation
in der Deutschen Nationalbibliografie;
detaillierte bibliografische Daten sind im Internet
über http://dnb.ddb.de abrufbar.
ISBN 3-7193-1372-7

2. überarbeitete und erweiterte Auflage 2005

Gestaltung und Satz: Atelier Mühlberg, Basel
Herstellung: Arthur Miserez, Frauenfeld
Gesamtherstellung: Huber & Co. AG,
Grafische Unternehmung und Verlag, Frauenfeld
Einband: Buchbinderei Schumacher, Schmitten

Printed in Switzerland

Inhaltsverzeichnis

* Vollständige Checklistenübersicht siehe Seite 349ff.

Einleitung

Dem vorliegenden Handbuch für Public Relations liegen nebst einer langjährigen Berufspraxis im Kommunikationsbereich auch die reiche Erfahrung in der Lehr- und Expertentätigkeit beider Autoren zugrunde. Was als Lösungsraster für die Experten des Fachs PR mündlich der Berufsprüfungen für Marketingplaner mit eidgenössischem Fachausweis erstmals Mitte der Achtzigerjahre zusammengestellt wurde, entwickelte sich im Laufe der letzten Jahre zum umfassenden PR-Handbuch und Nachschlagewerk. Zu einem Arbeitsinstrument für alle, welche die Kommunikation in ihrem Berufsalltag anwenden und professionalisieren wollen. Zum Lehrmittel für all diejenigen Kolleginnen und Kollegen, die sich aus Verpflichtung ihrem Berufsstand gegenüber in der Kommunikationsausbildung und als Prüfungsexpertinnen und -experten engagieren. Und zur Lernhilfe für alle angehenden Kommunikations- und Marketingprofis, die sich während ihrer Ausbildung praxisorientiert auf ihre Prüfungen vorbereiten möchten.

Überall gelangen neue Methoden und Techniken zur Anwendung und moderne Technologien zum Einsatz. So auch in der Unternehmens- und Marketing-Kommunikation. Hand in Hand mit dem fortdauernden Wandel in der Unternehmenskultur gehört die Kommunikation zum täglichen Entwicklungsprozess. Aus diesem Grund baut das vorliegende Werk auch auf die Erkenntnisse aus der Kommunikationsforschung. Diese wird in Zukunft ohne Zweifel in zunehmendem Mass immer schneller wichtigeres und aufschlussreicheres Wissen generieren.

Der Buchteil *Interne Public Relations* soll das Bewusstsein für ein gesundes, erbauendes Arbeitsklima stärken. Wenn jeder Einzelne seine eigene Verantwortung gegenüber seinen Mitmenschen sowie der Umwelt erkennt und sich daraus für eine offene, transparente Kommunikationskultur einsetzt, wird sich die interne Kommunikation auch als effizientes Instrument für ein ethisches

Handeln und Verhalten bewähren und somit wesentlich zum Unternehmenserfolg beitragen.

Die Kunst der modernen und effizienten Kommunikation lässt sich erlernen und durch Erfahrung vertiefen. Doch wertvoll einsetzen kann sie nur, wer mit sich selbst und seiner Umwelt in Einklang steht. Denn einfühlsames Denken, Handeln und Auftreten wirkt nur, wenn es von innen kommt.

Wir hoffen, mit unserem Buch einen nützlichen Beitrag zur weiteren Entwicklung des Kommunikations- und Dialogmanagements zu leisten und den bewussten Umgang mit Information und Wissen zu fördern.

Angela Kreis-Muzzulini
Bernhard Müller

Zugunsten der leichteren Lesbarkeit umfassen die personenbezogenen Begriffe im folgenden Text immer beide Geschlechter. Wir verweisen auf die Richtlinien «Leitfaden sprachliche Gleichstellung» der Bundeskanzlei der Schweizerischen Eidgenossenschaft (www.admin.ch/ch/d/bk/sp/leitfgle/index.htm).

Vorwort

Die Erkenntnis, dass für den langfristigen Erfolg eines Vorhabens kein Weg an der interessierten Öffentlichkeit und somit an der Auseinandersetzung mit der öffentlichen Meinung vorbei führt, hat sich durchgesetzt.

Mit Public Relations (PR) – zu deutsch Öffentlichkeitsarbeit – gilt es stets, die notwendige Aufmerksamkeit, das Verständnis und Vertrauen zu schaffen und zu pflegen. Nur auf diese Weise besteht die Chance, sich im Wettbewerb der Meinungen durchzusetzen und damit eine wichtige Voraussetzung für das Gelingen zu erfüllen.

Meinungen beruhen in unserer paradoxerweise intransparent gewordenen Informationsgesellschaft je länger je mehr auf subjektiven Wahrnehmungen und immer weniger auf objektiven Sachverhalten. Mit gezielten Kommunikationsmassnahmen Wahrnehmungen und Tatsachen dort in Einklang zu bringen, wo diese nicht deckungsgleich sind, ist eine weitere Herausforderung an die Public Relations. Die Fachwelt hat dafür den Begriff *Perception Management* geprägt.

Public Relations haben sich in den letzten Jahren nicht nur zu einem wirtschaftlichen und gesellschaftlichen Phänomen, sondern auch zu einer eigenständigen, umfassenden Kommunikationsdisziplin, die laufend mit Innovationen aufwartet, entwickelt.

Bis heute fehlte in der Schweiz ein kompaktes PR-Manual, das die grundlegenden Informationsbedürfnisse der PR-Schaffenden und PR-Studenten gleichermassen abdeckt. Diese Lücke ist jetzt geschlossen.

Das vorliegende PR-Handbuch ist aus der Praxis für die Praxis verfasst. Die beiden Autoren Angela Kreis-Muzzulini und Bernhard Müller verfügen über eine jahrelange Erfahrung als PR-Fachkräfte in den verschiedensten Funktionen: Leitende PR-Positionen auf Unternehmens-, Agentur- und Verbandsseite sowie umfassende Aktivitäten im Ausbildungs- und Expertenbereich dokumentieren die Fachkompetenz in ihren Lebensläufen. Ihr breites Fachwissen und ihre Erkenntnisse aus der beruflichen Praxis haben sie, übersichtlich präsentiert und leicht verständlich formuliert, in dieses instruktive Manual eingebracht.

Als Arbeitsinstrument für PR-Fachkräfte, als Lehrmittel in der PR-Ausbildung sowie als Nachschlagewerk für Kommunikations-Interessierte wird dieses Handbuch einer breiten Leserschaft nützliche Dienste erweisen und viele Impulse mit auf den Weg geben.

Dr. Dieter Jäggi

1 Grundlagen der Public Relations

Geschichte der Public Relations

Wurzeln im Altertum

Wer sich mit Public Relations näher befassen und die Zusammenhänge begreifen will, kommt nicht umhin, die Geschichte der PR zu erforschen. Dabei finden sich zahlreiche Theorien, vorab jene der PR-Pioniere Albert Oeckl (1909–2001) und Edward L. Bernays (1891–1995). Der deutsche «PR-Vater» Albert Oeckl etwa vermutete die Wurzeln der PR-Geschichte im politischen Leben des Altertums. So soll sich der griechische Staatsmann Perikles bereits im 5. Jahrhundert vor Christus «als ein Meister in der Beherrschung der Massenpsyche der Athener Bevölkerung» der bewussten, geplanten Kommunikation bedient haben. «Über dreissig Jahre steuerte er als Führer der Demokraten und als Vertrauensmann des Volkes das Geschick der damals glänzendsten Stadt Griechenlands.» Perikles war als Bauherr und Feldherr, Sozialreformer und Kolonisator, Mäzen und Fremdenverkehrsförderer immer darauf bedacht, Verständnis zu schaffen und Vertrauen zu gewinnen.[1] Oeckl war ebenso fasziniert vom Makedonier Alexander der Grosse (356–323 vor Christus), der «vom Beginn seines historischen Wirkens an bemüht war, die öffentliche Meinung – auch in den besiegten Gebieten – für sich zu gewinnen.»[2]

Zu Machiavelli, dem italienischen Staatsmann, Dichter und Denker (1469–1527), meinte der deutsche Kommunikationswissenschaftler: «Die Bedeutung der Stimme des Volkes – und die Möglichkeiten seiner Beeinflussung – hat Niccolo Machiavelli in seinen ‹Discorsi› in der zweiten Dekade des 16. Jahrhunderts illusionslos dargestellt. Psychologisch differenzierend entwickelte er später in seiner auf *virtù* und *fortuna* basierenden Herrschaftstechnik ein

1 Albert Oeckl (1976, 93)

2 Albert Oeckl (93)

System der Lenkung der Massen, das ein Musterbeispiel des ‹engineering of consent› darstellt.»

Der Amerikaner Edward L. Bernays, welcher bereits 1923 die ersten PR-Kurse an der New Yorker Universität gab und im selben Jahr sein erstes PR-Buch unter dem Titel *Crystallising Public Opinion* publizierte, vermutete den Beginn der PR bereits bei den Sumerern, Babyloniern, Syrern und Persern.[3]

Von den USA nach Europa

Die heutigen «modernen» Public Relations, besser bekannt unter dem Kürzel PR, verzeichnen ihren Ursprung gegen Ende des 19. Jahrhunderts in den Vereinigten Staaten von Amerika.

In der Zeit zwischen 1875 und 1900 verdoppelte sich die Bevölkerung der USA. Die Grossstädte wuchsen unaufhaltsam. Die industrielle Massenproduktion eroberte die Industrie und ein Netz von Eisenbahnlinien und Fernmeldeleitungen wurde über den ganzen Kontinent gelegt. Diese Entwicklung vollzog sich beinahe ohne staatliche Eingriffe und begünstigte deshalb ein fast unbegrenztes, freies Unternehmertum. Nicht von ungefähr lief Amerika der Ruf als «Land der unbegrenzten Möglichkeiten» voraus. Zu Lasten breiter Bevölkerungsschichten, meist Werktätigen, erlangten grosse Trusts wirtschaftliche Macht und private Geschäftsleute, so genannte «robber barons», häuften Kapital.

Mit diesem rasanten Wachstum von Industrie und Verkehr und dem damit verbundenen strukturellen wie auch gesellschaftlichen Wandel erkannten Industrielle und Politiker die zunehmende Bedeutung der öffentlichen Meinung. Missstände wurden zu jener Zeit in den USA nicht wie in Europa auf politischer Ebene, sondern hauptsächlich durch den Enthüllungsjournalismus berühmter Schriftsteller und Journalisten bekämpft. Die Beiträge der schon damals in Millionenauflagen erschienenen Tages- und Wochenzeitungen veranlassten die städtische Mittelklasse, sich der Protestwelle gegen Korruption und Missbräuche anzuschliessen.

3 Bernays (1961, VI)

Zu ihrer Verteidigung engagierten die grossen privaten und öffentlichen Unternehmen ehemalige Zeitungsjournalisten als «Publicity-Berater» oder «-Direktoren». Negative Berichterstattungen wurden fortan nach Kräften widerlegt, positive Leistungen in entsprechendem Licht ausführlich dargestellt.

Drei Gründe werden entsprechend für die Entstehung und Entwicklung der PR in den USA erwähnt:

- die Verteidigung und Legitimation des Big Business und analog des Staates gegen den Enthüllungsjournalismus der muckrakers[4] (unter anderen Upton Sinclair) zu Beginn des 20. Jahrhunderts;
- die Rationalisierung der Verwaltung im Grossbetrieb und im Staat im Zusammenhang mit der Einführung neuer Kommunikationstechniken;
- die ökonomische und politische Notwendigkeit von Kommunikationsbeziehungen zwischen Wirtschaft und Gesellschaft beziehungsweise Staat und Gesellschaft.

PR dienten also vorerst dazu, die unangenehmen «muckrakers», die als «Nestbeschmutzer» bezeichneten Journalisten zu neutralisieren. Die stetig wachsenden Industriegesellschaften, Eisenbahnen, Banken und Kohlegruben gerieten wegen Volksausbeutung zunehmend in Verruf. Der steigenden Opposition war nur mit gezielter Information wirkungsvoll zu begegnen.

PR als Instrument unternehmerischer und politischer Tätigkeit

«Relations with the public», die Beziehungspflege zur Öffentlichkeit, wurde in der Folge zu einem festen Bestandteil unternehmerischer und staatlicher Politik. Besonders erfolgreich in dieser jungen Disziplin handelte Ivy Lee (1877–1934), erster PR-Manager der Pennsylvania Railroad, nachmaliger Public-Relations-Direktor des amerikanischen Roten Kreuzes und eigentlicher PR-Pionier. Mit seinem Bekenntnis zu wahrer, rascher und umfassender Information hat

4 Skandalmacher; *Langenscheidts Handwörterbuch Englisch*

Lee das erste Kapitel der PR-Geschichte geschrieben, was ihm zum Titel «Urvater der PR» verhalf.

Die PR entwickelten sich in Amerika zur Zeit der beiden Weltkriege zu einem unentbehrlichen Instrument unternehmerischer und politischer Tätigkeit. 1914 wurde auf Veranlassung von Präsident Wilson das *Committee on Public Information* gegründet. Mittels professionalisierter Information galt es, die amerikanische Bevölkerung mit den Zielen der Regierung vertraut zu machen und für die wenig populären europäischen Feldzüge zu sensibilisieren. Die militärische Führung setzte die Kommunikation während des ersten Weltkrieges als strategisches Element ein. Viele der im Krieg beschäftigten amerikanischen PR-Fachleute suchten nach Abschluss ihrer militärischen Mission eine neue Tätigkeit und brachten ihre Erfahrungen in den Wirtschaftsalltag ein. So begann sich der Bereich Public Relations 1919 als Führungsinstrument der Unternehmens- und Verbandsleitungen, aber auch der Verantwortlichen von gemeinnützigen Organisationen wie der Kirche und anderer nicht Profit orientierter Organisationen, durchzusetzen.

In Europa fasste die junge Kommunikationsdisziplin erst nach dem Zweiten Weltkrieg Fuss. Es galt, den Übergang von der Kriegs- zur Friedenswirtschaft mit PR-Aktivitäten zu unterstützen. Durch die von amerikanischen Truppen nach Europa gebrachten Public-Relations-Strategien liessen sich Feindbilder grösstenteils abbauen. Auch der Marshallplan[5], der eine enge Verflechtung zwischen der amerikanischen und europäischen Wirtschaft brachte, unterstützte den Siegeszug der PR in Europa. Erstmals konnte geplante und bewusste Kommunikation massgebend zur Lösung von Konflikten und Beziehungsproblemen beitragen.

1951 wurde der vom deutschen «PR-Papst» Albert Oeckl[6] geprägte Begriff «Öffentlichkeitsarbeit» auf Wunsch des Deutschen Industrie- und Handelstages, dessen Leiter Oeckl von 1950 bis 1959 war, als offizielle Übersetzung der amerikanischen Bezeichnung Public Relations im deutschen Sprachraum eingeführt. Der Ausdruck gilt heute noch als Synonym der Bezeichnung Public Relations.

5 *European Recovery Program* (ERP): amerikanische Wiederaufbauhilfe für die europäische Wirtschaft

6 Albert Oeckl, geboren 1910 in Nürnberg, gestorben 2001 in Heidelberg

	Historische Meilensteine der modernen Public Relations[7]
Mitte des 19. Jh.	Gründung der ersten Presseagenturen (*press agencies*) unter anderem zum Lancieren von Nachrichten mit Werbecharakter (*publicity men*)
1882	Erstmalige Verwendung des Begriffs Public Relations durch den amerikanischen Rechtsanwalt Dorman Eaton in einem Seminar an der Yale Law School (*PR – to mean relations for the general good*)
1889	Westinghouse etabliert das erste *corporate public relations departement* in seiner Elektro-Firma
1897	Im *Yearbook of Railway Literature* wird der Ausdruck «Public Relations» erstmals verwendet.
1900	Einrichtung des ersten unabhängigen *Publicity Bureau* durch Michaelis & Small in Boston
1905	Ivy Lee, bis 1903 schlecht bezahlter Reporter bei der Zeitung *The World*, gründet die Presseagentur Parker & Lee, deren Kunden unter anderem Rockefeller und die Pennsylvania Railroad waren.
1905	Einrichtung des ersten Publicity-Büros der Eisenbahngesellschaft
1906	Ivy Lee wird von der Kohlenindustrie als erster «spokesman» angestellt. Lee ist Verfasser der *Declaration of Principles*, in der es heisst: «Dies ist nicht ein geheimes Pressebüro. Unser Plan ist, kurz und offen, die Presse und Bevölkerung schnell und genau über die Tatsachen zu informieren, die für sie von Wert und Interesse sind.» So wird Lee zum «father of public relations». (Lee behielt allerdings das Image des «Reinwäschers» und «Übertünchers»)
1907	ATT verpflichtet den Berater James Drummond Ellsworth, «um auf die Wahrung des Gemeinwohls zu achten». Andere folgten in diesen Jahren bei anderen Unternehmen. Das US-Marine-Corps richtet in Chicago ein publicity bureau für die PR-Arbeit des USA-Militärs ein.
1912	Ernennung Ivy Lees zum Executive Assistant des Präsidenten der Pennsylvania Railroad und damit zum ersten Top-PR-Manager. Er praktiziert als erster einen neuen Stil der Meinungspflege: Überzeugen.
1913	Der 1891 in Wien geborene Edward L. Bernays beginnt als press agent seine Laufbahn. Der Neffe Siegmund Freuds betreut in den folgenden Jahren zunächst Theater, Konzerte und Ballette. Er verbindet angewandte

7 Dieter Herbst: *Historische Meilensteine*

	Psychoanalyse und PR. Bernays gilt als der publicity man und umschreibt PR wie folgt: «Das Wesen der PR ist ein Prozess, um Partikularinteressen und Gemeinwohl in Übereinstimmung zu bringen. PR sind ein sozialer Prozess gegenseitiger Kommunikation.»
1914	Die US-Regierung bemüht sich, ihre Kriegsziele der Bevölkerung klarzumachen und deren Unterstützung zu finden. Präsident Theodore Roosevelt engagiert George Creel und gründet auf dessen Anregung das *Committee on Public Information*, in dem insbesondere Edward L. Bernays, Carl Byoir und John Price Jones arbeiten. Das Committee mobilisiert unter anderem die öffentliche Meinung für die Massnahmen des unpopulären Feldzuges im fernen Europa. PR im Zusammenhang mit der Militärpolitik führt zu einer neuen Phase von Öffentlichkeitsarbeit: psychologischer Angriff statt Verteidigung.
1916	Die Katholische Kirche der USA gründet in New York ein *Publicity bureau* unter Leitung von J. P. Kennedy. Der National Lutheran Council startet sein Church Publicity Program.
1918	Nach Kriegsende lassen sich ehemalige Mitarbeiter des Psychological Warfare Civil nieder und passen die im Krieg entwickelten PR-Methoden dem Bedarf der Friedenszeit an. Es entsteht eine Vielzahl von PR-Agenturen und -abteilungen.
1919	Bernays eröffnet in New York ein Büro als Public Relations Counselor. Ivy Lee gründet die Public Relations-Beratungsfirma Ivy Lee & Associates. George Creel wird erster PR-Berater des amerikanischen Präsidenten Woodraw Wilson.
1920	Erstmals wird im Webster Dictionary der Begriff «*Public opinion*» (öffentliche Meinung) aufgeführt.
1923	Bernays hält an der Universität New York den ersten PR-Lehrgang ab («On the principles, practices and ethics of the new profession of public relations») und veröffentlicht im gleichen Jahr das erste grundsätzliche PR-Buch unter dem Titel *Crystallizing Public Opinion*.
1929	Der Börsenkrach und die tiefe wirtschaftliche Depression bringt die erste Konsolidierung der nach dem Weltkrieg entstandenen PR-Berufsgruppe, nachdem ihre Nützlichkeit in diesen schwierigen Jahren unter Beweis gestellt worden war. Aus der bisherigen gelegentlichen und meist defensiven PR-Arbeit wird allmählich eine kontinuierliche, positiv orientierte PR-Aktivität.

1933	Whitaker und Baxter gründen in San Francisco die erste Agentur, die sich auf politische Kampagnen spezialisiert.
1934	Tod des PR-Pioniers Ivy Lee.
1939	Der Beginn des Zweiten Weltkrieges verändert die PR-Situation völlig: In Washington richtet die Regierung ein *Office of War Information* ein unter Elmer Davis, der bald über mehrere Tausend Mitarbeiter verfügt. Es gilt, die psychologischen Voraussetzungen zu schaffen für die Umstellung eines ganzes Volkes vom Friedenszustand auf Kriegsmentalität, auf Rüstungsproduktion, Kriegsanleihe und Rationierung der Lebensmittel. Erfahrene PR-Praktiker werden dringend gesucht und gewinnen rasch an Einfluss und Ansehen. Ähnlich ist die Entwicklung in anderen Ländern. Die PR-Arbeit dehnt sich schnell weiter aus; sie ist zu einem Beruf geworden.
1945	Die Auflösung der *Office of War Information* nach Kriegsende in Washington und ähnlicher Einrichtungen in anderen Staaten zwingt Tausende von PR-Leuten, ihre Erfahrungen und Techniken nun in die Wirtschafts-, Verwaltungs- und Verbandspraxis zu übertragen. Im Gefolge des Marshallplans stösst die amerikanische Wirtschaft nach Europa vor, wobei die Public Relations auch helfen müssen, Probleme der internationalen Beziehungen zu lösen. Aber auch die amerikanischen Besatzungstruppen tragen ihren Teil dazu bei, PR in Europa zu verbreiten. In Frankreich und Belgien entsteht der Ausdruck *Relations Publiques*, in Italien *Relazioni Pubbliche*, in den spanisch sprechenden Ländern *Relaciones Publicas*, in Deutschland *Öffentlichkeitsarbeit.*
1947	Gründung der *PR Society of America* (PRSA), die 1950 ihren «Code of Ethics» beschliesst.
1948	Holländische PR-Leute treffen sich zum Erfahrungsaustausch und gründen die *Genootschap voor Openbaar Contact*, die später in die *Nederlands Genootschaap voor Public Relations* umgewandelt wird.
1948	Errichtung des *Institute of Public Relations* in London. Dies führt 1949 zum ersten niederländisch-britischen PR-Erfahrungsaustausch und damit internationalen PR-Treffen.
1950	Gründung der Vorgänger-Gesellschaft der *Association Française des Relations Publiques.*
1951	Der Schweizer Rudolf Farner (1917–1984) gründet die erste PR-Agentur Europas.
1953	Gründung des *Centre Belge* und der *Schweizerischen PR-Gesellschaft SPRG.*

1954	Gründung der ersten italienischen PR-Gesellschaft.
1955	Am 1. Mai wird in London die *International Public Relations Association (IPRA)* als erster supranationaler Zusammenschluss etabliert.
1958	Erster Public Relations Weltkongress in Brüssel, dem bis heute weitere Kongresse im Dreijahresrhythmus folgten.
1958	Gründung der *Deutschen Public Relations-Gesellschaft (DPRG).*
1959	Gründung der *Confédération Européenne des Relations Publiques (CERP)* in Orléans durch PR-Fachleute aus Belgien, Frankreich, Deutschland, Italien und Holland.
1960	Gründung der griechischen PR-Gesellschaft.
1961	Anlässlich des zweiten Weltkongresses in Venedig wird der IPRA Code of Conduct «for the purpose of establishing standards of professional ethics and conduct» verabschiedet.
1965	Der IPRA Council verabschiedet in Athen den «Code of Athens». Er ist heute die ethische Grundlage für die in den 55 nationalen PR-Gesellschaften zusammengeschlossenen nahezu 30'000 Public-Relations-Fachleute in der ganzen Welt.
1969	Gründung des *Schweizerischen Public Relations Instituts* (SPRI).
1970	Fusion der FIERP *(Federazione Italiana Esperti Relazioni Pubbliche)* und FIRP *(Federazione Italiana Relazioni Pubbliche)* zur *Federazione Relazioni Pubbliche Italiana*, FERPI.
1973	Mit dem *Council of Presidents of National, Regional and International Associations* entsteht eine formale Verbindung zwischen den nationalen und internationalen PR-Vereinigungen. Als zentrale Agentur amtet die IPRA.
1975	Anlässlich der *First All Africa PR-Conference* in Nairobi treffen sich erstmals die afrikanischen PR-Leute mit erfahrenen internationalen Experten.
Seit anfangs der Siebzigerjahre	Weitere Gründungen von Ausbildungsinstituten in ganz Europa.
Seit anfangs der Neunzigerjahre	Rasche Zunahme des PR-Ausbildungsangebotes in Europa auf allen Stufen (Zertifikats-, Diplom-, Master- und Universitätsstufe).
1995	Tod Edward L. Bernays in New York.
2001	Tod Albert Oeckls in Heidelberg.

Entwicklung der Public Relations in der Schweiz

Bis sich die Public Relations als Instrument Mitte der Siebzigerjahre auch in der Schweiz durchzusetzen vermochten, mussten die PR-Profis ganze Überzeugungsarbeit leisten. Die bereits 1953 als Förderungsgemeinschaft für den Gedanken der PR gegründete *Schweizerische Public Relations Gesellschaft* (SPRG) fristete lange Zeit ein Mauerblümchendasein. 1961 bildeten die vollamtlich tätigen PR-Fachleute das Berufsregister der SPRG. Zur Förderung der PR-Aus- und -Weiterbildung entstand 1969 das *Schweizerische Public Relations Institut* (SPRI), das 1980 in eine Stiftung umgewandelt wurde. Es bildeten sich die heute als sieben Regionalgesellschaften funktionierenden «Ortsgruppen». 1979 konnten die ersten Absolventen der PR-Berater-Ausbildung in der Schweiz das Diplom mit dem gesetzlich geschützten Titel «Eidgenössisch diplomierter PR-Berater» entgegennehmen. Fünf Jahre später, im Jahre 1984, bot das SPRI erstmals den Lehrgang zur Erlangung des Titels «PR-Assistent mit eidgenössischem Fachausweis» an. Mit dem ersten Studienlehrgang der Kommunikationswissenschaften in der Schweiz beschritt die 1998 gegründete *Università della Svizzera Italiana* (USI) neue Wege. In Zusammenarbeit mit dem SPRI bietet die Universität in Lugano zudem seit 1999 das Nachdiplomstudium «Master of Science in Communications Management» (MPR) an.

Durchbruch in den Achtzigerjahren

Die meisten eigenständigen PR-Abteilungen grösserer Unternehmen in der Schweiz, in Deutschland und Österreich entwickelten sich erst in den Achtzigerjahren. Heute nehmen die PR im Kommunikationsmanagement moderner Wirtschaftsunternehmen und Organisationen auf der Geschäftsleitungsebene einen festen Platz ein. Doch vielerorts wird für das Verständnis und die Notwendigkeit professioneller Kommunikation immer noch gekämpft. Einer der Gründe dazu dürfte im Missbrauch des PR-Begriffs zu finden sein. Nur zu gerne wird auf das zum Klischee verkommene Bonmot «Tue Gutes und sprich darüber» zurückgegriffen, um daraus persönliche Vorteile zu schlagen oder sich selbst in den Vordergrund zu rücken.

Wenn die Kommunikationsaktivitäten insbesondere öffentlich-rechtlicher und staatlicher Unternehmen sowie der Verwaltung noch heute als Verschleuderung von Steuergeldern ausgelegt wird, kann dies in vielen Fällen mangelnder «PR für die PR» zugeschrieben werden. Wen wundert's da, dass wichtige, in trockener Botschaft kommunizierte Abstimmungsvorlagen oft sang- und klanglos untergehen? Durch die Einführung der wirtschaftsorientierten Verwaltungsführung im öffentlichen Bereich, dem so genannten New Public Management, und durch die damit verbundene Schaffung von Kommunikations- und Informationsstellen dürfte diesem unglücklichen Zustand hoffentlich bald ein Ende gesetzt sein.

Definition Public Relations

Nach der offiziellen Definition der Berufsverbände im deutschsprachigen Europa lässt sich der Begriff *Public Relations* (PR) heute kurz als «Management von Kommunikationsprozessen für Organisationen mit deren Bezugsgruppen» umschreiben. Näher betrachtet, lassen sich die PR generell in die drei Gebiete Kommunikations-, Beziehungs- und Interessenmanagement gliedern. Damit sind sie über den Status der so genannten Öffentlichkeitsarbeit zum unentbehrlichen Führungsinstrument für eine aktive Kommunikationsgestaltung der modernen Unternehmung geworden. Aktive Kommunikationsgestaltung heisst, sich durch ständigen Dialog mit seinem Umfeld auseinander zu setzen, sich laufend auf die Veränderungen und Rahmenbedingungen einzustellen und diese dadurch offensiv mitzugestalten. Denn nur wer vorausschaut und danach handelt, kann auch morgen noch am Markt bestehen.[8]

Unter Einsatz eines breiten Instrumentariums an mündlicher, schriftlicher, elektronischer, visueller und audio-visueller Mittel haben die PR-Verantwortlichen durch offene, transparente, wahre und zeitgerechte Kommunikation bei den *internen* und *externen* Zielgruppen Glaubwürdigkeit, Vertrauen und Akzeptanz für die Unternehmung aufzubauen und zu erhalten. Es versteht sich, dass das angestrebte gute Image sich auch positiv auf den Absatzerfolg eines Unternehmens auswirken soll. Wo jedoch die PR die Absatz-

PR-Grundsatz:

- wahr
- klar
- offen
- transparent
- zeitgerecht

8 Frei nach Prof. Fredmund Malik

ziele unmittelbar unterstützen wollen, spricht der Kommunikationsspezialist von *Product PR.*

Darüber hinaus wollen die «Public Relations den politischen, wirtschaftlichen, sozialen und kulturellen Handlungsspielraum einer Organisation im Prozess öffentlicher Meinungsbildung schaffen.»[9]

Zusammenfassend betrachtet, obliegt den PR-Verantwortlichen die schwierige Aufgabe, das Unternehmen bei den Dialoggruppen durch professionelle Kommunikation als attraktiven und fairen Partner zu positionieren, das erlangte Image zu pflegen und auch zu erhalten. Denn ein gutes Image erhöht die Akzeptanz und Attraktivität der Körperschaft – als Arbeitgeberin der bestehenden und zukünftigen Mitarbeiter, im Absatz- und Beschaffungsmarkt, in ihrem gesamten Umfeld.

Kommunikation

Imagepflege

9 Broschüre *Selbstverständnis einer Branche*, Schweizerische Public Relations Gesellschaft, 1993

Ziel der PR ist das Aufbauen von	■ Verstehen ■ Verständnis ■ Vertrauen ■ Glaubwürdigkeit ■ Akzeptanz

Die Bedeutung der Corporate Communications

Im modernen Management werden die Public Relations im oben verstandenen Sinn vermehrt mit dem Begriff Corporate Communications, wörtlich der körperschaftlichen Kommunikation, im übertragenen Sinn mit Unternehmenskommunikation umschrieben. Damit ist die Gesamtheit aller internen und externen Kommunikationsaktivitäten einer Institution gemeint. In diesem Fall beschränkt sich die Rolle der Public Relations auf interne und externe Beziehungspflege. Denn ein Unternehmen wird in seiner Identität, der *Corporate Identity (CI)* durch all seine Kommunikationsdisziplinen, vor allem dem Denken (*Corporate Culture/Corporate Philosophy*), dem Verhalten (*Corporate Behaviour, CB*), dem Auftreten (*Corporate Design, CD*) und der Kommunikation (*Corporate Communications, CC*) geprägt. Hierzu gehören auch Spezialbereiche wie *Corporate Publishing*, also die Unternehmenspublizistik, welche publizistische Inhalte zum eigenen Unternehmen herstellt und verbreitet, die *Corporate Citizenship* – das Engagement einer Unternehmung im Gemeinwesen, die Public Affairs – Gestaltung der betrieblichen Beziehungen zur sozialen und politischen Umwelt – das Sponsoring, und die Marketingkommunikation mit Werbung und Produkte-PR.

Einheitliches Denken, Handeln und Auftreten bilden deshalb die Säulen der glaubwürdigen, gelebten Identität, der Corporate Identity einer Organisation. Die kontinuierliche Kontrolle, ob das als *Image*[10] bezeichnete Fremdbild mit der eigenen Wahrnehmung einer Körperschaft übereinstimmt, beeinflusst die Kommunikationsarbeit nachhaltig. Doch eine allfällige Abweichung, ein *Credi-*

10 vgl. *Imagepflege* im Praxisteil, S. 91ff.

bility gap, kann nur durch ein effektiv gelebtes Selbstverständnis, nicht jedoch allein durch professionelle Kommunikation korrigiert werden.

Wer mit seiner Identität überzeugen will, muss sie auch voll und ganz leben.

Die Corporate Identity

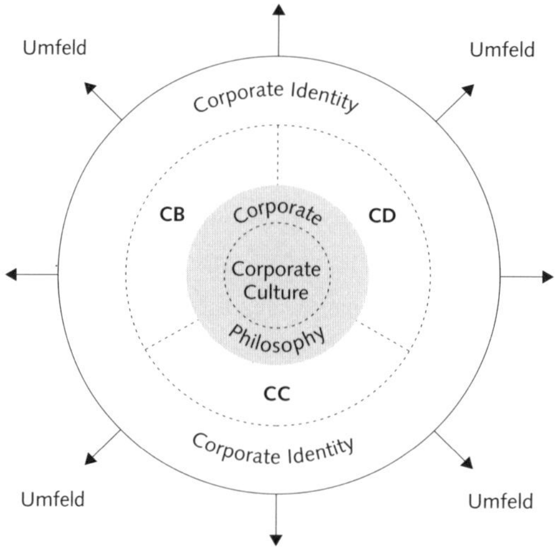

Die Corporate Identity (CI) entsteht durch das Zusammenwirken folgender Elemente:

- Kommunikation der Unternehmung (Corporate Communications, CC)
- Visuelles Erscheinungsbild (Corporate Design, CD/Visual Identity)
- Verhalten einer Institution (Corporate Behaviour, CB)

CI = Corporate Culture
+ Corporate Philosophy
+ Corporate Communications
+ Corporate Design
+ Corporate Behaviour

Den Kern der CI bilden die Unternehmenskultur (Corporate Culture) und die daraus entstehende Unternehmensphilosophie (Corporate Philosophy)

Interne und externe Public Relations

Zur übersichtlicheren Zielsetzung und Planung der Kommunikation in einer Unternehmung unterscheidet der Fachspezialist zwischen internen und externen Public Relations. Konzentriert sich im ersten Bereich die Kommunikation auf die Pflege der Beziehung zwischen Unternehmen und Mitarbeitern, vor allem durch die Information der Arbeitnehmer durch den Arbeitgeber, liegt der Schwerpunkt der externen PR auf der Kommunikationsgestaltung zu den Bezugsgruppen ausserhalb der Körperschaft.

Die Rolle der Public Relations in der Unternehmung

Weiss die Rechte, was die Linke tut? Mangelnde interne Kommunikation in Unternehmungen, Institutionen und Organisationen kann Ursache vieler Unstimmigkeiten sein. Den «Internen PR» fällt deshalb nicht nur in schlechten Zeiten eine zentrale Rolle zu: Sind die Kontinuität der Kommunikation auf Basis der Ehrlichkeit und Offenheit sichergestellt und die Kommunikationsabläufe klar geregelt, profitiert das Vertrauen in die Führungsverantwortlichen und entsprechend die Stimmung im Betrieb.

Umstrukturierungen müssen nicht zwangsläufig Klimaprobleme am Arbeitsplatz mit sich bringen. Führen die Verantwortlichen auch in schwierigen Zeiten nach den Kommunikationsgrundsätzen der Wahrheit, Klarheit, Kontinuität und der zeitgerechten Information, kann die Motivation der Mitarbeiter und die Bildung einer starken Einheit sogar noch intensiviert werden. Weicht das gute Klima hingegen durch Kommunikationsfehlverhalten wie Informationsverweigerung, -verhinderung oder gar Desinformation allgemeiner Unsicherheit und Angst, gehen der gegenseitige Respekt, die Arbeitsmotivation und damit die guten Leistungen im Betrieb verloren. Auswirkungen auf das Jahresendergebnis sind kaum zu vermeiden.

Gute interne PR sind eine Frage der Führungsstärke

Genauso wie die Teamarbeit nur gerade so gut sein kann, wie eine Gruppe geführt wird, sind erfolgreiche interne PR eine Frage der Führungsstärke und der menschlichen Empfindsamkeit, der *sozialen Kompetenz* der Geschäftsleitungsmitglieder. Ein Unternehmen kann deshalb langfristig nur erfolgreich überleben, wenn die interne Kommunikation funktioniert und jeder Mitarbeiter sich als Mitglied einer Gemeinschaft fühlt. Die regelmässige, wahre, klare und verständliche Information mittels der zur Verfügung stehenden Informationsinstrumente wie dem Anschlag am Schwarzen Brett, durch Veranstaltungen, per Intranet und E-Mail, in der Mitarbeiterzeitung, in jedem Fall aber durch die persönliche Ansprache eines jeden Mitarbeiters, festigen das Vertrauen in den Arbeitgeber. Als Beispiel dafür steht der Schweizer Unternehmer Nicolas Hayek, dessen wichtigstes Instrument nach eigener Aussage das Telefon darstellt, weshalb er für weltweit 20'000 Mitarbeiter immer erreichbar ist.[11]

Ohne jegliche Kommunikationskompetenz eine Hardliner-Mentalität zu leben, mag kurzfristig Erfolg bewirken. Langfristig gesehen, wird jedoch die Unternehmensidentität, die jeder Mitarbeiter mittragen sollte, zerstört.

Trotz aller elektronischer und schriftlicher Kommunikationsmittel kann nichts den persönlichen Kontakt von Mensch zu Mensch ersetzen. In den letzten zwei Jahrzehnten des 20. Jahrhunderts wurden viele gesunde, traditionsreiche Unternehmungen durch Fusionen, verlorene Identitäten, nicht wieder gewonnenes Mitarbeitervertrauen und schlussendlich durch den Verkauf der eigentlichen Kerngeschäfte zerstört. Eine Entwicklung, der im dritten Jahrtausend durch die Erkenntnis aus dem letzten Jahrhundert aktiv entgegen gewirkt werden sollte. Das Erkennen und analysieren der Unternehmenssituation im eigenen Umfeld und das strategisch richtige, zielorientierte Denken, Handeln und Auftreten wird zukünftig noch vermehrt zur Kernaufgabe der PR werden. Ein offenes Ohr und Verständnis für die Anliegen der Mitarbeitenden

11 Quelle: Interview mit Radio DRS 1, 1. Januar 2002

wiederspiegelt die immer wichtiger werdende *Sozialkompetenz* einer Körperschaft gegen innen und nach aussen. Entsprechend entwickelt sich das Unternehmensbewusstsein auch in neue Richtungen wie beispielsweise derjenigen der eigenen Stellung in der Gesellschaft (*Corporate Citizenship*).

Die verlorene Menschlichkeit

Nur allzu oft geht der soziale und ethische Auftrag einer Unternehmung durch den gewaltigen Leistungs- und Profitdruck des sich rasant entwickelnden Marktes, der wachsenden Konkurrenz und dem oft damit verbundenen täglichen Überlebenskampf «vergessen». Die dringend notwendige Menschlichkeit als eigentliche Voraussetzung zur erfolgreichen Unternehmensführung und die Erhaltung existenzsichernder Arbeitsplätze gehen dabei unwiederbringlich verloren.

Hält sich der Leser den Einsatz, das Engagement und die Identifizierung mit dem Unternehmen eines 59-jährigen Mitarbeiters vor Augen, grenzt es an Realsatire, wenn dieser nach vierzig Betriebsjahren ohne ein Zeichen des Dankes, ohne eine gebührende Verabschiedung unter dem Deckmantel der Umstrukturierung mit einem knappen Gespräch und entsprechendem Schreiben in die Frühpension entlassen wird. Nicht nur der Betroffene leidet in einer solchen Situation; solches Verhalten hinterlässt auch Image schädigende Spuren im gesamten internen und externen Bereich einer Organisation.

Längst hat die Werbung die Gefühle der Konsumenten entdeckt. Sie emotionalisiert, weckt Bedürfnisse, schafft Verlangen. Die Stories wachsen ins Groteske. Nach den prämierten Werbespots in Cannes 2001 zu schliessen, verzeichnen künftig jene Spots die besten Chancen wahrgenommen zu werden, welche auf Brutalität, Gewalt und Masochismus gründen. Die Hoffnung, dieser Trend möge eines Tages wieder von der fröhlichen und lebenslustigen Art der «guten alten Zeit» abgelöst werden, ist gering. Umso mehr bedarf es in den Unternehmen und Organisationen nach bewusst gelebter Menschlichkeit. Anerkennung und Respekt schaffen das Fundament, Kommunikation indessen den Raum für gute Leistungen.

Menschlichkeit ist Voraussetzung zur erfolgreichen Unternehmensführung.

Die Integrierte Kommunikation

Mehr und mehr setzt sich in den Führungsetagen die Erkenntnis durch, erst die gegenseitige Abstimmung aller Kommunikationsdisziplinen in sämtlichen Unternehmensbereichen, die integrierte Kommunikation, ermögliche die konsequente Umsetzung der körperschaftlichen Kommunikation und damit die angestrebte Akzeptanz und Glaubwürdigkeit der Organisation in ihrem Umfeld. Ziel der integrierten Kommunikation ist denn auch die Schaffung und Nutzung von Synergien in sämtlichen geplanten und übergreifenden Aktivitäten zur Effizienzsteigerung[12] des gesamten körperschaftlichen Auftritts und damit zur Erhöhung des Beachtungs- und Bekanntheitsgrades in der Öffentlichkeit.

Das Fundament der Integrierten Kommunikation bildet die klar definierte, voll implementierte Unternehmenskommunikation.

Nur wenn die körperschaftliche Identität als Kommunikationsbasis vorgelebt und kommuniziert wird, können die Kommunikationsinstrumente in den verschiedenen Unternehmenssparten bewusst koordiniert und bedürfnisgerecht eingesetzt werden.

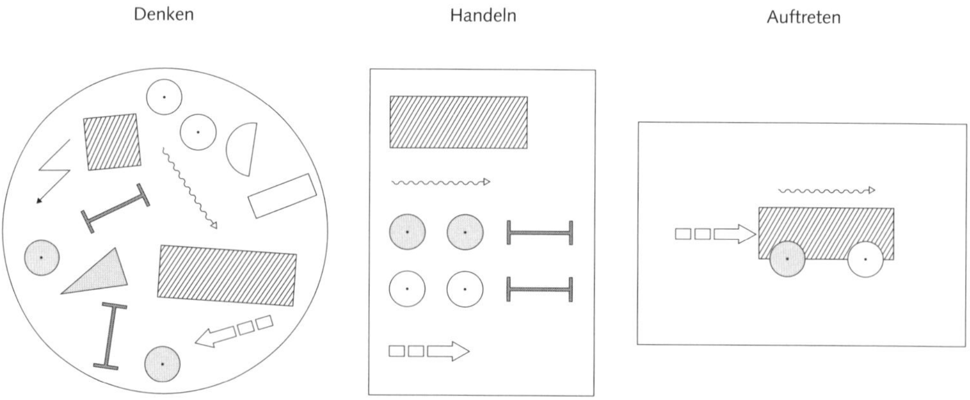

12 Manfred Bruhn: *Integrierte Unternehmenskommunikation*, C. E. Poeschel Verlag Stuttgart 1992

Grundsätze für das Erreichen von PR-Zielsetzungen

- Bewusste, geplante, kontinuierliche Pflege der Beziehungen zu allen relevanten internen und externen Zielgruppen
- Integrierte Kommunikation insbesondere auch in der Zusammenarbeit PR–Marketing / Marketing–PR und deren unterschiedlichen Zielgruppen
- Wahre, offene, vollständige, dauernde, rasche Information.

PR sind Chefsache

In der heutigen Informationsgesellschaft nimmt die Kommunikation eine zentrale Funktion ein. Es ist daher die Aufgabe der PR-beziehungsweise der Corporate-Communications-Abteilung und damit der Geschäftsführung, durch umfassende Information nach den ethischen Grundsätzen Transparenz zu schaffen. Organisationsmässig sind deshalb die PR, beziehungsweise die Corporate Communications auf Stufe Geschäftsleitung oder als Stabsstelle der Geschäftsleitung über den Strategic Business Units (SBU) anzusiedeln.

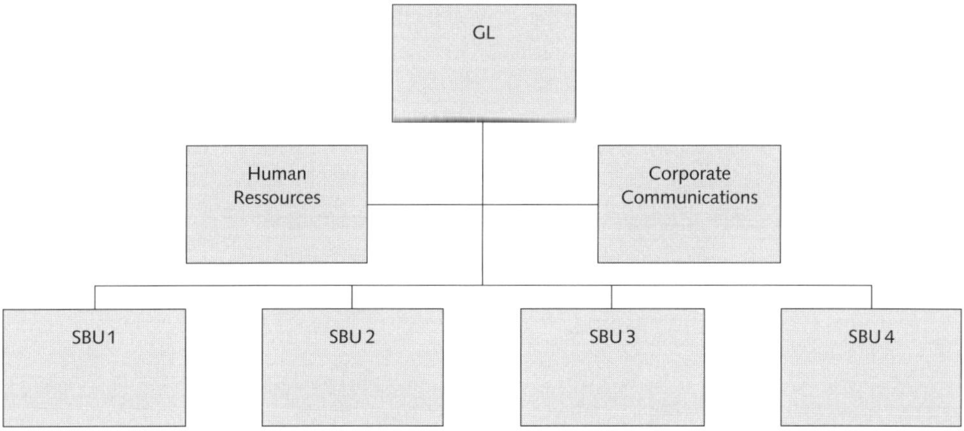

Die Aufgabe der PR ist das Erkennen und Analysieren der Unternehmenssituation im eigenen Umfeld und das strategisch richtige, bedürfnis- und zielorientierte Denken, Handeln und Auftreten.

Das heisst auch, dass Kommunikation auf den verschiedenen Stufen sowohl intern wie extern zum Tragen kommen muss, um erfolgreich zu wirken. Das Umfeld jeder Unternehmung und Organisation präsentiert sich äusserst vielschichtig. Eine sorgfältige Situations- und Zielgruppenanalyse bildet den Kern erfolgreicher Kommunikationsarbeit. Der Schlüssel dazu steckt im zielorientierten, strategisch überlegten, bezugsgruppenorientierten Einsatz der geeignetsten Massnahmen und Mittel. Bei der Planung, Organisation und Durchführung stützen sich deshalb die PR-Verantwortlichen auf ein klares, umfassendes Informations- und Kommunikationskonzept ab.

Grundsätze für das Informationsverhalten einer Körperschaft

PR sind eine Führungsaufgabe

Den Public-Relations-Verantwortlichen fällt die anspruchsvolle Aufgabe zu, die Unternehmenssituation laufend zu analysieren, Probleme frühzeitig zu erkennen und das gegenseitige Vertrauensverhältnis zu den internen und externen Dialoggruppen durch wahre, offene, ehrliche und zeitgerechte Kommunikation zu fördern. Unternehmenskommunikation ist demnach ein Prozess fortdauernder Führungsaufgabe.

PR beginnen zu Hause

Ehrliches, transparentes, kontinuierliches Kommunikationsverhalten prägt das Image der Unternehmung und erhöht die Attraktivität der Organisation im gesamten Unternehmensumfeld. Immer aber trifft ein Grundsatz den Kern der Sache: Kommunikation beginnt zu Hause.

PR erfordern Kontinuität

Weil PR eine Daueraufgabe sind, ist die erfolgreiche Integration der Körperschaft in ihr Umfeld nur möglich, wenn Kontinuität in der Kommunikationsplanung gewährleistet ist. Daraus lassen sich nachfolgende Grundsätze für das Informationsverhalten und das Erreichen der PR-Zielsetzungen ableiten.

PR müssen offen, ehrlich, vollständig, permanent, sachlich und schnell erfolgen:

- Offen und ehrlich zum Aufbauen der Vertrauensbasis
- Kontinuierlich und dauernd, damit ein Vertrauensverhältnis entstehen kann
- Sachlich und vollständig, um glaubwürdig zu sein
- Zeitgerecht und schnell, um Gerüchten vorzubeugen und professionell handeln zu können.

▶ Jede Geschichte hat drei Seiten:
meine
deine
und wie es wirklich war/ist

Kommunikationspsychologie

Wer sich klar auszudrücken, schwierige Zusammenhänge und komplexe Sachverhalte leicht verständlich darzustellen vermag, zeigt beachtliches Kommunikationstalent. Wer zudem menschliche Problematiken erkennen und sich in seine Kommunikationspartner hineinfühlen kann, verfügt über die wichtigsten Grundlagen in der Kommunikation schlechthin: die soziale und kommunikative Kompetenz. Die Psychologie – Wissenschaft der Gesetzmässigkeiten von Verhaltens- und Reaktionsweisen – bildet denn auch den Nährboden dieser Kompetenzen und damit der erfolgreichen Kommunikation. Entsprechend nimmt das Fach *Kommunikationspsychologie* in der modernen Ausbildung eine immer wichtigere Sonderstellung ein.

Der Kommunikationswissenschaftler, Philosoph und Psychotherapeut Paul Watzlawick hat es in Sachen Kommunikationspsychologie treffend festgehalten: «Wir können nicht nicht kommunizieren – … immer entscheiden unsere bewussten wie unbewussten Reaktionsweisen, unsere seelischen Hintergründe über die Natur des kommunikativen Vorgangs.»[13] Wo Menschen miteinander kom-

13 Paul Watzlawick, Janet Beavin und Don Jackson: *Menschliche Kommunikation. Formen, Störungen, Paradoxien*, Bern 1969

munizieren, spielt also auch die Kommunikationspsychologie mit. Den PR-Spezialisten interessiert deshalb insbesondere das kommunikationspsychologische Verhältnis zwischen Individuum, Unternehmen bzw. Organisation und breiter Öffentlichkeit. Entsprechend werden die Kommunikationsprozesse aus den verschiedenen Gesichtspunkten nach Akteuren und Motiven aufgeschlüsselt, um die Reaktionsweisen der involvierten Personen möglichst früh voraussehen und entsprechend einplanen zu können.

Die Axiome der Kommunikation nach Paul Watzlawick et al.[14] beschreiben wichtige Aspekte der Kommunikation aus der Sicht der Sozialpsychologie:[15]

1. Man kann nicht nicht kommunizieren.
2. Jede Kommunikation besitzt einen Inhalts- und einen Beziehungsaspekt.
3. Die Beziehungen zwischen Kommunikationspartnern ist durch die Interpunktion von Kommunikationsabläufen geprägt.
4. Menschliche Kommunikation bedient sich digitaler und analoger Modalitäten.
5. Kommunikation kann auf symmetrischen und komplementären Beziehungen beruhen.

Kleine Kommunikationslehre

Eine unumstrittene Definition des Begriffs «Kommunikation» (K) gibt es laut dem *Lexikon der Public Relations* nicht. «Allgemein versteht man unter K einen Vorgang, bei dem ein Kommunikator eine Botschaft über einen Kanal mittels eines gemeinsamen Kodes an einen Rezipienten sendet und dort eine Wirkung hervorruft. Im weiteren Sinn fallen unter K alle Vorgänge der Vermittlung innerhalb lebender Organismen, unter Tieren, zwischen Menschen, zwischen technischen Apparaten und Menschen und Apparaten [...]».[16]

14 *et al.*: lateinische Abkürzung für *et alii* – und Andere, Weitere

15 Watzlawick et al.: *Menschliche Kommunikation. Formen, Störungen, Paradoxien*, Bern 1969

16 Dieter Pflaum und Wolfgang Pieber: *Lexikon der Public Relations*, Landsberg/Lech 1989

Der Begriff Kommunikation

Kommunikation ist ein Grundbedürfnis der Menschen.

Communis (lat.) = gemeinsam
Mit–teilen = senden
Teil–nehmen = empfangen

Kommunikation gehört zu den Grundbedürfnissen der Lebewesen und kann als gesellschaftliche Funktion bezeichnet werden.

Doch Kommunikation ist in hohem Mass störanfällig. Verfügen Sender und Empfänger nicht über denselben Code, beispielsweise dieselbe Sprache, denselben Blickwinkel, dasselbe Computersystem, lässt sich die Botschaft nicht entschlüsseln. Ein unverständlicher Code, aber auch Fehler im Kanal, also Übermittlungsfehler, etwa eine unleserliche Schrift des Absenders, ein defekter Apparat, eine überlastete Leitung oder die gefürchteten Computerviren können den einwandfreien Empfang der Botschaft stören. Entsprechende Wichtigkeit fällt dem Feedback zu. Denn ohne Rückmeldung oder Empfangsquittung lassen sich allfällige Missverständnisse und Fehler nicht korrigieren.

Ärgerliche, hausgemachte Kommunikationsstörungen:

- Fehlende Erreichbarkeit
- Nicht gehaltene Rückrufversprechen
- Keine Telefonnotizen
- Unbeantwortete E-Mails

▶ Wir hören in erster Linie nicht das, was der Andere sagt, sondern das, was wir hören möchten!

Kommunikationsmodelle

Das oben erwähnte als kybernetisches oder mechanisches Kommunikationsmodell wurde lange Zeit als das Bezeichnende gelehrt. Inzwischen entwickelten Kommunikationswissenschafter jedoch differenziertere Muster.

Die beiden amerikanischen PR-Wissenschaftler James Grunig und Todd Hunt haben in ihrem 1986 erschienenen Standardwerk *Managing Public Relations* vier Kommunikationsmodelle aufgezeigt, die auf den Botschaftsarten *Information – Kommunikation – Dialog* beruhen. Daraus lassen sich folgende Kommunikationsmodelle bilden, die auch heute noch ihre Gültigkeit haben und oft auch in gemischter Form auftreten:

Das einfache Sender-Empfänger-Modell beruht auf der Übermittlung einer Botschaft des Senders an den Empfänger, um die öffentliche Meinung zu «beherrschen». Damit wird eine Einwegkommunikation dargestellt, wie sie beispielsweise durch die Medien im Sinn von Publicity und Propaganda erfolgt.

Im differenzierten Sender-Empfänger-Modell geht es darum, die öffentliche Meinung zu «gewinnen», die Botschaft also differenziert darzulegen, um in der Öffentlichkeit ein positives Image zu erlangen.

Einfaches Sender-Empfänger-Modell

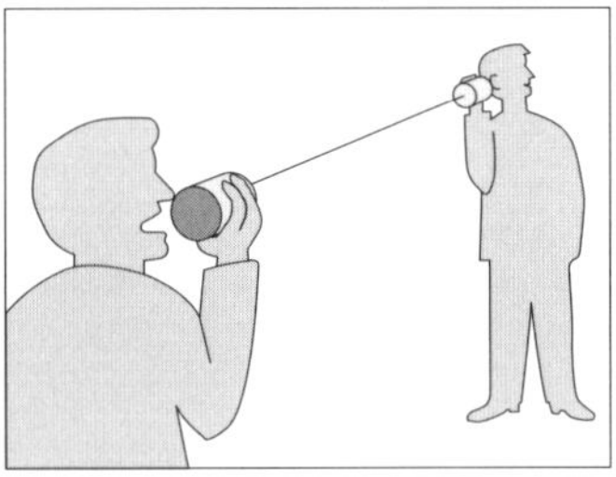

Differenziertes Modell

Das asymmetrische Zweiwegmodell baut auf die «Kontrolle der Öffentlichkeit» mittels Medienbeobachtung und Meinungsumfragen. Diese Kommunikationsform zielt auf die Erfahrung der

Asymmetrisches Zweiwegmodell

Symmetrisches Zweiwegmodell

Einstellung der Öffentlichkeit zum Unternehmen oder zur Organisation, um richtig agieren zu können.

Das symmetrische Zweiwegmodell will über den Dialog Verständnis und Vertrauen aufbauen um Einstellungen und Verhalten aller Beteiligten zu beeinflussen und wenn nötig zu verändern.

Die wichtigsten Kommunikationsarten[17]

Direkte Kommunikation	Einzel- oder Gruppengespräche
Indirekte Kommunikation	über ein Kommunikationsmittel (zum Beispiel Brief, Inserat, Plakat)
Einweg-Kommunikation	zum Beispiel Information von der Geschäftsleitung zu den Mitarbeitern (von oben nach unten, top down)
Zwei- oder Mehrwegkommunikation	Dialog, Information mit Rückmeldung
Formelle Kommunikation	offizielle, planmässige Information, Weisungen
Informelle Kommunikation	unbestätigte, ungenaue Information, Gerüchte, inoffizielle, nicht planmässige Information
Private Kommunikation	individueller Dialog
Öffentliche Kommunikation	Dialog via Massenmedien

17 Hans R. Strasser, *Public Relations*

Bewusster Umgang mit der Sprache

Zwischenmenschliche Kommunikation gestaltet sich deshalb so kompliziert, weil der Empfänger über Erfolg oder Misserfolg einer angekommenen Nachricht immer frei entscheiden kann.

Wie der Hamburger Kommunikationswissenschaftler Friedemann Schultz von Thun in seinem Buch *Miteinander reden*[18] schon 1981 unter dem Begriff «Anatomie einer Nachricht» festhielt, beinhaltet eine Botschaft neben der Inhalts- und Beziehungsebene noch zwei weitere prägende Elemente: die Selbstoffenbarung und den Appell. Nur wer alle vier Seiten einer Botschaft ausgewogen einzusetzen vermag, kann störungsfrei kommunizieren.

Die Anatomie einer Botschaft

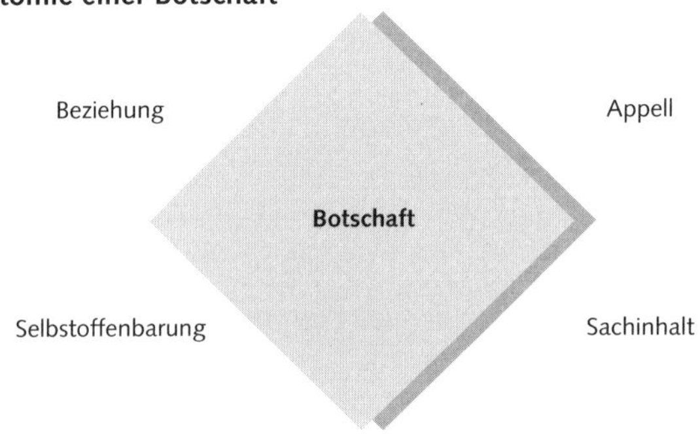

Die vier Elemente einer Botschaft nach Friedemann Schultz von Thun

Der *Sachinhalt* ist der auf ein Sachziel bezogene Austausch von Informationen. Er liefert dem Empfänger die Argumente zum Abwägen und Entscheiden, ob und wie die Botschaft verstanden werden will. Der Sender einer Botschaft muss sich deshalb bewusst Gedan-

18 Friedemann Schultz von Thun: *Miteinander reden – Störungen und Klärungen. Psychologie der zwischenmenschlichen Kommunikation*, Reinbek b. Hamburg 1981. Schulz von Thun (1981) stützt sich dabei auf ein älteres Modell von Bühler (1934) und auf Überlegungen von Watzlawick et al. (1969).

ken darüber machen, wie sich die Sachverhalte klar und verständlich darstellen lassen.

In jeder Nachricht findet sich auch eine Art der *Selbstoffenbarung, eines sich Preisgebens* des Botschaftssenders selbst. Der echte und authentische Umgang mit den Kommunikationspartnern ist deshalb ein unerlässlicher Erfolgsfaktor.

Eine Botschaft legt auch die *Beziehung* des Senders zum Empfänger offen. Die gewählte Formulierung, der Tonfall und nonverbale Begleitsignale treffen den Empfänger direkt in seiner Emotionalität. Der Sender einer Nachricht muss sich deshalb bewusst überlegen, wie sich die Beziehung zum Empfänger formulieren lässt.

Nachrichten bezwecken in der Regel, Wirkung zu erzielen und auf den anderen Einfluss zu nehmen. Dies kann indessen nur geschehen, wenn ein klarer Aufruf, ein eindeutiger und unmissverständlicher *Appell* erfolgt.

Nur wer bewusst mit der Sprache umgeht, kann störungsfrei kommunizieren.

Die Erfolgsfaktoren einer Botschaft

Ob und wie eine Botschaft vom Empfänger aufgenommen wird, hängt deshalb im Wesentlichen von der verständlichen, einfach gegliederten, prägnanten Formulierung ab. Untersuchungen haben ergeben, dass eine Botschaft dann von der breiten Öffentlichkeit verstanden wird, wenn sie mit dem Wortschatz und im Stil eines durchschnittlich intelligenten, zwölfjährigen Kindes abgefasst wird.

▶ Wahr ist nicht, was ich sage,
wahr ist, was der Andere versteht.

Die sechs Ws

Umfassende Information meint vor allem eines: Die Beantwortung der sechs offenen Fragen, die mit dem Buchstaben W beginnen, der W-Fragen. W-Fragen fördern den Dialog. Ein Versuch lohnt sich immer wieder bei der Begegnung mit unbekannten Menschen – aber auch an mehr oder weniger kurzweiligen Veranstaltungen. Die sechs offenen Fragen – und das inoffiziell siebente W: *Warum* – gelten deshalb als unentbehrliche Stütze im Berufsalltag.

- *Was* dem Botschaftsinhalt
- *Wann* dem Zeitpunkt der Informationsabgabe
- *Wer* der Definition der Zielgruppe
- *Wie* dem Stil und der Tonalität der Botschaft
- *Wo* dem Ort des Informationsaustausches
- *Womit* Der Wahl des Informationsträgers

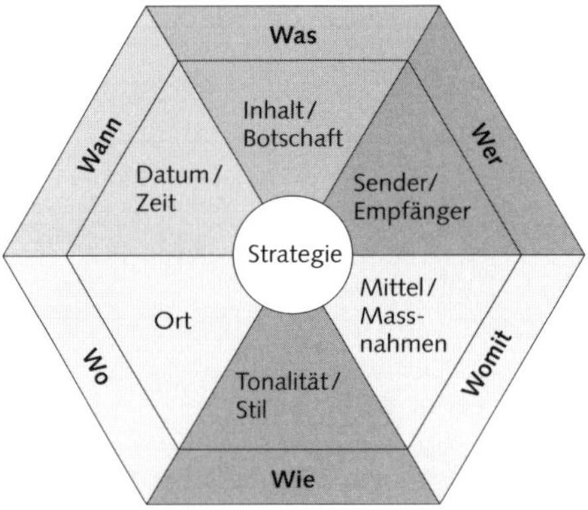

Beispiel: Ein Journalist *(wer)* wurde gestern *(wann)* auf dem Werkgelände *(wo)* beim Elch-Test *(wie)* mit dem neuen Kleinwagen *(womit)* leicht verletzt *(was)*, als dieser umkippte und auf dem Dach zum Stillstand kam *(warum)*.

Tendenzen in der Kommunikation

Was geschickte, kommunikationsbegabte Unternehmer in den Fünfzigerjahren mit Plakaten und Inseraten nach Bedarf und ohne eigentliche Systematik begannen, hat sich bis heute zum geplanten und zielorientierten Kommunikationsmanagement entwickelt. Diese erste als «unsystematische Kommunikation» bezeichnete Phase wurde von der Produkt-Kommunikation mit der klassischen Medienwerbung, den ersten TV-Spots und Verkaufsförderung in den Sechzigerjahren abgelöst. Die darauffolgende Phase der Zielgruppen-Kommunikation führte in den Siebzigerjahren zu einer Segmentierung des Marktes und einer differenzierten Marktbearbeitung. Erste Mediaanalysen charakterisierten den Printmedienmarkt, Messen lockten Besucher an, Verkaufsförderung und Public Relations wurden thematisiert. Bereits 1972 sprach die Kommunikationsagentur Lintas erstmals von *Integrierter Kommunikation*. In der Folge wurden strategische Wettbewerbsvorteile entwickelt und führten in den Achtzigerjahren am Beispiel der Steiff-Tiere zum bewussten Schaffen eines USP, eines einzigartigen Verkaufsvorteils (*Unique Selling Proposition*) in Form hochstehender Qualität und entsprechendem Werbeauftritt mit dem Knopf im Ohr (*Unique Advertising Proposition UAP*).

Mehr und mehr profitierten Sport und Kultur von bewusstem Sponsoring. Der geplante Einsatz von adressierten und unadressierten Werbeaussänden (*Direct Mailings*) wurde zum wichtigen Positionsmerkmals eines Unternehmens auf dem Markt. Durch Marktstagnation und technologisch ausgereifte, austauschbare Produkte verdrängten Preis- und Kommunikationswettbewerb den USP. UAP und UCP, der einzigartige Kommunikationsauftritt (*Unique Communication Proposition*) gewannen an Gewicht. Andere Ideen wie der Einsatz der Automarke BMW in der Krimiserie Derrick (*Product Placement*), Event Marketing und Multimedia wiesen neue Wege. Das 21. Jahrhundert begann in der Kommunikation mit der Wiederentdeckung der emotionalen Bindung zu Waren und Dienstleistungen, der Analyse der Zielgruppen-Merkmale und dem Einsatz der neuen Medien mit seinen unerschöpflichen Möglichkeiten der Interaktion.

Die Entwicklungsphasen der Kommunikation[19]

Fünfzigerjahre	*Phase der unsystematischen Kommunikation* ■ Vereinzelt Plakate und Inserate ■ Kein gezielter Einsatz von Kommunikationsinstrumenten

19 Quelle: Prof. Manfred Bruhn, Referat «Integrierte Kommunikation», Zürich 2001

Sechzigerjahre	*Phase der Produkt-Kommunikation* ■ Klassische Medienwerbung (Inserate) ■ Verkaufsförderung ■ erste TV-Spots
Siebzigerjahre	*Phase der Zielgruppen-Kommunikation* ■ Marktsegmentierung ■ differenzierte Marktbearbeitung ■ zielgruppenorientierte, systematische Kommunikation ■ Medienanalysen ■ Wachstumsmarkt für Printmedien, Messen ■ Einführung und Intensivierung Verkaufsförderung, Public Relations
Achtzigerjahre	*Phase der Wettbewerbs-Kommunikation* ■ Schaffung strategischer Wettbewerbsvorteile ■ vermehrte Positionierung durch Sponsoring ■ Einsatz von Direct Mails
Neunzigerjahre	*Phase der Integrierten Kommunikation und des Kommunikationswettbewerbs* ■ USP wird durch Preiswettbewerb und Abgrenzung in der Kommunikation (Unique Communication Proposition) abgelöst ■ Multimedia ■ Event Marketing und Product Placement gewinnen an Bedeutung
Ab 2000	*Phase der emotionalen Intelligenz und sozialen Kompetenz* ■ Erforschung der Zielgruppenmerkmale ■ Entdeckung der «emotionalen Bindung» ■ Dialogangebote vor, während und nach dem Kauf (Pre-/after sales service) ■ Interaktion

Von der Push- zur Pull-Strategie

Die tägliche Informationsflut bewirkt beim Konsumenten Gleichgültigkeit, ja sogar Desinteresse. Nur etwa zwei Prozent der Informationen bleiben beim Durchschnittsmenschen unserer Gesellschaft hängen. Dies bedeutet, dass die Kommunikation zukünftig innovativer, bildbetonter, emotionaler, integrativer und kreativer gestaltet werden muss. Hiess die Strategie bisher, den Zielgruppen die Information zu überbringen, die Information zu «stossen» (engl. *to push*), sollen sich die interessierten Zielgruppen zukünftig die gewünschte Information per Internet selber holen, beziehungsweise an sich ziehen können (*to pull*). Die Pull-Strategie generiert auf diese Weise interessierte Informationsempfänger, die sich selber melden, um die gewünschten Informationen zu holen. Entsprechend lässt sich teurer Streuverlust vermeiden.

Diese dem E-Business entnommene Theorie wird in der nicht elektronischen Kommunikation insofern zum Tragen kommen, als das Bereitstellen von Informationen durch konventionelle Mittel und Massnahmen angekündigt und per Internet zur Verfügung gestellt werden kann. Doch besteht bei dieser Kommunikationsentwicklung eine nicht zu unterschätzende Gefahr: Die Zielgruppen holen sich nur, was interessiert, alles andere wird weggewischt. Eine Ansprache zu finden, die das Informationsbedürfnis weckt und auch befriedigt, wird dem Botschaftssender höchste Kommunikationsfähigkeiten abverlangen. Der Wechsel vom Push- zum Pullsystem zeichnet sich bereits heute trotzdem deutlich ab.

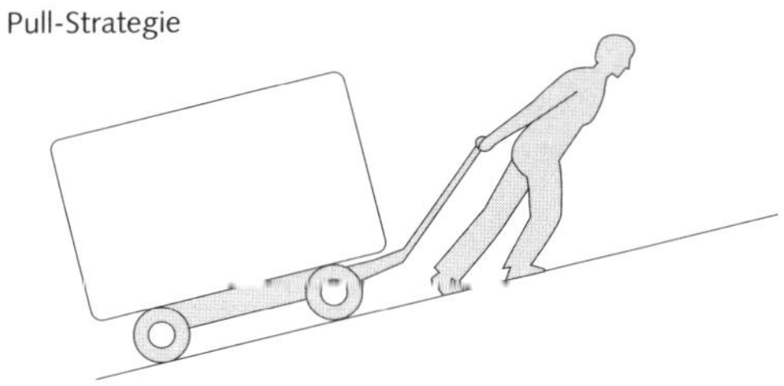

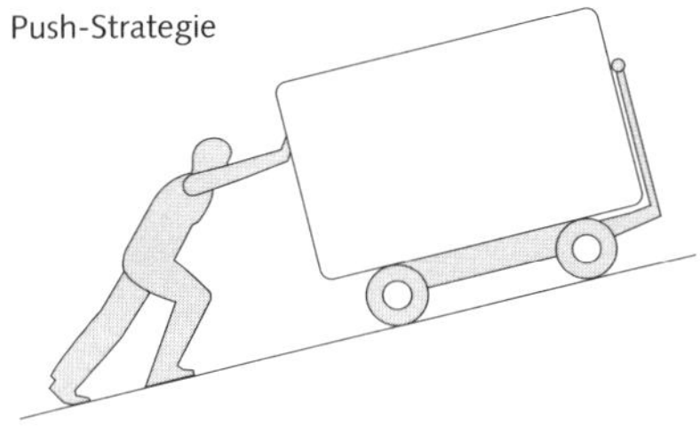

Gesunder Menschenverstand und bewusster Umgang mit den Sinnen

Trotz aller verdienstvoller Forschungsarbeit, welche die Kommunikation in den letzten Jahren zu einer Wissenschaft gemacht hat, erfordert effiziente Kommunikationsarbeit doch immer Folgendes:

- Gesunder Menschenverstand
- Mut zur Kreativität
- Strukturiertes und geplantes Vorgehen
- Sinn-voller und bewusster Einsatz von Sprache, Bild und Ton

94 Prozent der *distanzierten Wahrnehmung* erfolgt vor allem in der klassischen Werbung durch Sehen und Hören, 6 Prozent durch Riechen, Fühlen, Schmecken. In der *intimen Wahrnehmung*, zum Beispiel bei nahen Kontakten wie beim Coiffeur oder beim Zahnarzt, verhält es sich genau umgekehrt (6 Prozent/94 Prozent).

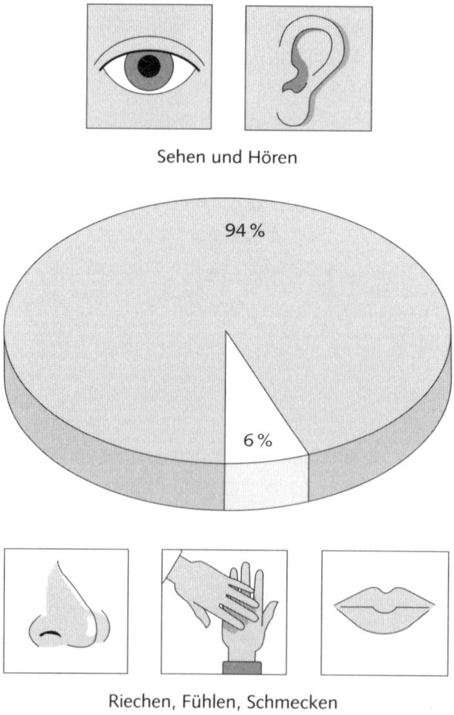

Ethik in den Public Relations

Der Begriff «Ethik»

Der Begriff «Ethik» entstammt dem griechischen «ethos», der Sitte, und «ta ethika», das die sittliche Einstellung Betreffende. Ethik bezeichnet demnach die moralische Haltung, die Gesinnung des Menschen. Basis des ethischen Verhaltens ist die *Individual-Ethik*. Sie umfasst die Charakterbildung und Selbsterziehung jedes Einzelnen.

Das Verhalten in Körperschaften wie Ehe, Familie, Beruf, Arbeitsgemeinschaft, Rechts-, Staats- und Völkerleben, Wissenschaft und Kirche fällt unter den Begriff der *Sozial-Ethik*.

Angelpunkt alles Ethischen ist das *menschliche Gewissen*[20] als sittliches Organ des Menschen, der von den Religionen als Ausdruck göttlicher Kraft gewertet wird. Die Ethik als Ganzes wird erfasst von der Philosophie und der Theologie, deren Verhältnis zueinander jedoch umstritten ist.

Unter die *philosophische Ethik* fallen folgende Aspekte:

- Die *autonome Ethik*, die Eigengesetzlichkeit, erachtet den Menschen für befähigt, sich das Sittengesetz selber zu geben.
- Die *heteronome Ethik* als Fremdgesetzlichkeit erhält den ethischen Massstab ausserhalb des Menschen wie die Religion.
- *Formale Ethik* stellt allgemeine Grundsätze auf, nach denen prinzipiell zu entscheiden ist.
- Die *materiale Ethik* gibt inhaltlich konkret umrissene Gesetze wieder und legt die sittlichen Werte ihrem Inhalt nach fest.
- Die *absolute Ethik* erklärt ihre Normen für unbedingt verpflichtend.
- Die *relative Ethik* nimmt Rücksicht auf individuelle oder volksbestimmte Veranlagungen und Seinsweisen.

20 Bewusstsein von Gut und Böse, *Duden, Stilwörterbuch*, 1988

Weshalb ethische Grundsätze in den Public Relations?

Public Relations sehen sich oft dem Vorwurf der Schönfärberei ausgesetzt, etwa nach dem vermeintlichen Grundsatz «alles Unangenehme verschweigen und nur über das Gute reden». Doch eine offene, aktive Kommunikation unter Wahrung festgelegter ethischer Grundnormen bewirkt anderes als kurzfristige «Schönwetter-Kommunikation», sie stellt eine ehrliche, auf gegenseitigem Vertrauen basierende Beziehung zu den Dialoggruppen her.

Standesregeln wie sie etwa die Rechtsanwälte, Ärzte, Architekten oder auch Bankiers und Lobbyisten kennen, tragen dazu bei, sich auf *freiwilliger Basis Verhaltensregeln* bei der Ausübung der beruflichen Tätigkeit aufzuerlegen.

Auch die PR-Fachleute tragen in ihrer Rolle als Vermittler zwischen dem Auftraggeber und der Öffentlichkeit eine grosse Verantwortung. Dies sowohl gegenüber ihrem Arbeit- oder Auftraggeber als auch gegenüber dem Staat und der Gesellschaft. Um diese Verantwortung wahrzunehmen, haben nationale und internationale PR-Fachleute und -Verbände zum Teil schon in den Fünfzigerjahren des letzten Jahrhunderts solche Standesregeln festgelegt. Sie leisten heute einen wichtigen Beitrag zum Selbstverständnis des PR-Berufsstandes und sind eine Versicherung für die Einhaltung bestimmter ethischer und beruflicher Normen.

Ethik zeigt Freiheiten und Grenzen auf

Die Ethik soll jene Freiheiten und Grenzen aufzeigen, welche das *Wertvolle des Lebens und der Natur* bestimmen. Jeder Mensch hat seine eigenen Wertvorstellungen. Was für den einen ethisch vertretbar scheint, kann für den anderen als verwerflich gelten. Die ethischen Normen und Standesgrundsätze sollen ordnend wirken, menschliches Handeln regulieren, Konflikte verhindern oder nach konstruktiven Lösungen suchen helfen.

Aus diesem Grund gewann die Ethik in der Geschichte der PR schon sehr früh an Bedeutung. Heute sind auf nationaler und internationaler Ebene Berufsgrundsätze festgelegt, die eine Regelung der PR-Tätigkeit auf freiwilliger Basis bezwecken.

Überwacht wird die Einhaltung der Verhaltensnormen und Spielregeln von den europäischen Berufsverbänden. Schwere Verletzungen können Disziplinarmassnahmen wie den Ausschluss aus der Organisation zur Folge haben und in gravierenden Fällen auch der Öffentlichkeit mitgeteilt werden.

Ethik-Geschichte in den PR

Als erster Verband in der PR-Geschichte stellte die *Public Relations Society of America* (PRSA) Regeln für das berufliche Verhalten seiner Mitglieder auf. Ihr «Code of Professional Standards» wurde 1954 eingeführt und hat seither mehrere verschärfende Korrekturen erfahren. Der 1961 von der *International Public Relations Association* (IPRA) angenommene und noch heute gültige Verhaltenskodex dient auch etlichen europäischen Verbänden als Grundlage.

Athener Kodex und Kodex von Lissabon

1965 erarbeiteten die *Confédération Européenne des Relations Publiques* (CERP) und die *International Public Relations Association* (IPRA) an einer Tagung in Athen gemeinsam den «Code d'Ethique International des Relations Publiques», die ethischen Verhaltensregeln für PR-Schaffende. Daraus entstand der «Kodex von Athen»[21] oder «Athener Kodex», der auch im asiatischen und afrikanischen Raum Anwendung findet.

In Ergänzung dazu lancierte die CERP 1978 in Lissabon den Kodex über das berufliche Verhalten der Kommunikationsleute, den «Kodex von Lissabon».[22] Er wurde 1989 revidiert und im gleichen Jahr in die Statuten der *Schweizerischen Public Relations Gesellschaft* aufgenommen.

Obwohl die beiden Kodizes von Athen und Lissabon keine Gesetzeskraft haben, werden sie bei Streitfällen zwischen PR-Fachleuten oder PR-Agenturen und deren Kunden von vielen Gerichten europäischer Länder berücksichtigt.

21 vgl. Anhang, S. 319
22 vgl. Anhang, S. 321

Die Einhaltung der Kodizes unterliegt vor allem der Selbstkontrolle. Als Faktor im Kontrollsystem erweisen sich jedoch auch die Berufsorganisationen und der PR-Markt als solcher.

Die weltweit bekanntesten Ehrenkodizes

Code of Conduct

Der Code of Conduct wurde 1961 von der IPRA in Venedig angenommen. Er legt insbesondere die wichtigsten Verhaltensgrundsätze der IPRA-Mitglieder gegenüber Kunden und Arbeitgebern, Öffentlichkeit, Medien und Berufskollegen fest.

Athener Kodex (Kodex von Athen)

Der «Code d'Ethique International» wurde 1965 in Athen von der CERP und der IPRA angenommen. Er beinhaltet internationale Grundsätze für die Öffentlichkeitsarbeit und setzt hohe geistige und moralische Massstäbe, die bei der Berufsausübung beachtet werden sollen. Insbesondere schliesst er auch die Respektierung der Menschenrechte und der Menschenwürde ein.

Ausdrücklich ausgeschlossen werden darin:

- das Unterordnen des Wahrheitsprinzips unter andere Interessen und Ansprüche;
- das Verbreiten von Informationen aus unkontrollierten oder unkontrollierbaren Quellen;
- Aktionen oder Vorhaben, die gegen die Moral verstossen, die Menschenwürde verletzen oder in den Persönlichkeitsbereich eingreifen;
- das Anwenden von Methoden und Mitteln, die das menschliche Unterbewusstsein manipulieren und wodurch der einzelne seiner Urteilsfähigkeit und Verantwortung für sein Handeln beraubt werden könnte.

Lissaboner Kodex (Kodex von Lissabon)

Der «Code de Lisbon» wurde 1978 an der CERP-Generalversammlung in Lissabon angenommen. Der Lissaboner-Kodex wird als europäischer Kodex der Verhaltensgrundsätze in der Öffentlichkeitsarbeit bezeichnet, das heisst er regelt das allgemeine berufliche Verhalten von PR-Fachleuten gegenüber Auftrag- oder Arbeitgebern, der öffentlichen Meinung und den Informationsmedien sowie den Berufskollegen und dem Berufsstand.

ICCO-Kodex

Der ICCO-Kodex der *International Communications Consultancy Organization* (ICCO) regelt das Verhalten der PR-Agenturen gegenüber der Öffentlichkeit, den Medien und anderen Berufsständen sowie das Geschäftsgebaren gegenüber Kunden und anderen Mitgliedfirmen.

Teilbereiche der Corporate Communications

Corporate Communications umfassen die strategisch langfristig angelegte Unternehmenskommunikation als Prozess, der sämtliche aufeinander abgestimmten Kommunikationsaktivitäten einer Körperschaft zur Imagepflege und Einstellungsveränderung einschliesst.

Aufgabe der PR-Verantwortlichen ist es, die spezifische Situation ihres Unternehmens oder ihrer Institution genau zu erfassen, um durch den gezielten Einsatz geeigneter Massnahmen und Mittel letztlich auch den Fortbestand der Institution sichern zu helfen.

Effiziente Kommunikation setzt deshalb eine gründliche Analyse der eigenen Unternehmung oder Institution und deren Umfeld voraus. Denn nicht alle Zielgruppen können mit den gleichen Kommunikationsmassnahmen und -mitteln angesprochen werden. Die Mitarbeiter haben Anspruch auf intern relevante Informationen. Aktionäre bedürfen differenzierter, anlegerbezogener Aufklärung. Die Beziehung zu den Behörden verlangt nach persönlichem Dialog und Engagement.[23]

Dadurch haben sich in den letzten Jahren spezifische Teilbereiche der Corporate Communications entwickelt, die heute als Spezialgebiete der PR oder PR-Disziplinen bezeichnet werden.

23 vgl. *Zielgruppen und Beziehungsumfeld* im Praxisteil, S. 106 ff.

Übersicht der PR-Disziplinen: Andere Zielgruppen, andere Instrumente

PR-Disziplin	*Wichtigste Ziele*	*Wichtigste Dialog-gruppen/ Primär-Zielgruppen*	*Wichtigste Massnahmen und Mittel*
Interne PR als Teil der ganzheitlichen Unternehmens-PR	■ Vertrauen ■ Glaubwürdigkeit ■ Image ■ Akzeptanz ■ Wir-Gefühl	■ Mitarbeiter, Lehrlinge ■ Pensionierte ■ Angehörige der Mitarbeiter ■ Verwaltungsrat ■ Stiftungsrat ■ eigene Pensions-kasse	■ Persönliches Gespräch ■ Telefon ■ Mitarbeiter-versammlungen ■ Intranet ■ E-Mail ■ Schwarzes Brett ■ Lohncouvert ■ Hauszeitung
Unternehmens-PR	■ Verständnis ■ Vertrauen ■ Glaubwürdigkeit ■ Akzeptanz ■ Image	■ unmittelbares Umfeld ■ mittelbares Umfeld[24]	■ mündliche ■ schriftliche ■ visuelle ■ audiovisuelle ■ elektronische ■ Events/ Veranstaltungen[25] ■ Medienarbeit
Public Affairs/ Lobbying	■ Einflussnahme auf Entscheid-findungsprozesse ■ Einflussnahme auf Gesetzes-vorlagen ■ Meinungsbildung durch argumen-tative Überzeugung zu politischen Themen und Vorlagen ■ Konfliktprävention	■ Entscheidträger ■ Behörden ■ Politiker/Parteien ■ Arbeitsgruppen ■ Verbände ■ NGOs	■ persönliche Kontakte ■ persönliches Gespräch ■ Informations-plattform

24 vgl. *Zielgruppen-Analyse* im Praxisteil, S. 106 ff.

25 vgl. *PR-Massnahmen und -Mittel* im Praxisteil, S. 116 ff. und 127 ff.

PR-Disziplin	*Wichtigste Ziele*	*Wichtigste Dialoggruppen/ Primär-Zielgruppen*	*Wichtigste Massnahmen und Mittel*
Polit-PR	■ Bekanntheitsgrad ■ Glaubwürdigkeit ■ Vertrauen für politische Parteien, einzelne Politiker, Organisationen ■ Beeinflussung Wahlresultate	■ Wahlberechtigte ■ Politiker ■ Parteien ■ Wirtschaftsvertreter ■ Verbände ■ Organisationen	■ Gespräche ■ Plakate ■ Videos ■ Inserate ■ Medienarbeit ■ Internet ■ Events (Wahlveranstaltungen, Symposien, Foren)
PR für Nichtregierungsorganisationen (NRO/NGO)	■ Zielorientierte Aktivpolitik ausserhalb der Regierung ■ Bewusstseinsbildung ■ Aufmerksamkeit ■ Kritisches Beurteilungsvermögen ■ Meinungsbildung zu politischen Themen und Vorlagen	■ Öffentlichkeit ■ ideologische Gegner ■ Mitstreiter ■ Medien	■ Lobbying ■ aussergewöhnliche Events und Aktionen ■ Diskussionen ■ Vorträge ■ Symposien ■ Inserate ■ Medienarbeit ■ Internet
PR für Nonprofit-Organisationen (NPO)	■ Verständnis ■ Vertrauen ■ Imagepflege ■ Fundraising	■ andere Verbände (soziales Umfeld) ■ Vertreter aus Wirtschaft, Politik, Verwaltung, Kultur	■ Lobbying ■ aussergewöhnliche Events und Aktionen ■ Vorträge ■ Diskussionen ■ Inserate ■ Medienarbeit ■ Internet

PR-Disziplin	*Wichtigste Ziele*	*Wichtigste Dialog-gruppen/ Primär-Zielgruppen*	*Wichtigste Massnahmen und Mittel*
Finanz-PR (Investor- und Financial-Relations)	■ Verständnis ■ Vertrauen ■ Glaubwürdigkeit ■ Image	■ Finanzwelt ■ (potentielle) Anleger ■ (Fach-)Medien	■ Quartals-/ Halbjahres-/ Jahresberichte ■ Aktionärsbrief ■ Internet ■ Medienarbeit ■ (Info-) Veranstaltungen ■ (Aktionärs-) Versammlungen ■ Lobbying
Krisen-/ Konflikt-PR (Emergency-PR)	■ Verständnis ■ Vertrauen ■ Glaubwürdigkeit ■ Image	■ Interne Zielgruppen ■ Betroffene ■ Behörden ■ Medien	■ Issues Management ■ Lobbying ■ Intranet ■ Internet ■ E-Mail-Kommunikation ■ Medienarbeit
Verbands-PR	■ Verständnis ■ Vertrauen ■ Bekanntheit ■ Image	■ Interne Zielgruppen ■ Behörden ■ Verbände ■ Öffentlichkeit ■ Medien	■ persönliche Kontakte ■ Lobbying ■ Verbandsorgan ■ Internet ■ E-Mail ■ Mailings ■ Veranstaltungen ■ Medienarbeit
Standort-PR	■ Glaubwürdigkeit ■ Akzeptanz ■ Image ■ Bekanntheit	■ Interne Zielgruppen ■ Behörden ■ Öffentlichkeit ■ Medien	■ Sponsoring ■ Internet ■ Aktionen und Events ■ Lobbying ■ Medienarbeit

PR-Disziplin	*Wichtigste Ziele*	*Wichtigste Dialog-gruppen/ Primär-Zielgruppen*	*Wichtigste Massnahmen und Mittel*
Produkte-PR	▪ Glaubwürdigkeit ▪ Akzeptanz ▪ Image ▪ Bekanntheit ▪ Aufbauen, festigen und halten der Kundenbeziehungen (Customer Relationship Management CRM)	▪ Marktteilnehmer (Händler, Lieferanten, Konsumenten usw.) ▪ Behörden ▪ Medien	▪ Produkte-dokumentation/ -information ▪ Besucheranlässe (Tag der offenen Tür, Firmen-besichtigungen usw.) ▪ Medienarbeit ▪ Lobbying
Sponsoring	▪ Bekanntheit ▪ Image	Projektbezogen: ▪ interessierte Öffentlichkeit der Bereiche Sport, Kultur, Weiterbildung; soziale Projekte, Umweltprojekte (Ökosponsoring) ▪ Medien	▪ Teil- oder Mitfinanzierung von Anlässen, basierend auf klar definierten Gegenleistungen ▪ Rahmenprogramm (VIP-Anlässe, Kunden-Events) ▪ flankierende Massnahmen im PR- und Werbebereich ▪ Medienarbeit

Interne Public Relations

Interne PR haben zur Aufgabe, über die organisationsinternen Gegebenheiten zu berichten und damit den Menschen als Glied des innerbetrieblichen Informationssystems zu verstehen. Hauptziel der Human Relations, der Beziehung zu den Mitarbeitern und damit der innerbetrieblichen Kommunikation ist der Aufbau eines Vertrauensverhältnisses zwischen Arbeitgeber und Arbeitnehmer sowie die Schaffung und Erhaltung eines guten Arbeitsklimas zur Sicherstellung von Effizienz und optimalen Arbeitsabläufen am Arbeitsplatz.

Zu den organisationsinternen Gegebenheiten gehört auch «der Umgang mit politischen Machtverhältnissen, mit konkurrierenden Funktionsbereichen, mit persönlichen Vorlieben dominierender Persönlichkeiten oder mit Kostenrestriktionen».[26] Effiziente interne Kommunikation umfasst entsprechend die systematische Analyse des Informationsbedarfes, die sorgfältige Planung und Umsetzung und – wie dies verschiedene Unternehmer älterer Generationen beispielhaft vorgelebt haben – das mit dem Verantwortungsgefühl verbundene Talent, auf die eigenen Mitarbeiter zuzugehen.

Zwar scheinen sich die meisten Führungsverantwortlichen einig zu sein: Die innerbetriebliche Kommunikation wird als eine der wichtigsten Führungsaufgaben im Unternehmen angesehen. Doch die Praxis zeigt, dass trotz des bekannten und allseits gepriesenen Grundsatzes «PR begin at home» die interne Kommunikation immer noch krass vernachlässigt wird. Dadurch entstehen viele hausgemachte interne Probleme, die mit professioneller Kommunikation vermieden werden könnten. Anstelle einer motivierenden Arbeitsatmosphäre herrscht Unzufriedenheit und Missstimmung. Anstelle von Vertrauen und Identifikation mit dem Arbeitgeber bilden sich Misstrauen und Unsicherheit. Und anstatt eines reibungslosen, effizienten Arbeitsablaufs durch mitdenkende Arbeitnehmer harzt es im Unternehmensgetriebe.

So erfahren Mitarbeiter durch die Tagesschau von der bevorstehenden Kurzarbeit. Parteimitglieder sehen sich eines Tages mit

26 Armbrecht, 1992, 238

einer gross angelegten Plakatkampagne konfrontiert, die in der Öffentlichkeit durch ihre Botschaft mächtig Staub aufwirbelt. Mitglieder des Sportvereins lesen von der Entlassung ihres Vereinspräsidenten in den Regionalmedien.

Bedeutung unumstritten

Über eine einheitliche Bezeichnung der Human Relations, der internen oder innerbetrieblichen Kommunikation einer Unternehmung, wird in wissenschaftlichen Kreisen immer noch gerungen, doch deren Bedeutung für eine erfolgreiche Führung der Institution ist unumstritten. Weshalb also diese Diskrepanz zwischen Theorie und Praxis? Interne PR gehören zur schwierigsten Aufgabe einer Unternehmensführung. Was und wie viel darf, soll und muss gesagt werden? Die Angst vor undichten Stellen im Betrieb, aber auch vor Diskussionen und unangenehmen Reaktionen der Mitarbeiter spielt mit. Weiter mögen auch Zeit- und Geldnot dazu führen, dass die professionelle, konsequent gelebte interne Kommunikation oft auf der Strecke bleibt.

Die Universitäten und Hochschulen haben die Kommunikation als eigenständige Studienrichtung vor nicht allzu langer Zeit entdeckt; die Kommunikationswissenschaften stehen am Anfang ihrer Entwicklung. Es ist zu hoffen, dass die internen Public Relations als Teildisziplin der PR zukünftig nicht nur in den Kommunikationswissenschaften, sondern auch in der Studienrichtung Betriebswirtschaft an Bedeutung gewinnen. Denn als Führungsinstrument sollte sie zum Basisrüstzeug der zukünftigen Manager gehören.

Public Affairs

Überzeugen – nicht überreden

Public Affairs umfassen die Gestaltung der betrieblichen Beziehungen zur sozialen und politischen Umwelt, um gesellschaftspolitisch relevante Informationen zu verbreiten. Sie werden deshalb auch Government Relations[27] genannt. Differenziert betrachtet be-

27 *Government:* engl. «Regierung, Verwaltung» (*Langenscheidts Handwörterbuch*)

einflussen Government Relations jedoch weniger einen laufenden Entscheidfindungsprozess, sondern fokussieren sich auf die Beziehungspflege mit Vertretern der Behörden und Politikern.

Der demokratische Meinungsbildungsprozess ist das A und O einer gut funktionierenden Demokratie. Dazu tragen die Medien einen wichtigen Informationsteil bei. Weit im Vorfeld der Medienberichterstattung greifen die professionellen von hoher Sachkompetenz geprägten Interessenvertreter eingebundener Branchen, die Lobbyisten, in den Entscheidfindungsprozess eines politischen Themas ein. Ausgerüstet mit gebündelten Informationen, einem sorgfältig erarbeiteten Argumentarium, einem reichen Beziehungsnetz und mit einer grossen Portion diplomatischen Feingefühls machen sich die begabten Kommunikatoren schon im Frühstadium einer politischen Diskussion daran, die Entscheidträger zum aktuellen Thema im Sinn der Auftraggeber zu überzeugen. *Überzeugen – nicht überreden* lautet denn auch das Motto professionell arbeitender Public-Affairs-Spezialisten. Der Begriff Lobbying entstammt dem amerikanischen Begriff Lobby[28] und soll gemäss einer überlieferten Legende unter dem US-Präsidenten Thomas Jeffersen entstanden sein, der sich mit seinen Beratern jeweils in der «Lobby» des Weissen Hauses zu besprechen pflegte.

Eine erfolgreiche Zusammenarbeit zwischen professionellen Lobbyisten und ihren Zielpersonen fusst auf dem Grundsatz von Geben und Nehmen. Etliche Schweizer Parlamentarier sprechen in diesem Zusammenhang auch von einer Bring- und Holschuld und wünschen sich eine vermehrte Offenlegung der Interessenvertretung, um Hintergrundinformationen bei Bedarf ohne Verzögerung am richtigen Ort einholen zu können. Lobbyisten fungieren deshalb vermehrt auch als Informationsplattform.

Transparenz und Wahrheit

Während dem Begriff «Lobbyist» zumindest in der Schweiz in manchen Ohren noch etwas Undurchsichtiges, Konspiratives anhaftet, wird diesem Vorurteil durch die Berufsverbände nach Kräften und konsequent entgegengewirkt. Dass die Arbeit der

28 *Lobby:* engl. «Aufenthaltsraum»

Standesorganisationen erste Früchte trägt, beweist die wachsende Bereitschaft im Schweizer Bundeshaus, Lobbyisten nach dem Muster der Journalisten zu akkreditieren und Transparenz in die Mandate der Parlamentarier zu bringen. Der Ethikspezialist Pater Albert Ziegler, Autor des Buches *Verantwortung für das Wort*,[29] bringt die Ethik des Lobbyings auf den Punkt: «Alles was gesagt wird, muss wahr sein, aber nicht alles was wahr ist, muss gesagt werden.»

Lobbying und PR: zwei sich ergänzende Disziplinen

Lobbying gehört als Handwerkszeug wie die Öffentlichkeitsarbeit zu den Corporate Communications, der überdachenden institutionellen Kommunikation. Bezwecken die Public Relations im Rahmen der Gesamtkommunikation bei den Zielgruppen Ver-

	PR	Public Affairs
Ziel	Aufbauen von Verständnis, Vertrauen, Image, indirektes Einwirken auf den politischen Entscheidfindungsprozess	Direktes Einwirken auf den politischen Entscheidfindungsprozess ausserhalb der Medien
Wirkungsfeld/Zielgruppen	Definierte Zielgruppen intern und extern im unmittelbaren Umfeld wie in den Bereichen Wirtschaft, Soziales, Technologie, Jurisprudenz, Politik, Kultur, Medien	Definierte Zielgruppen in Politik und Verwaltung wie Arbeitsgruppen, ausgesuchte Persönlichkeiten
Mittel	mündliche, schriftliche akustische/visuelle/audiovisuelle und elektronische Veranstaltungen; diverses (vgl. *Mittel* im Praxisteil)	persönliche Kontakte und Gespräche

29 Albert Ziegler, *Verantwortung für das Wort – Kommunikation und Ethik*, Huber Frauenfeld, 2000

trauen und Verständnis aufzubauen und bei Bedarf mit gezielter Medienarbeit auf die politische Entscheidfindung einzuwirken, trägt Lobbying als Hilfestellung mit gezielter Information zur Meinungsbildung der einzelnen Entscheidträger bei. Lobbying greift also im Gegensatz zu den PR direkt in den Entscheidfindungsprozess ein und ist darauf bedacht, ausserhalb des Wirkungsbereiches der Medien zu agieren. Nur wer ein guter Kommunikator ist, ist auch ein guter Lobbyist. Beim Lobbying steht die individuelle Komponente, das Gespräch von Mensch zu Mensch im Vordergrund. Wie bei der Öffentlichkeitsarbeit schaffen auch hier ausschliesslich Kompetenz und Glaubwürdigkeit, Zuverlässigkeit und Integrität die nötige Vertrauensbasis.

Issues Management als zentrales Element

Zu den wichtigen Instrumenten der Interessenvertretung eines Unternehmens, einer Organisation gehört das Issues Management, die Wahrnehmung und Handhabung unternehmensrelevanter Schlüsselthemen. Das Issues Management hat zum Ziel, Themen mit Konfliktpotenzial frühzeitig zu erkennen, Szenarien aufzustellen und möglichen Krisen durch effizientes Handeln vorzubeugen. Klassische Issue-Beispiele geben etwa BSE für die Fleischindustrie, die rasanten Veränderungen auf dem Strommarkt oder in der Telekommunikationsbranche oder auch die Ausnützung der Arbeitskräfte in den Billiglohnländern ab. In Grossunternehmen nimmt sich die eigens für Public-Affairs-Aufgaben eingerichtete Corporate-Affairs-Abteilung der Beobachtung der Schlüsselthemen, dem Issues Monitoring, und der daraus resultierenden Arbeit, dem Issues Management, an.

Offenes Verhältnis zwischen Medien und Lobbyisten

Die USA zählen allein in ihrem Land über 80'000 professionelle Lobbyisten. Doch für die Medien ist es kein Geschäft, sich mit der PR-Industrie herumzuschlagen. Entsprechend kann in den Vereinigten Staaten eine zunehmende Abwehrhaltung gegenüber den Interessenvertretern festgestellt werden. Lobbying reduziert sich demnach auf das Zustecken von Informationen und Zuspielen von Berichten und gilt als Instrument im Rahmen der PR-Strategie.

Entsprechend langfristig und permanent ist die Beziehung der Lobbyisten zu den Medien aufzubauen. Lobbying in der Schweiz mittels persönlicher Gespräche zu einzelnen Journalisten wird dann akzeptiert, wenn echte, wahre, transparente und zeitgerechte Information erfolgt und das Agenda-Setting, also die Termin- und Themensetzung, frühzeitig einbezogen wird.

Um die journalistische Unabhängigkeit zu bewahren, bezahlen die Redaktionen ihre Spesen, auch die Flüge an internationale Pressekonferenzen, bewusst selber. Soweit Reisekosten indessen den Tourismus betreffen, werden sie in der Regel vom Gastgeber finanziert, ohne dass dabei der Verdacht auf Bestechung und Abhängigkeit entsteht. Wie dem auch sei, wichtigstes Gut der Journalisten ist und bleibt deren journalistische Unabhängigkeit.

Aufzeigen der Entscheidungswege

Dem Credo der Public-Affairs-Berufsverbände zuwiderlaufend, erfolgt auch heute noch gegen Gegengeschäfte eine Instrumentalisierung von Journalisten und Repräsentanten der Interessengruppen, Parlamentariern oder Beamten. Dazu gehört oft auch das so genannte Outside-Lobbying, der Mitteleinsatz für exklusive Berichterstattung, wie diese beispielsweise häufig der Sonntagspresse zugeschrieben wird.

Gutes Lobbying informiert indessen die richtige Person zur richtigen Zeit am richtigen Ort und wird in Phasen geplant.

Am wichtigsten ist im professionellen Lobbying klar die wahrheitsgetreue Information und das Aufzeichnen der Entscheidungswege unter Angabe aller Ansprechpartner. Transparenz über die Interessenvertretung und die Auftraggeber muss nicht nur bei den professionellen Lobbyisten, sondern zukünftig auch im Parlament zur Selbstverständlichkeit werden.

Die Regeln im Lobbying:[30]

- Was für Wen – Transparenz
- Geben und nehmen bzw. säen und ernten
- Politik der kleinen Schritte

30 nach Robert Hilty, Lobbyist, CH-Aarau

- Nur das Einfache ist schwierig
- Stufengerechte Kontakte knüpfen
- Nur was messbar ist, ist erfolgsträchtig
- Informationsvorsprung für beide Seiten
- Zur richtigen Zeit am richtigen Ort
- Kommunizieren, nicht informieren
- Einheit der Materie beachten

Beispiel einer Phasenplanung im Lobbying

- *Phase 1* Die interne Willensbildung durch die Interessenbündelung
- *Phase 2* Die Themenbegleitung im Stadium der Ideenbildung, des Entwurfs und der Problemanalyse durch Mitgliedschaft in Gruppen und Organisationen
- *Phase 3* Die Zusammenarbeit mit der Verwaltung, die verwaltungsinterne Bearbeitung in Arbeitsgruppen oder effizienten Expertenkommissionen
- *Phase 4* Die Vernehmlassung, welche jedoch in den letzten Jahren an Bedeutung verloren hat
- *Phase 5* Die parlamentarische Beratung, die hauptsächlich bei der Arbeit in den Kommissionen liegt und die letzte Gelegenheit bietet, die Arbeit kreativ und kompromissbereit mitzugestalten.

Die Krisen- und Konflikt-PR (Emergency-PR)

Krisen-PR bezwecken die Verhinderung von Vertrauens- und Imageverlust bei Negativereignissen und Krisen. Möglichst bereits in ruhigen Zeiten vorbereitete Kommunikationsstrategien und schriftlich festgehaltene Maßnahmen für den Ernstfall bewahren Unternehmen mit beispielsweise riskanten Produktionen oder gefährlichen Produkten vor Existenz bedrohendem Imageschaden und Vertrauensverlust. Innerhalb der Krisen- und Konflikt-PR gewinnen die Präventions-PR zur Vorbeugung, aber auch die Interventions-PR für bereits eingetretene Krisen und Konflikte deshalb stark an Bedeutung. Zentrale Anliegen dieser beiden Disziplinen sind die Erarbeitung klarer Richtlinien im Bedarfsfall, die Festlegung von

Zuständigkeiten, Verantwortlichkeiten, Sprachregelungen und der Umgang mit den Medien. Im Rahmen der Präventions-PR werden zunehmend auch so genannte «Dark Sites» oder «Stealth Sites» vorbereitet, die im Ernstfall zur zeitverzugslosen, schnellen und effizienten Information der Mitarbeiter im Intranet, für die Medien und die breite Öffentlichkeit im Internet freigeschaltet werden.

In den USA zeichnet sich die Tendenz ab, für das Krisenmanagement vermehrt externe Berater beizuziehen, welche das Verständnis wirtschaftlicher Zusammenhänge und die Entwicklung maßgeschneiderter Kommunikationsstrategien für den einzelnen Krisenfall oder das jeweilige Issue mitbringen.[31] Dieser Trend dürfte sich in Europa ebenfalls bald durchsetzen. Issues Management nimmt denn auch einen immer wichtigeren Stellenwert in der Konflikt- und Krisen-PR ein. Wichtiges Instrument stellt hier einmal mehr das Internet dar, womit sich unternehmensrelevante Themen bereits zu einem grossen Teil finden, beobachten und analysieren lassen.

PR der Non-Governmental Organizations (NGO)

Der Begriff «NGO»

Eine *Non-governmental Organization*, NGO, deutsch Nichtregierungsorganisation (NRO), also eine nichtstaatliche Organisation, basiert auf nicht gewinnorientierter Freiwilligenarbeit und kann lokal, regional, national aber auch international aktiv werden. Auf ein bestimmtes Ziel ausgerichtet und von Leuten mit einem gemeinsamen Interesse gegründet, versuchen NGOs, eine Vielfalt von Leistungen und humanitären Funktionen wahrzunehmen, Bürgeranliegen bei Regierungen vorzubringen, die politische Landschaft zu beobachten und das politische Engagement in der Bevölkerung zu wecken. Sie stellen Analysen und Sachverstand zur Verfügung, dienen als Frühwarnmechanismus und helfen, internationale Übereinkünfte zu beobachten und umzusetzen. Manche NGOs werden für ganz bestimmte Aufgaben gegründet wie für die Menschen-

31 Quelle: www.krisennavigator.de, *Krisenkommunikation und Issues Management in Nordamerika,* Interview mit dem Unternehmensberater Oliver S. Schmidt

rechte, das Erhalten unserer Umwelt oder die Gesundheit. Ihre Verbindungen beispielsweise zu Abteilungen und Einrichtungen der Vereinten Nationen hängt ganz von ihren Zielen, Standorten und Möglichkeiten ab.[32]

Die Bezeichnung «NGO» entstand im Rahmen der Rio-Konferenz 1992 als verbindender Begriff für alle Organisationen, die nicht an der Regierung selbst beteiligt sind, aber dort bestimmte Interessen vertreten und sich als Sprachrohr der zivilgesellschaftlichen Meinung positionieren. Dazu gehören beispielsweise die Umweltverbände, die Gewerkschaften, Kirchen und viele weitere Organisationen, die einer gewissen Denklogik folgen. Definiert wird die NGO-Existenz durch eine eigene Handlungsstrategie, die sich an den offiziellen Strukturen vorgegebener Möglichkeiten festhält und deshalb in einem Abhängigkeitsverhältnis zu den Regierungen und Machtmechanismen der Wirtschaft steht. Eingängiges Beispiel boten im Jahr 2001 die Demonstranten anlässlich des Wirtschaftsforums in Davos oder des G8-Gipfeltreffens in Genua.

Die Kommunikationsstrategie der NGOs

Geplante, zielgerichtete Kommunikation steht bei den NGOs im Vordergrund ihrer Aktivitäten. «Der überwiegend friedliche Protest der Strasse soll sich am runden Tisch besser artikulieren können.»[33] So ist bei den NGOs die Suche nach dem Gespräch unter Einsatz unkonventioneller Massnahmen und Mittel zur eigentlichen Strategie geworden, um sich sowohl auf lokaler, aber auch auf regionaler, nationaler und globaler Ebene zur Erreichung gesellschaftspolitischer Ziele Gehör zu verschaffen. Eine wichtige Mittlerfunktion übernehmen dabei auch die Medien. Entsprechend intensiv und professionell wird bei den NGOs auch die Medienarbeit eingesetzt.

Standort-PR

In Anlehnung an den Begriff *Corporate Citizenship* umfassen die Standort-PR das bewusste, geplante, nach einheitlichen Strategien

32 Quelle: www.ngo.org

33 Quelle: *Neue Zürcher Zeitung*, 14. Juli 2001, hof.

festgelegte Engagement einer Unternehmung, um sich als wichtiger und nutzbringender Faktor der eigenen Gemeinde zu positionieren. Standort-PR werden einerseits als eigenständige Kampagnen durchgeführt, fliessen andererseits aber auch gezielt in allgemeine PR-Aktivitäten von Unternehmungen und Institutionen ein. Diese Kommunikationsdisziplin unterscheidet sich damit grundsätzlich von den PR-Anstrengungen, welche die Wirtschaftsförderung einer Gemeinde oder Region zur Ansiedelung neuer Unternehmen und damit neuer Arbeitsplätze in einer Region unternimmt.

Investor- und Financial Relations

Als Spezialgebiet entwickelten sich in den Jahren des Börsenbooms auch die *Investor-* oder *Financial Relations*. Auch hier steht die strategische Planung der Aktivitäten basierend auf einem Investor Relations-Konzept (IR-Konzept) im Vordergrund. Hauptaktivitäten stellen dabei der Aufbau und die Pflege der Investorenkontakte, beispielsweise durch Road Shows[34] und Investorentagungen, die Erarbeitung von so genannten Equity Stories[35] oder Investment Cases, das Branding der Aktie, das Erstellen von Jahres-, Quartals- und Geschäftsberichten und überzeugender Webauftritte. Entscheidend im Fachgebiet der Investor Relations fallen auch die richtigen Massnahmen und Mittel zur Kontaktpflege mit den Finanzprofis wie etwa den Finanzanalysten sowie den Fachjournalisten ins Gewicht. Denn, empfiehlt eine Bank ihren Kunden, bestimmte Aktien zu verkaufen, wirkt sich dies direkt auf die Börsenkurse aus. Wie empfindlich schlecht informierte Anleger reagieren, spürt der Börsenhandel und die betroffene Körperschaft spätestens nach dem Kurseinbruch einer Gewinnwarnung oder einschlägiger Medienberichterstattung. Informierte Anleger haben mit Sicherheit mehr Vertrauen! Es kann sich lohnen, mit einer spezialisierten IR-Agentur zusammenzuarbeiten.[36]

34 *Road Shows:* Wander-Präsentationen

35 *Equity Stories:* Hintergrundinformation zur Wertentwicklung der Aktie

36 vgl. Kapitel *PR Berufsorganisationen*, S. 328 (GIRAS – Gesellschaft für Investor Relations Agenturen in der Schweiz)

Marketingkommunikation

Produkte-PR – PR im Rahmen des Marketings

Unternehmenskommunikation beeinflusst durch die vertrauensbildenden Massnahmen die Einstellung der Konsumenten. Die Erreichung einer Einstellungsveränderung bei den Zielgruppen gehört zu den anspruchsvollsten Aufgaben der Unternehmenskommunikation.

Wird mit gezielter Hintergrundinformation im Rahmen der Marketingstrategie über Leistungen, Produkte, Innovationen berichtet, fallen diese Kommunikationsaktivitäten in den Marketingbereich. Entsprechend nennt sich diese Teildisziplin der Marketingkommunikation Produkte-PR, Product PR oder kurz PPR.

Hier kreuzen sich denn auch die Interessen der PR-Profis mit denen der Werber. Schaffen die PR das Basisvertrauen in ein Unter-

Die Aufgaben der Werbung	*Die Aufgaben der Public Relations*
Werbung hat als Kommunikationsdisziplin des Marketings die Aufgabe und das Ziel, bei den Zielgruppen(den Konsumenten) ■ den Kaufentscheid auszulösen und damit den Absatz zu steigern ■ den Bekanntheitsgrad von Produkten, Dienstleistungen und Unternehmen zu steigern ■ Einstellungsveränderungen zu bewirken und zu bestätigen ■ Das Kaufverhalten zu beeinflussen	PR sind dafür besorgt, bei den für eine Institution, ein Unternehmen relevanten Zielgruppen ■ Vertrauen, Verständnis, Glaubwürdigkeit und Akzeptanz aufzubauen und zu pflegen ■ das Unternehmen als Persönlichkeit zu positionieren ■ die Ziele klar zu kommunizieren
Werbung ist meist kurzfristig angelegt.	PR sind ein andauernder Prozess.
Um wahrgenommen zu werden, bedient sich die Werbung einer lauten, mit Kurzbotschaften versehenen, oft überzeichnenden Sprache.	In den PR muss sachlich, klar, wahr und verständlich kommuniziert werden.
Werbung beeinflusst das Image durch emotionale Ansprache und Kaufargumente für Produkte und Dienstleistungen	PR baut das Image einer Unternehmung langfristig durch Wissensvermittlung auf.

Berührungspunkte zwischen PR und Marketing

In der Funktion	▪ wenn PR marktbezogen angewendet werden, also mit Hintergrundinformation zu Produkt und Hersteller auf den Kaufentscheid einwirken (Product PR) ▪ Profilierung des Unternehmens ▪ Erfolgsoptimierung des Unternehmens
Beim Zielpublikum	▪ identische Zielgruppen ▪ Ergänzung des Marketing-Mix durch PR-Massnahmen im Rahmen der Promotion und Kommunikation
Bei den Massnahmen	▪ wenn die PR-Massnahmen auf die Marketing-Strategie abgestimmt sind
Bei den Mitteln	▪ Unterstützung der Marketing- bzw. Werbeaktivitäten durch die PR ▪ Kommunikation, Kommunikationsmittel ▪ interne/externe Produktinformation (Produkt-Neuheit) ▪ Medienarbeit ▪ Beziehungspflege ▪ Interessenvertretung (Lobbying)

nehmen, bezweckt die Werbung eindeutig, beim Konsumenten durch die emotionelle Ansprache den Kaufentscheid auszulösen. Hier liegt denn auch die Krux eines vermeintlichen Glaubenskrieges, den sich PR-Fachleute und Werber immer wieder zu liefern scheinen. Wer ist letztlich fürs Image einer Körperschaft verantwortlich? Wo liegen die Kompetenzen? Inwieweit, wenn überhaupt, muss sich die Werbeabteilung durch ein klares Corporate-Communications-Konzept in ihrer Kreativität einschränken lassen? Die emotional gefärbten Diskussionen und Meinungen beruhen denn auch weniger auf rationalen Überlegungen, die der integrierten Kommunikation förderlich wären, denn auf positionsbezogenen persönlichen Ansprüchen der einzelnen Akteure. Dieses Kapitel soll deshalb auch dazu beitragen, den Konflikt zwischen Werbern und PR-Profis lösen zu helfen und im Sinn einer hochprofessionellen integrierten Kommunikation Klarheit in die Arbeit, die Über-

Abgrenzungen und Unterschiede zwischen Werbung, Product PR und PR

Unterschiede	*Werbung*	*Product PR*	*Unternehmens-PR*
Zielsetzung	■ Absatzförderung	■ Absatzförderung	■ Image/Akzeptanzförderung
Kommunikationsform	■ Information (Monolog)	■ Information (Monolog)	■ Kommunikation (Dialog)
Einsatzebene	■ Marketing	■ Marketing	■ Unternehmens-leitung
Funktion	■ marktbezogen	■ marktbezogen	■ umfeldbezogen, bzw. nach innen gerichtet (Human Relations)
Zielpublikum	■ bestehende und potenzielle Kunden ■ Beeinflusser (Opinion Leaders)	■ bestehende und potenzielle Kunden ■ Beeinflusser (Opinion Leaders) ■ Medien	■ spezifische, interne und externe Meinungs- und Interessengruppen, nicht primär kundenbezogen
Gegenstand	■ Produkte, Dienstleistungen, deren Eigenschaften und Wirkungen	■ Produkte, Dienstleistungen, deren Eigenschaften und Wirkungen	■ Informationen von allgemeinem Interesse aus allen Lebensbereichen der Unternehmung
Zutritt zu Medien über	■ gekauften Inserateraum	■ Beiträge/Artikel im redaktionellen Teil mit Nachrichtenwert[37] ■ redaktioneller Beitrag auf gekauftem Raum (Publireportage)	■ Artikel im redaktionellen Teil mit Nachrichtenwert[38]
Einfluss auf Veröffentlichung	■ unmittelbar, steuerbar	■ nicht unmittelbar	■ nicht unmittelbar

37 vgl. Kapitel *Umgang mit den Medien*, S. 177ff.
38 vgl. Kapitel *Umgang mit den Medien*, S. 177ff.

Unterschiede	*Werbung*	*Product PR*	*Unternehmens-PR*
Wirkung der Botschaft	▪ gezielte Beeinflussung, von Aufmerksamkeit bis zur Kaufstimulation (Verkauf, Absatz)	▪ abhängig von der Meinung des Mediums	▪ abhängig von der Meinung des Mediums
Beeinflussung durch	▪ Änderung des Kaufverhaltens	▪ Meinungsbildung und Kaufverhalten	▪ Meinungsbildung (Einstellung und Meinung, Anerkennung, Vertrauen, Interessensübereinstimmung)
Dauer	▪ Im Rahmen einer Kampagne/Aktion kurz- bis mittelfristig	▪ Im Rahmen einer Kampagne/Aktion kurz- bis mittelfristig	▪ kontinuierlich, langfristig
Interessenlage	▪ absatzpolitisch	▪ absatzpolitisch	▪ unternehmenspolitisch

schneidungen, Abgrenzungen und die sich ergänzenden Elemente beider Kommunikationsbereiche zu bringen.

Aus Distanz betrachtet lassen sich die Berührungspunkte und Unterschiede zwischen PR und Marketingkommunikation recht klar definieren, zeigen jedoch bei genauerem Hinsehen auf, dass im Zug der Integrierten Kommunikation der eine Bereich ohne den anderen kaum mehr auskommen kann.

Eingliederung der PR im Unternehmen (Beispiele)

Um den direkten Zugang zur Führungsspitze und zu den relevanten Informationen zu gewährleisten, werden die Unternehmens-PR oder Corporate Communications heute in der Regel auf Stufe Geschäftsleitung häufig als Stabsstelle angesiedelt. Dies ermöglicht eine direkte Koordination und Überwachung aller PR-Aktivitäten

Unternehmens-PR
auf Stufe Unternehmensleitung
zum Beispiel als Stabsstelle

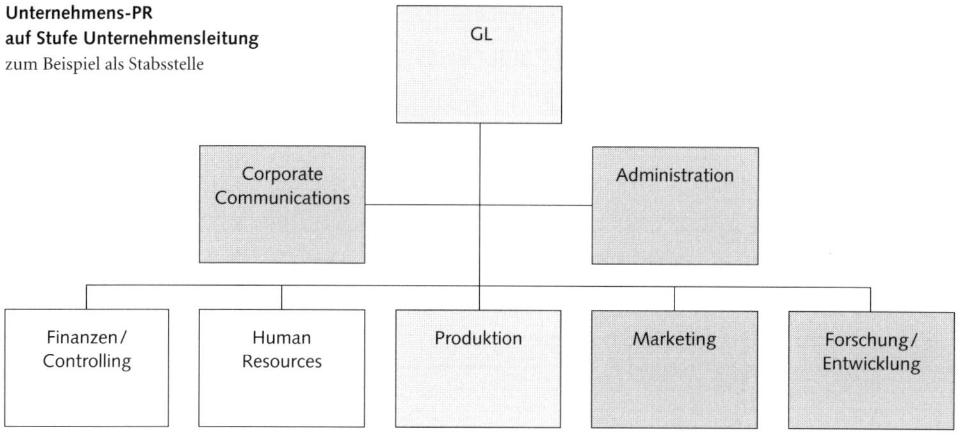

PR im Marketing
nicht als Unternehmens-PR,
sondern als Product PR

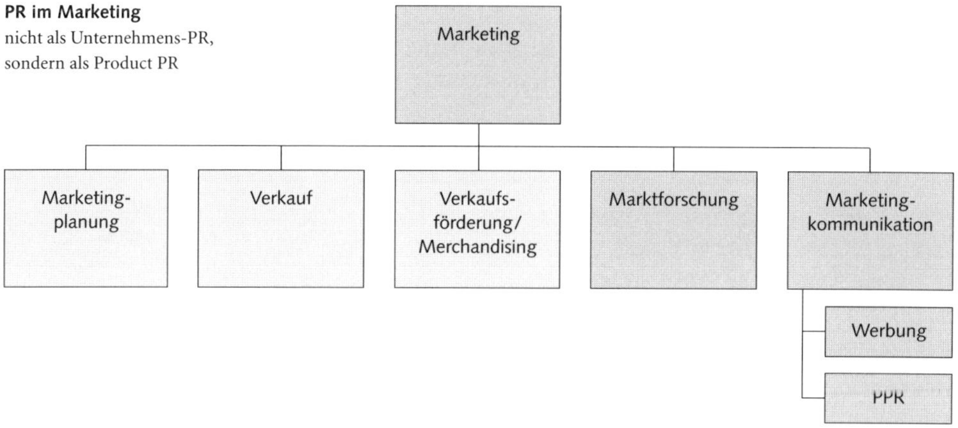

PR im Marketing
Produkte-PR als Bereich der Marketing-kommunikation

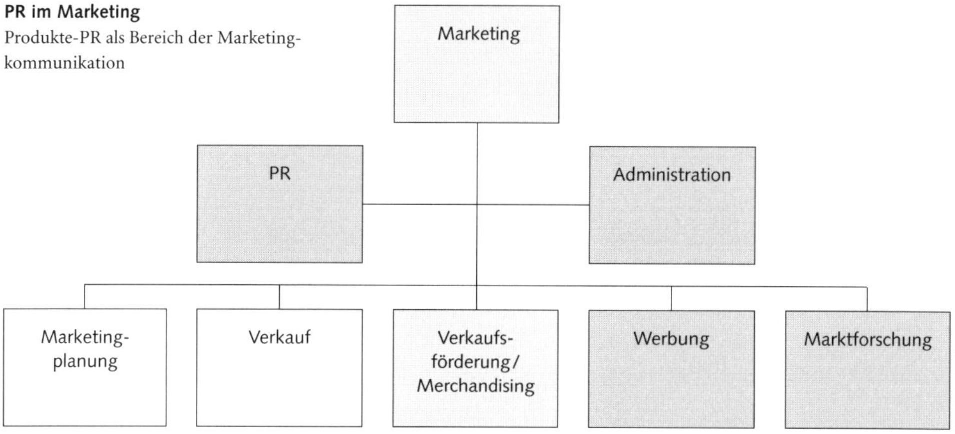

frei von Dienstwegen. Im Sinne einer ganzheitlichen, gesamtunternehmerischen Betrachtungsweise wird von einer Realisierung der Unternehmens-PR auf Stufe Marketing bedingt durch die langen Kommunikationswege abgeraten.

Funktion und Aufgaben von Produkte-PR und Unternehmens-PR im Vergleich

Unternehmens-PR	PR im Marketing (Product PR)	PR-Techniken im Dienst des Marketings
■ Schaffen optimaler Voraussetzungen zur Erreichung der Unternehmensziele (Arbeitsklima, Innovation, Vertrauen, Verständnis, Glaubwürdigkeit, Akzeptanz) ■ Beitragen zum Interessenausgleich der internen und externen Öffentlichkeit ■ Begrenzen von Spannungen und konstruktives Austragen von Konflikten ■ Erarbeiten von Normen, Verhaltensregeln und Leitlinien zur Förderung und zur prozessualen Erarbeitung der Unternehmensidentität (Leitbild) ■ Abstimmen der PR- mit den Marketing-Strategien	■ Schaffen optimaler Voraussetzungen zur Erreichung der Marketingziele durch Begleitung und Unterstützung mittels traditioneller Kommunikationsmassnahmen ■ Information und Dokumentation der Unternehmenskompetenz, Innovationsfähigkeit	■ Nutzbarmachung spezifischer PR-Mittel für das Marketing: – Pressekonferenzen – Tag der offenen Tür – Informationsverbreitung – Beziehungen zu Organisationen – Aufbau kontinuierlicher Beziehungen und von Kommunikationskanälen zu indirekt betroffenen Zielgruppen[39]

39 vgl. *Zielgruppen und Beziehungsumfeld* im Praxisteil, S. 106 ff.

Ziel und Zweck der PR

PR	Zweck	Ziel
■ Unternehmens-PR	■ Kommunikationsmanagement ■ Kommunikation mit allen relevanten internen und externen Zielgruppen (aktive Kommunikationsgestaltung/ Dialog) ■ Imagepflege ■ Vorbeugen und verhindern von Gerüchten ■ Erleichterung der Personalrekrutierung ■ Beitrag zur Wettbewerbsfähigkeit	■ Aufbauen von Akzeptanz, Verständnis, Vertrauen und Glaubwürdigkeit ■ Gewinnen von Anerkennung
	■ Beziehungsmanagement ■ Aufbauen, pflegen und erhalten von auf Dauer ausgerichteter Beziehungspflege	■ Image, Glaubwürdigkeit, Akzeptanz
	■ Interessenmanagement ■ Interessenvertretung (Lobbying) ■ Monitoring (Umfeldbeobachtung) ■ Issues Management (Umgang mit unternehmensrelevanten Themen)	■ Einflussmöglichkeit in (politischen) Entscheidfindungsprozessen ■ Erhalten der Wettbewerbsfähigkeit ■ Vorausplanen durch Voraussehen ■ Steigerung des (Re-)Aktionsvermögens

PR	Zweck	Ziel
■ Interne PR	■ Schaffen eines positiven Betriebs- und Innovationsklimas ■ Motivation, Förderung des Zusammengehörigkeitsgefühls (Wir-Gefühl) ■ Identifikation der Mitarbeiter mit dem Unternehmen ■ Einbezug der Angehörigen in die Unternehmung ■ Schaffen von gegenseitigem Verständnis der verschiedenen Unternehmensbereiche und Unternehmensstufen	■ Schaffen optimaler Voraussetzungen im physischen wie psychischen Bereich zur Erreichung optimaler Leistungen ■ Aufbau von Vertrauen, Goodwill, Image bei allen internen Zielgruppen[40]
Externe PR aus Sicht des Marketings	■ Vorbereitung, begleitende Unterstützung der Marketinganstrengungen ■ Unterstützung der Marketingmassnahmen durch Product-Publicity ■ Aufbauen, pflegen und erhalten von Vertrauen, Goodwill, Image bei den externen Zielgruppen im Absatz-, Beschaffungsmarkt, bei den Medien und der Öffentlichkeit	■ Beitrag zur Erreichung der gesteckten Marketing- und Unternehmensziele

40 vgl. *Zielgruppen und Beziehungsumfeld* im Praxisteil, S. 106 ff.

Sponsoring

Sponsoring wird im *Lexikon der Public Relations* als «gezielte Bereitstellung von Geld, Dienstleistungen oder Sachleistungen für Einzelpersonen, Organisationen und Veranstaltungen zur Erreichung autonomer Ziele» definiert. Sponsoring basiert auf klar definierter, vertraglich geregelter Leistung und Gegenleistung zwischen Sponsor und Sponsornehmer, also auf Geben und Nehmen.

Die der modernen Marktkommunikation[41] und damit in der Regel dem Marketing zugeordnete Disziplin orientiert sich sowohl an der Corporate Identity als auch an den Marketingzielen des Geldgebers und trägt nachhaltig zur Erreichung der Unternehmenskommunikationsziele bei. Ein Sponsoring-Engagement macht jedoch nur Sinn, wenn das Gesponserte mit der Philosophie und dem Angebot des Sponsors im Einklang steht. Als besonders geeignet erweist sich das Sponsoring zur Steigerung des Bekanntheitsgrades, der Imagebildung und zur Absatzförderung.

Die Tendenz der immer spärlicher fliessenden Geldmittel aus öffentlicher Hand verleiht dem Sponsoring die Bedeutung eines unentbehrlichen «Neuen Mäzenatentums», das sich zu einer wichtigen Kommunikationsplattform im Sport-, Kultur- und Sozialbereich entwickelt hat. Die Privatwirtschaft leistet damit ohne Zweifel einen unvergleichlich wichtigen Beitrag zur Erhaltung und Entwicklung der kulturellen und sozialen Werte unserer Gesellschaft. Die Meinung vieler Kulturschaffender hat sich vom einstigen Credo «Kultur ohne Wirtschaft» zum Motto «Kultur durch die Wirtschaft» gewandelt.

Sponsoring lässt sich in folgende Hauptformen unterscheiden:

- *Sport-Sponsoring* fördert Veranstaltungen, Einrichtungen, Institutionen, Einzelsportler und Mannschaften.
- *Kultur-Sponsoring* unterstützt kulturelle Leistungen und Veranstaltungen in den Bereichen Bildende Kunst[42], Literatur, Theater, Musik, Tanz sowie kulturelle Institutionen wie Museen.

41 Elisa Bortoluzzi Dubach / Hansrudolf Frey, *Sponsoring – ein Leitfaden für die Praxis*, 3. Aufl., Bern 2002, Verlag Haupt

42 Bildende Kunst umfasst die aus schöpferischer Hand entstandenen Bereiche wie Malerei, Bildhauerei, Kunsthandwerk, Architektur, Fotografie, Film, Video usw.

- *Sozio-Sponsoring* umfasst in erster Linie die Förderung von «Einrichtungen des Gemeinwohls»[43], «Aktionen zugunsten der Gesellschaft», und der Ausbildung wie beispielsweise die Finanzierung eines Lehrstuhls.
- Mit *Öko-Sponsoring* wird die Unterstützung von Projekten zum Schutz der Umwelt bezeichnet.
- *Medien-Sponsoring* tritt «in sämtlichen Formen der Unterstützung von Presse-, Radio- und TV-Sendungen» auf und wird in Radio und Fernsehen mit so genannten Billboards[44] angekündigt.

Die Möglichkeiten und Grenzen der PR

Dass sich mit einer Million Franken aus jedem Kartoffelsack ein Bundesrat machen lasse, mag als Bonmot des Altvaters der «Schweizer Polit-PR», Rudolf Farner (16. Juni 1917–10. März 1984), ein Schmunzeln erzeugen. Doch die Realität sieht anders aus. Public Relations können auf Dauer nur erfolgreich sein, wenn im Beispiel der Polit-PR die Person integer ist, in anderen Bereichen das Produkt oder die Dienstleistung einer Organisation ethische, anerkannte Kriterien erfüllt.

Unter diesen Voraussetzungen kann professionelle PR-Arbeit

- Vertrauen und Verständnis schaffen,
- den Aufbau einer Beziehung zwischen Unternehmen, relevanten Zielgruppen und der Öffentlichkeit ermöglichen,
- die Kommunikation fördern und damit das Lösen von Problemen erleichtern oder schwierige Situationen meistern helfen,
- dem Unternehmen ein persönliches Profil verleihen,
- die höchstmögliche Kontrolle der Medienarbeit und der Öffentlichkeit schaffen.

43 Elisa Bortoluzzi Dubach/Hansrudolf Frey, *Sponsoring – ein Leitfaden für die Praxis*, 3. Aufl., Bern 2002, Verlag Haupt

44 *Billboard:* Vor- und Abspann einer gesponserter Sendung mit dem Hinweis auf den Sponsor (Logo)

Doch auch den PR sind klare Grenzen gesetzt:

- Grenzen liegen im Handeln und im Verhalten des Unternehmens.
- PR können und dürfen nicht beschönigen, vertuschen, irreführen, rechtfertigen.
- Zum Eigenschutz und zum Schutz der Bezugsgruppen setzt die Ethik klare Verhaltensrichtlinien.

Durch Vertuschung, Falschaussagen, Irreführung, Informationsverweigerung oder Missmanagement verloren gegangenes Vertrauen wieder zu gewinnen, gehört zu den schwierigsten Aufgaben der PR überhaupt.

Auch unkoordinierte Kommunikation kann Vertrauensverlust bedeuten, wie ein Beispiel einer Fusion in der Versicherungsbranche bildlich zeigt: Während der Fusion und dem damit verbundenen Stellenabbau lief eine Imagekampagne unter dem Motto «Sicherheit für alle».

Die PR-Berufe und -Berufsorganisationen

Public Relations gehören als strategische Führungsaufgabe ins Pflichtenheft eines jeden Unternehmensverantwortlichen und jeder Führungskraft. Die PR-Profis operieren intern auf verschiedenen hierarchischen Stufen oder als externe Berater und Mitarbeiter. Sie analysieren, planen, organisieren, koordinieren, realisieren, überwachen, schreiben, redigieren und kommunizieren. Die vielseitige Arbeit erfordert Durchblick, Flexibilität und Selbständigkeit. Neben einer guten Allgemeinbildung, Sprach- und Schreibgewandtheit und den bekannten Managementqualitäten setzen PR-Berufe vor allem eines voraus: Gesunder Menschenverstand. Viele PR-Profis blicken auf eine Journalistenkarriere zurück. Andere haben über das Marketing oder die Werbung den Weg zur PR gefunden. Heute kann der Interessierte sich sein PR-Wissen durch ein grosses Ausbildungsangebot aneignen.

Die PR-Berufe zählen in der Schweiz zu den modernen Berufsbildern. Dies mag an der Tatsache liegen, dass sich professionelle PR im Management der Schweizer Unternehmen erst in den Achtzigerjahren auf breiterer Basis etablieren konnten. Mit der Institutionalisierung der PR im Betrieb gewannen auch die PR-Berufe an Bedeutung. Seither sind sowohl die Attraktivität des Berufsstandes als auch die Anforderungen an die PR-Berufstätigen stark gestiegen.

Die PR-Ausbildung in der Schweiz

Während unsere Nachbarländer seit Jahren Ausbildungslehrgänge der Kommunikationswissenschaften anbieten, erkannten die Schweizer Hochschulen und Universitäten das grosse Ausbildungsbedürfnis erst Ende der Neunzigerjahre. Seither nimmt das Angebot an Vollzeit- und Nachdiplomstudien stark zu. Trotzdem erfolgt die PR-Ausbildung heute immer noch mehrheitlich als Zweitausbildung. Möglicherweise zeichnet gerade dieser Umstand das hohe professionelle Niveau der Schweizer PR-Leute aus.

Zu den ersten Universitäten, welche Studiengänge im Kommunikationsbereich als Haupt- und Nebenfach führen, gehören die Universität Fribourg[45] sowie die Università della Svizzera italiana[46] in Lugano. Die Universität Bern[47] bietet ein Studium in Publizistik/Journalismus an. Die Fachhochschule Solothurn Nordwestschweiz[48] führt seit 2001 ein Nachdiplom-Studium «Unternehmenskommunikation».

Im Gegensatz zu kaufmännischen Berufen können PR-Berufe in keiner fachspezifischen Berufslehre erlernt werden. Die kaufmännische Lehre oder eine Wirtschaftsmittelschule bilden jedoch nach wie vor eine gute Grundausbildung, um später in die Kommunikationsbranche zu wechseln.

Die berufsbegleitende PR-Ausbildung

Die rechtlich geschützten Titel wie Executive Master of Science in Communications Management, eidg. dipl. PR-Berater und PR-Fachmann mit eidgenössischem Fachausweis lassen sich in berufsbegleitenden Kursen mit entsprechenden Abschlussprüfungen erlangen, welche unter Aufsicht des Bundesamtes für Berufsbildung und Technologie (BBT) durchgeführt werden.

Treibende Kraft hinter den meisten PR-Ausbildungslehrgängen ist in der Schweiz das Schweizerische PR Institut (SPRI). Zurzeit werden folgende Lehrgänge und Seminare angeboten:

- Basiskurse für PR-Einsteiger
- Umfassende Ausbildungen zum PR-Generalisten (PR-Fachmann, Polycom, Corporate Communications FH, Kommunikator FH)
- Programme für PR-Führungskräfte (PR-Berater, Executive Master of Science in Communications Management)
- Verschiedene spezialisierte Lehrgänge und Intensivseminare für PR-Profis

45 www.unifr.ch, Studiengang Medien- und Kommunikationswissenschaften

46 www.unisi.ch, Studiengang Kommunikationswissenschaften, Fakultät der Kommunikationswissenschaften / Scienze della comunicazione

47 www.unibe.ch, Studiengang Publizistik/Journalismus

48 www.fhso.ch

Die PR-Berufe

Beruf	*Einsatzebene*	*Hauptaufgaben*
PR-Sekretär	■ Unternehmens-interne PR-Abteilung ■ PR-Agentur	■ Korrespondenz- und Sekretariatsarbeiten ■ Auskunftserteilung nach innen und aussen ■ Reinschrift von Medientexten, Manuskripten ■ Protokollführung ■ Terminkontrollen ■ Führen von Adressdateien und Dokumentationen ■ Versand von Pressediensten und Medieninformationen ■ Sammeln und Verwalten von Presse-ausschnitten sowie Zusammenstellen von Pressespiegeln
PR-Redaktor	■ Unternehmensinterne PR-Abteilung ■ PR-Agentur	■ Textverantwortung im Unternehmen ■ Redaktion von Hauszeitungen und Geschäftsberichten ■ Verfassen von Medienbeiträgen ■ Redaktion Internettexte ■ Ghostwriting ■ Mitarbeiterschulung ■ Schlüsselfigur in der Umsetzung des Corporate-Language-Konzeptes
PR-Fachmann mit eidgenössischem Fachausweis	■ Unternehmensinterne PR-Abteilung ■ PR-Agentur	■ Realisation von PR-Projekten ■ Mithilfe bei der Konzeption von PR-Massnahmen und -Mitteln ■ Organisation von Veranstaltungen ■ Beschaffen von Textunterlagen ■ Erarbeiten und Redigieren von Textentwürfen ■ Organisation und Überwachen von Übersetzungsarbeiten ■ Leitung der Produktion von PR-Mitteln (Einholen und Vergleichen von Offerten, Erteilen der Aufträge, Überwachen der Auftragsabwicklung)

Anforderungen[49]	*Berufsanforderungen*
Ideale Voraussetzung: ■ Eidgenössischer Fähigkeitsausweis für kaufmännische Angestellte oder ■ Diplom einer Handelsschule oder ■ Diplom eines Handelsgymnasiums oder Handelsmatura	■ umfassende Kenntnis im administrativen Bereich ■ Sprachgewandtheit ■ Selbständiges Arbeiten ■ Teamfähigkeit ■ Interesse und Freude an den Public-Relations-Aufgaben
■ Diplom einer Handelsschule ■ Diplom eines Handelsgymnasiums oder Handelsmatura	■ umfassende Kenntnis in PR und Corporate Publishing ■ Schreibgewandtheit ■ Teamfähigkeit
■ Eidgenössischem Fähigkeitszeugnis für kaufmännische Angestellte, dreijährige grafische Berufe oder dreijährige Verkaufsberufe ■ Diplom einer vom BBT (früher BIGA) anerkannten Handelsmittelschule ■ Diplom einer kantonal anerkannten, mindestens dreijährigen Diplommittelschule ■ Maturitätszeugnis ■ Eidgenössischer Fachausweis einer kaufmännischen Berufsprüfung oder Diplom einer höheren kaufmännischen Fachprüfung	■ Organisationstalent ■ gute Allgemeinbildung ■ Interesse an den Fragen rund um die Kommunikation ■ Ideenreichtum ■ Kontaktfreude ■ mündliche und schriftliche Sprachgewandtheit

49 Quelle: www.spri.ch

Beruf	*Einsatzebene*	*Hauptaufgaben*
		▪ Briefing von freien Mitarbeitern aus Spezialgebieten wie Fotografen, Grafiker usw. ▪ Disposition und Überwachung von Inserateaufträgen ▪ Termin-, Qualitäts-, Erfolgskontrollen ▪ Budgetplanung und -kontrolle ▪ administrative Arbeiten (Korrespondenz, Schreib- und Sekretariatsarbeiten) ▪ Informationsbeschaffung und Pflege von Dokumentationen und Registraturen
Eidgenössisch diplomierter PR-Berater	▪ Geschäftsleitung oder Stabsstelle der Geschäftsleitung ▪ Mitarbeiter oder Leiter einer PR-Agentur	▪ Beratung und Unterstützung der Unternehmensverantwortlichen und Führungskräfte in allen Kommunikationsfragen ▪ Mitgestalten der Unternehmensstrategien ▪ Konzipieren und umsetzen von Kommunikationsstrategien und -massnahmen ▪ Erarbeiten, umsetzen und überwachen des CI-Prozesses ▪ Führen der PR-Abteilung oder -Agentur ▪ Beherrschen der Methoden des Umfeld-Monitorings
Mediensprecher	▪ Unternehmensleitung	▪ Vertretung der Unternehmung gegenüber den Medien ▪ Formulierung der Botschaften (Aussagen) ▪ Gestaltung der Beziehungen zwischen Unternehmen bzw. zwischen den Unternehmensvertretern, Führungskräften und den Medienvertretern ▪ Organisation des direkten Kontakts zwischen Unternehmensleitung und Medienvertretern (zum Beispiel in Mediengesprächen, Interviews, Porträts)

Anforderungen	*Berufsanforderungen*
■ Abschluss einer Hochschule oder höheren technischen Lehranstalt	
■ Eidgenössischer Fachausweis der Berufsprüfung für PR-Assistenten ■ abgeschlossenes Hochschulstudium mit vierjähriger Praxis in den PR oder eine vom BBT anerkannte Berufslehre und mindestens sieben Jahre PR-Praxis	■ Interesse an wirtschaftlichen, soziologischen und kommunikativen Fragen ■ sehr gute Allgemeinbildung ■ Fähigkeit zu vernetztem Denken ■ Führungsfähigkeiten ■ Durchsetzungsvermögen und Verhandlungstalent ■ ausgeprägte Kommunikationsfähigkeit ■ Mündliche und schriftliche Sprachgewandtheit
Ideale Voraussetzung: ■ PR-Beraterausbildung ■ MPR oder ■ Universitätsstudium der Medien- und Kommunikationswissenschaft oder Journalistik und Kommunikationswissenschaft/Publizistik[50]	

50 vgl. *Internet-Adressen* im Anhang, S. 343ff.

Beruf	*Einsatzebene*	*Hauptaufgaben*
Executive Master of Science in Communications Management MScom	■ Geschäftsleitung	■ strategische Planung der Corporate Communications ■ Umsetzung der Unternehmenskommunikation

Einstieg in die Public Relations

Der Einstieg in die Public Relations erweist sich für viele Interessierte als recht schwierig. Die Aufnahme in die Ausbildungskurse erfordern zumeist einschlägige Erfahrung, die sich nicht leicht sammeln lässt. Das Schweizerische Public Relations Institut SPRI bietet deshalb jährlich mehrere Einstiegsseminare für Public Relations in verschiedenen Schweizer Städten an. Das Netzwerk der regionalen Public Relations Gesellschaften (siehe Kasten) kann überdies entscheidend dazu beitragen, in den PR Fuss zu fassen.

PR-Berufsorganisationen in der Schweiz und im Ausland

Mit den neuen PR-Berufen entstanden auch Organisationen, welche sich der Interessenvertretung und Anliegen der Branche auf nationaler und internationaler Ebene annehmen.

Schweizerische Public Relations Gesellschaft (SPRG)

Die Schweizerische Public Relations Gesellschaft (SPRG) setzt sich als Branchenverband seit ihrer Gründung im Jahre 1953 für die Förderung der PR sowie für die Aus- und Weiterbildung in diesem spezialisierten Tätigkeitsbereich in der Schweiz ein. Sie sorgt überdies für die Wahrung der Grundsätze von Treu und Glauben in der Ausübung der PR-Berufe und führt die eidgenössischen Prüfungen zur Erlangung des Titels PR-Assistent mit eidgenössischem Fachausweis und eidg. dipl. PR-Berater durch.

Seit 1993 tritt der Branchenverband als Dachorganisation der sieben Regionalgesellschaften auf, welche die Verbandsaktivitäten

Anforderungen	*Berufsanforderungen*
■ abgeschlossenes Universitätsstudium oder das eidgenössische Diplom als PR-Berater	Manager-Eigenschaften wie ■ Organisationstalent ■ Sozialkompetenz ■ Hohe Kommunikationsfähigkeit ■ Führungsqualitäten

für die heute schweizweit über 1300 vereinten Berufsleute organisieren und finanzieren.

Die Zürcher PR-Gesellschaft (ZPRG) repräsentiert als grösster Regionalverband über 500 Kommunikationsfachleute und existiert seit 1959. Die mit über 300 Mitgliedern zweitgrösste Berufsgruppe stellt die Berner PR-Gesellschaft (BPRG) dar. Sie wurde wie die Société Romande de Relations Publiques (SRRP) im Jahr 1961 gegründet. 1965 entstand die Zentralschweizer PR-Gesellschaft (ZSPR), zehn Jahre später die PR-Gesellschaft Ostschweiz/Liechtenstein (PROL). In Basel kam es 1979 zur Gründung der Nordwestschweizerischen PR-Gesellschaft (NPRG) und Anfang der Achtzigerjahre zogen die Tessiner Standesvertreter mit der Società Ticinese di Relazioni Pubbliche (STRP) nach.

Ziele der Regionalgesellschaften sind die Förderung des Erfahrungsaustausches, der Aus- und Weiterbildung sowie der Beziehungspflege unter den PR-Schaffenden in der Schweiz.

Zu den Aktivitäten des Dachverbandes gehört auch das Führen des Berufsregisters (BR SPRG) durch eine eigens dazu bestellte Kommission. Als Berufsgruppe innerhalb der SPRG und als Profitcenter organisiert, nahm sie 1963 ihre Arbeit auf.

Mitglied des BR SPRG kann werden, wer als Berufsmitglied einer Regionalgesellschaft angehört, den Nachweis fachlicher Kompetenz sowie mehrjähriger Erfahrung und eine mindestens 80-prozentige Tätigkeit auf dem Gebiet der PR nachweisen kann. Besondere Anliegen des Berufsregister sind weiterbildende Fachtagungen, die Imagepflege der PR-Fachleute, das Networking sowie die Qualitätssicherung und -garantie der Arbeit seiner Mitglieder. Träger des Labels BR SPRG stehen für die Professionalität und das hochstehende Niveau ihrer Arbeit.

Die Regionalgesellschaften der SPRG

BPRG	Berner PR Gesellschaft, Bern, über 350 Mitglieder
NPRG	Nordwestschweizerische PR Gesellschaft, Basel, rund 100 Mitglieder
PROL	PR Gesellschaft Ostschweiz/Liechtenstein, St. Gallen, rund 100 Mitglieder
SRRP	Société Romande de Relations Publiques, Lausanne, rund 200 Mitglieder
STRP	Società Ticinese di Relazioni Pubbliche, Lugano, rund 100 Mitglieder
ZPRG	Zürcher PR Gesellschaft, Zürich, über 500 Mitglieder
ZSPR	Zentralschweizer PR Gesellschaft, Luzern, rund 100 Mitglieder

Kontakt über die Internetadresse: www.prch.ch oder www.sprg.ch

Das 1969 durch die SPRG gegründete und 1980 in eine Stiftung umgewandelte *Schweizerische Public Relations Institut (SPRI)* bildet als einziges von der Confédération Européenne des Relations Publiques (CERP) anerkanntes Privatinstitut PR-Schaffende aller Stufen aus. Ziel der PR-Schmiede ist die Qualitätserhöhung und Professionalisierung der PR-Praxis in der Schweiz. Im Kursangebot finden sich Einführungskurse in die Public Relations, berufsbegleitende Fachausbildungen zum PR-Assistenten mit eidgenössischem Fachausweis, zum eidgenössisch diplomierten PR-Berater sowie das Nachdiplomstudium zum Master of Science in Communications Management (MPR).

Der Zentralvorstand der Schweizerischen PR Gesellschaft setzt sich aus je einem Vertreter der Regionalgesellschaften, dem SPRI, dem Bund der PR-Agenturen der Schweiz (BPRA), der Berufsregisterkommission sowie dem Prüfungskommissionspräsidenten zusammen. Das Führungsorgan der SPRG führt die laufenden Geschäfte, sorgt für die Herausgabe des Vereinsorgans, betreut die Website www.prch.ch, realisiert das von der Delegiertenversammlung beschlossene Tätigkeitsprogramm und bestellt die Kommissionen.

Die Interessen der SPRG in der Europäischen PR Gesellschaft, der Confédération Européenne des Relations Publiques (CERP), nimmt ein von der Generalversammlung gewähltes Mitglied wahr, welches ebenfalls Einsitz im Zentralvorstand nimmt.[51]

Bund der Public Relations Agenturen der Schweiz (BPRA)

1978 gegründet, vertritt der Bund der Public Relations Agenturen der Schweiz (BPRA) die unternehmenspolitischen Interessen von mittleren und grossen PR-Agenturen. Um mehr Transparenz unter den Anbietern von PR-Dienstleistungen zu schaffen, definiert der Verband unter anderem die Arbeits- und Honorargrundsätze.

Dem BPRA gehören über zwanzig mittlere und grosse PR-Agenturen an.[52]

Confédération Européenne des Relations Publiques (CERP)
(engl.: *European Public Relations Confederation*)

Die 1959 gegründete Confédération Européenne des Relations Publiques (CERP) mit Sitz in Brüssel amtet als Dachverband der europäischen PR-Verbände. Er bezweckt die Förderung des PR-Berufes, die Kontaktvermittlung, den Aufbau und die Pflege der Beziehungen zwischen PR-Organisationen und ihren Mitgliedern weltweit. Durch die Zusammenarbeit der nationalen PR-Verbände wird zudem eine Harmonisierung der Standesregeln angestrebt.

Der CERP gehören zur Zeit rund 25 Organisationen aus 20 Staaten an. Die SPRG trat der Vereinigung 1966 bei. Konnten sich bis 1989 auch Einzelpersonen um eine CERP-Mitgliedschaft bewerben, brachte eine umfassende Reorganisation den Wandel zu einer reinen Konföderation der nationalen Verbände. Die CERP bekleidet einen Beraterstatus beim Europarat sowie bei der UNESCO und nimmt durch Sonderbeauftragte an der Arbeit von Kommissionen beider Organisationen teil. Die EU-Kommission und das Europäische Parlament anerkennen und konsultieren die CERP als offizielle Sprecherin des PR-Berufsstandes in Europa.

51 www.sprg.ch
52 www.bpra.ch

Die CERP vertritt mit ihren europäischen PR-Verbänden die Interessen von über 22'000 PR-Praktikern, -Beratern, -Inhouse-Spezialisten, -Dozenten, -Forschern und -Studenten in Europa.[53]

Nebst ihren eigenen Hauptaktivitäten sind heute innerhalb der CERP zwei weitere Vereinigungen tätig: CERP Consultants und CERP Students.

- *CERP Consultants*
  Mitglied von CERP Consultants sind Inhaber, Manager, Mitarbeiter von PR-Agenturen sowie unabhängige PR-Berater. CERP Consultants befasst sich vorwiegend mit agenturspezifischen Anliegen, zum Beispiel grenzüberschreitende Zusammenarbeit sowie den internationalen Erfahrungs- und Personalaustausch zwischen den Agenturen.
- *CERP Students*
  CERP Students wurde 1959 gegründet. Sie ist die eurpäische Vereinigung der PR-Studenten, eine unabhängige Nonprofit-Organisation. Sie wird geleitet von Studierenden und für Studierende, die PR und andere kommunikationsrelevante Studienprogramme an Universitäten belegen. Heute besteht CERP Students aus rund 400 Mitgliedern aus 15 Ländern.[54]

International Public Relations Association (IPRA)

Die International Public Relations Association (IPRA) wurde zur weltweiten Vereinigung von PR-Fachleuten bereits 1955 in London gegründet. Sie verbindet zur Förderung des internationalen Erfahrungs- und Ideenaustausches und der PR-Arbeitsqualität gut 2500 Einzelmitglieder in über 90 Ländern. Die IPRA fördert Studien und Veröffentlichungen in Bezug auf PR und bietet Starthilfe für nationale PR-Verbände in Ländern an, die sich erstmals im PR-Bereich organisieren. Die Vereinigung nimmt bei der UNESCO und bei den United Nations einen Beraterstatus ein.[55]

53 www.prineurope.com
54 www.cerpstudents.net
55 www.ipra.org

International Association of Business Communicators (IABC)

Die International Association of Business Communicators (IABC) ging 1970 aus dem Zusammenschluss der American Association of Industrial Editors (vorwiegend Redaktoren von Hauszeitschriften) mit dem International Council of Industrial Editors mit Sitz in San Francisco hervor.[56]

Public Relations Society of America (PRSA)

Die Public Relations Society of America (PRSA) entstand 1947 aus dem Zusammenschluss des American Council on Public Relations mit der National Association of Public Relations Council. 1961 fusionierte auch die American Public Relations Association mit der PRSA. Damit avancierte die PRSA zur ältesten und grössten PR-Gesellschaft der Welt mit heute rund 20'000 Mitgliedern.

Wie die SPRG befasst sich auch die PRSA mit PR-Ausbildung und -Forschung. Aus diesem Grund gründete die Organisation bereits 1956 die Foundation for Public Relations Research and Education, die Stipendien für das Studium von PR vergibt und Mittel für PR-Forschungsprojekte gewährt.[57]

International Communications Consultancy Organization (ICCO)

Die 1986 von nationalen PR-Agentur-Verbänden mehrer Länder gegründete Internationale Dachorganisation der Agenturverbände bezweckt die Erleichterung der grenzüberschreitenden Marktbearbeitung der Mitgliederinstitutionen. Sie umfasst mehr als 850 Agenturen in 24 Ländern. Der Bund der PR-Agenturen der Schweiz (BPRA) ist seit 1989 Mitglied der Vereinigung.[58]

56 www.iabc.com

57 www.prsa.org

58 www.iccopr.com

2 Public Relations in der Praxis

Imagepflege

Akzeptanz, Verständnis, Vertrauen, Goodwill und Anerkennung soll der Einsatz von Public Relations schaffen. Public Relations sind deshalb in allen Arbeiten darauf ausgerichtet, das Image einer Unternehmung (*Unternehmensimage*) bei den internen und externen Dialoggruppen aufzubauen und zu pflegen. Der Begriff Image umschreibt nach dem Fremdwörterbuch von Duden den subjektiven Gesamteindruck, «das [...] Bild, das sich ein Einzelner oder eine Gruppe von einer Einzelperson oder einer anderen Gruppe»[59] macht.

Für die Geschäftstätigkeit einer Unternehmung ist es denn auch von entscheidender Bedeutung, welches Image über die Firma oder Organisation in deren Beziehungsumfeld vorherrscht. Denn ein gutes Image in der grundsätzlich skeptischen und kritischen Aussenwelt[60]

- fördert generell Vertrauen und Sympathie
- schafft Goodwill, insbesondere auch als Bonus für schwierige Zeiten
- stärkt die wirtschaftspolitische Stellung
- erhöht die Wettbewerbsfähigkeit
- vereinfacht die Beschaffung der Produktionsmittel (Mitarbeiter, Kapital)
- dynamisiert die Verteilkanäle durch Arbeitserleichterung und damit Absatz fördernder Wirkung
- beeinflusst das interne Betriebsklima positiv.

59 Duden, Band 5, *Fremdwörterbuch*, 1990
60 Hans Rudolf Strasser, *Dokumentation Public Relations*, 1992

Die Image-Arten

Nicht nur bei Betriebspannen, Personalabbau, Betriebsschliessungen, auch im Marketing entscheidet letztlich das Image beim Zielpublikum um Gunst oder Ablehnung im harten Konkurrenzkampf unserer Zeit.

Eine effiziente PR-Planung bedarf denn auch einer Differenzierung des Begriffs Image. So unterscheidet sich das auch als *Ist-Image* bezeichnete *Fremdimage* in den meisten Fällen vom *Eigenimage*, dem *Selbstbild*, das eine Unternehmung von sich selber hat. Diese so genannte Glaubwürdigkeitslücke, in der Fachsprache mit *Credibility Gap* bezeichnet, gilt es in der PR-Praxis soweit möglich zu schliessen. Keine leichte Aufgabe, wenn man bedenkt, welch zahlreiche Vorstellungen durch die eigene subjektive Wahrnehmung eines Individuums entstehen. Es gehört deshalb zu den wichtigsten Aufgaben eines PR-Verantwortlichen, die Entwicklung und Erhaltung des positiven Unternehmensimage in der Öffentlichkeit kontinuierlich zu kontrollieren und in einem dauernden unternehmenszielorientierten Prozess bedürfnisentsprechend daran zu arbeiten.

Der Credibility Gap

Abweichung (Differenz) zwischen Corporate Identity (Eigenbild) und Corporate Image (Fremdbild); feststellbar durch Umfragen.

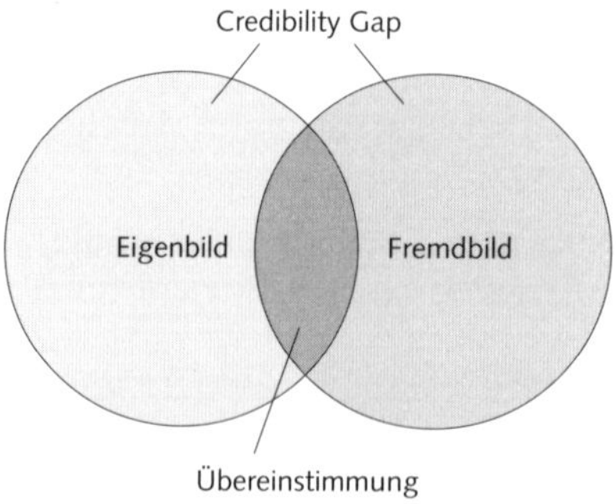

Doch auch der Begriff Fremdimage muss differenziert betrachtet werden. So unterscheiden wir zwischen dem eigentlichen *Firmen-* oder *Unternehmensimage* und dem *Marken-* und/oder *Produktimage.*

Nach dem Schweizer PR-Spezialisten Alfred C. Köcher wird das Unternehmensimage um so wichtiger, je mehr die Produkte, Dienstleistungen und Funktionen untrennbar mit dem Namen der Unternehmung verbunden sind.[61] Er erinnert dabei an das Rohstoffunternehmen Shell, dessen Produktimage wohl positiv erscheint, das Unternehmensimage jedoch «[...] aufgrund der ablehnenden Haltung gegenüber multinationalen Konzernen [...] tendenziell negativ gefärbt» ist.

Das *Eigenimage* (*Corporate Image*) entspricht dem Bild, wie sich das Unternehmen gemäss seiner körperschaftlichen Identität[62] selber sieht und verstanden wissen will.

Als *Fremdimage* oder *Ist-Image* wird das Bild bezeichnet, welches sich Dritte, also Aussenstehende von einer Unternehmung machen.

Das Fremdimage gliedert sich in das *Firmenimage* (*Unternehmensimage*) und das Marken- und/oder Produktimage.

Das *Soll-Image* umschreibt die Ideal-Vorstellung, welche durch langfristige Kommunikationsarbeit im Beziehungsumfeld entstehen soll.

Die Kriterien der Imagebildung[63]

Zur Bildung und Prägung des Marken- und/oder Produktimage, insbesondere aber auch des Unternehmensimage und damit zur bewussten und unbewussten Einstellung des Beziehungsumfeldes einer Unternehmung, tragen verschiedenste Gegebenheiten bei. Diese zu kennen und die Zusammenhänge herauszuspüren, ist für die Arbeit des PR-Profis von massgebender Bedeutung.

61 Alfred C. Köcher, *Management von Public Relations – Ein integrales Konzept*, Dissertation Nr. 1265, Bamberg 1991

62 siehe *Corporate Identity* im Praxisteil, S. 157 ff.

63 Hans Rudolf Strasser, *Dokumentation Public Relations*, 1992

Das Marken- und/oder Produktimage

Das Marken- und/oder Produktimage als Spiegelbild der begründeten oder auch nicht begründeten Meinung des Konsumenten über ein Produkt wird zunächst einmal bestimmt durch objektive, subjektive und symbolische Werturteile wie

- wirkliche oder approximative Kenntnisse
- Vorurteile
- gehörte Meinungen und Urteile
- verbreitete Gerüchte
- Empfindungen
- persönliche Erfahrungen

Im Weiteren prägen folgende Faktoren das Marken- und/oder Produktimage:

- das Produkt selber (Qualität, Form, Verpackung, Preis usw.)
- die produktspezifische Kommunikation (Werbung, Verkaufsförderung, Produkt-PR)
- die über das Produkt bekannten Informationen (zum Beispiel über den mehr oder weniger umweltfreundlichen Fabrikationsprozess)
- das Produktmanagement
- die Konsumenten (nach soziodemografischen Merkmalen[64] beurteilt)

Das Unternehmensimage

Weit komplexer gestaltet sich die Bildung eines Firmen- oder Unternehmensimage (Corporate Image), dass nicht allein die Produkte, sondern das Unternehmen selber, seine Mitarbeiter, seine Politik und seine Stellung in der Umwelt umfasst, also die Summe einer Vielzahl von Vorstellungsbildern ist.

64 vgl. *Glossar* im Anhang, S. 301ff.

Diese Vorstellungsbilder betreffen

- die Führungskräfte und das Personal des Unternehmens
- das für die Beziehungen des Unternehmens zu seinen verschiedenen Dialoggruppen charakteristische Klima
- den Bekanntheitsgrad des Unternehmens
- die Unternehmenspolitik bezüglich Marketing, Sozialbereiche, Informationsverhalten usw.
- wirtschaftliche, finanzielle und börsenbezogene Aspekte
- eventuell Produkte und Marken

Folgende Faktoren prägen das Firmenimage:

- die gelebte, nicht nur verkündete Firmenpolitik
- die aktive Teilnahme von Unternehmensvertretern am gesellschaftlich-kulturellen, sozialen und politischen Geschehen im Beziehungsumfeld
- die Kommunikationsformen im Umgang mit dem Umfeld
- die Informationen jeglicher Art im Zusammenhang mit dem Unternehmen

Wege zur Image-Veränderung

Credibility Gaps sind Mahnzeichen, die darauf hinweisen, dass eine Image-Veränderung angestrebt werden sollte. Ohne an dieser Stelle auf einzelne PR-Aktionen einzugehen, sei doch auf grundsätzliche Massnahmen, welche in dieser Situation getroffen werden sollten, hingewiesen:

1. Analyse der einzelnen Differenzpunkte
2. Orten und korrigieren der Schwachstellen und notfalls Ausschalten von Fehlerquellen
3. Überprüfung und allenfalls Neuausrichtung der Informationspolitik
4. Aufbau eines guten Dialogs mit den Medien
5. Systematische Verbreitung von geplanter und gezielter Information über das Unternehmen

6. Schaffen von Ereignissen und deren Nutzung im externen Beziehungsumfeld
7. Systematische Nutzung des mit dem Marken- und/oder Produktimage erworbenen Vertrauenspotenzials

Doch ist Umsicht angebracht: Alle diese Massnahmen müssen Bestandteil einer gesamtheitlichen, umfassenden PR-Politik sein. Ausserdem sind sie bezüglich ihrer Wirksamkeit systematisch zu überprüfen und gegebenenfalls anzupassen.

Ziel/Zweck der PR allgemein (Unternehmens-PR)

- Information, Kommunikation zu allen relevanten internen und externen Zielgruppen
  (aktive Kommunikationsgestaltung/Dialog)
- Auf Dauer ausgerichtete Beziehungen aufbauen, pflegen, erhalten
- Akzeptanz, Vertrauen, Verständnis, Goodwill, Anerkennung gewinnen (zu einem Unternehmen und seinen Aktivitäten, zum Beispiel bei unumgänglichen Massnahmen wie Betriebsschliessungen, Personalabbau, Betriebspannen usw.)
- Gerüchten vorbeugen, Gerüchte verhindern
- Imagepflege
- Erleichterung bei der Personalrekrutierung
- Beitrag zur Wettbewerbsfähigkeit

Ziel/Zweck der externen PR
(spezifisch aus Sicht des Marketing)

- Vorbereitende, begleitende Unterstützung der Marketing-Anstrengungen
- Unterstützen der Marketing-Massnahmen durch Product Publicity
- Mit eigenen Mitteln und Methoden zur Leistungssteigerung des Marketing beitragen (Image, Product PR)
- Aufbauen, pflegen, erhalten von Vertrauen, Goodwill, Image bei externen Zielgruppen (Absatz-, Beschaffungsmarkt, Medien, Öffentlichkeit usw.)

Begründung (Beispiele)

- Das Unternehmen ist in sein Beziehungsumfeld (Beschaffung, Absatz, Gesellschaft, Umwelt usw.) eingebettet und hat diesem gegenüber eine gewisse Verantwortung und Legitimationspflicht
- Bewältigung von Krisensituationen
- Transparenz wird heute gefordert (Organisation/Produkte)
- Positive Einstellung zum Unternehmen und zu seinen Leistungen und Produkten
- Positive Einstellung zum Arbeitgeber (Motivation)
- Besseres Erreichen der Unternehmensziele
- Positive Auswirkungen auf den Unternehmenserfolg

PR-Methodik[65]

Wie lassen sich effiziente Public Relations planen, organisieren und umsetzen? Welche Elemente gehören zum Aufbau eines umfassenden PR-Konzepts?[66] Den Schlüssel zur erprobten Arbeitsweise, zum Erarbeiten und Umsetzen von PR-Konzepten, bieten folgende Übersichten, Checklisten und praktische Beispiele.

Die Konzeptphasen

Ein PR-Programm gliedert sich in der Regel in die folgenden vier Hauptphasen:

1. *Analyse-Phase*
   Phase der Analyse, des Studiums in Bezug auf Persönlichkeit/Image und Umfeld einer Unternehmung, Auftrag, Briefing, Formulierung der Ausgangslage

2. *Diagnose- oder Strategie-Phase*
   Beurteilung des Ist-Zustandes, Definition des Soll-Zustands, Folgerung (Fazit) aufgrund der erfolgten Analysen, Festlegen der Strategischen Elemente wie Zielgruppen, Botschaften, Prioritäten, Wahl des Vorgehens (Strategie[67])

3. *Aktions-Phase*
   Phase der Aktionsplanung mit Realisation und Produktion, personellen und finanziellen Ressourcen (Organisation/Budget), Terminplanung, Briefing (Informationsgespräch, schrift-

65 In der Art des Vorgehens festgelegte Arbeitsweise; Duden Bd. 5, *Fremdwörterbuch*, 1990

66 vgl. *Glossar* im Anhang, S. 301ff.

67 vgl. *Glossar* im Anhang, S. 301ff. und Kapitel *Zusammenarbeit mit PR-Fachleuten/Das Briefing*, S. 201ff.

liche Informationsdaten für Dritte),[68] Durchführung des Massnahmenplans

4. *Überprüfungs- oder Kontroll-Phase*
   Phase der Überprüfung, das heisst der Kontrolle und Anpassung des Konzeptes.

Das Methodikschema kann selbstverständlich variieren. In der Regel enthält der vollständige Konzeptraster jedoch die vier aufgeführten Programmphasen.

Die PR-Methodik

Phasen	Analyse	Strategie	Umsetzung	Evaluation
	Ausgangslage Auftrag Analyse Problem Fazit	Ziele → Strategie	Massnahmen Mittel	Evaluation
Aktionen	▪ Recherche ▪ Marktforschung ▪ Briefing/ Rebriefing ▪ Sofort-massnahmen	▪ Zielgruppen ▪ Absender ▪ Botschaften ▪ Weg zum Ziel ▪ Massnahmen ▪ Kanäle	▪ Budget ▪ Zeitplan ▪ Organisation	▪ Erfolgskontrolle qualitativ/quantitativ ▪ Debriefing bei Einzelaktionen ▪ Rebriefing bei langfristigen Konzepten
Grundlagen Hilfsmittel Methoden	▪ SWOT Analyse Strengths, Weaknesses, Opportunities, Threats	▪ Unternehmensstrategie ▪ Kommunikationskonzepte ▪ Leitbild	▪ Projektantrag ▪ Controlling	▪ Umfragen intern/extern schriftlich/mündlich ▪ Medienkontrolle ▪ Marktstudien ▪ Sitzung Debriefing ▪ Gespräche ▪ Feedback

Medienarbeit

68 vgl. *Glossar* im Anhang, S. 301ff. und Kapitel *Zusammenarbeit mit PR-Fachleuten/Das Briefing*, S. 201ff.

Der Konzeptaufbau

Konzeptstruktur und -elemente

Zur geplanten und ganzheitlichen Kommunikationsarbeit liefern eine logische Konzeptstruktur und die auf die eigenen Bedürfnisse abgestimmten Konzeptelemente den persönlichen Baukasten.

1. *Ausgangslage, Situationsanalyse*
   Die Ausgangslage beinhaltet die genaue Erfassung und Umschreibung der aktuellen Situation als Ausgangspunkt des Auftrags. Insbesondere werden in folgenden Feldern Untersuchen und Analysen durchgeführt: Unternehmenspersönlichkeit, Image, IST- und SOLL-Zustand (Diskrepanz = Probleminhalt), Zielgruppen / Umfeld, Positionierung Markt / Umfeld, bisherige Kommunikation, Stärken, Schwächen, Chancen und Risiken. Hilfreiches Instrument dazu bietet die SWOT-Analyse[69] als Grundlage für die Strategiewahl.

2. *Folgerungen, Prioritäten*
   Die Erkenntnisse der Analysephase, die Problemerfassung, zeigen die Diskrepanz zwischen Ist- und Sollzustand auf. Mit entsprechend geschärftem Blick für die Realität lassen sich daraus die Ziele ableiten und Prioritäten sowie die Vorgehensweise setzen.

3. *Aktionsplan, Vorgehensplan*
   Der Aktionsplan umfasst die Formulierung der kurz-, mittel- und langfristigen Kommunikationsziele, der Zielgruppen, der Aktionsschwerpunkte und Botschaften, der durchzuführenden zielgruppenbezogenen Aktionen / Massnahmen sowie die Wahl der Mittel. Massnahmen umfassen beispielsweise eine Plakatkampagne, die Mittel dazu sind die Plakate. Zu möglichen Massnahmen zählen auch die Medienarbeit mit Mediencommuniqués, -konferenzen[70] oder die Organisation von Events mittels Einladung von Opinion Leaders, interessanter Referen-

69 vgl. *Glossar* im Anhang, S. 301 ff.

70 vgl. Kapitel *Umgang mit den Medien*, S. 177 ff.

ten usw. Ausserdem gehören das Erstellen eines detaillierten Zeitplans und Budgets wie die Projektorganisation zu den Kernelementen des Aktionsplans.

4. *Kontrolle und Anpassung, Korrektur*
Durch die Überprüfung der Wirksamkeit, die Erfolgskontrolle oder Evaluation kann aktiv auf das laufende Konzept eingewirkt und korrigiert werden. In anderen Konzeptmodellen kann die Evaluation auch in der Phase der Situationsanalyse erfolgen.

Checkliste SWOT-Analyse[71]

Unternehmen	Erkennen: ■ eigene Schwächen und Stärken ■ eigene Mittel/eigene Strategien ■ Synergienpotenzial ■ Rentabilitätsbestimmende Faktoren ■ Strategisches Erfolgspotenzial
Umweltanalyse	Erkennen: ■ Chancen, die es mit neuen Strategien zu nutzen gilt ■ Gefahren, die es mit neuen Strategien zu umgehen oder zu minimieren gilt (eventuell Risikoanalyse)
Branchenanalyse	Erkennen: ■ branchenbezogener Chancen und Gefahren ■ Wettbewerbssituation ■ Koalitionsmöglichkeiten
Marktanalyse	Beurteilung: ■ Unternehmensentwicklung bei bisheriger Strategie ■ Marktmöglichkeiten ■ Konkurrenz, Möglichkeiten der Konkurrenz, Konkurrenz-Schwächen, Konkurrenzstrategien Erkennen: ■ Bedürfnis Marketingaktivitäten ■ Marktsegmentierungsmöglichkeiten ■ Marktanteil-Situation, Veränderungsmöglichkeiten ■ Rentabilitätspotenzial

71 Brauchlin und Heene, 1995

Beispiel einer SWOT-Analyse

Nützliche Hilfe bei der Analyse des PR-Bedarfs stellt die sogenannte Stärken-/Schwächenanalyse dar. Durch die Auflistung, Gewichtung und Auswertung der Meinungen, Einstellungen und Informationen lassen sich die Aufgaben der PR eruieren. Die Schwächen sollen durch die Stärken, die Risiken durch die Chancen überwunden werden.

Beispiel: Produktlancierung eines jungen Unternehmens im Haushalt-Pflegemittelbereich

Intern orientiert	**Strengths** (Stärken) ■ Produktleistung und -qualität «Kraft aus der Natur» USP/UAP (Nische) ■ Corporate Identity wird intern gelebt und mitgetragen	**Weaknesses** (Schwächen) ■ Kapazität ■ Kommunikationsabteilung ■ Budget ■ Unternehmen unbekannt	Intern orientiert
Extern orientiert	**Opportunities** (Chancen) ■ Neues Produkt ■ Junger Markt ■ Zeitgemässes Naturprodukt ■ USP/UAP/UCP	**Threats** (Gefahren) ■ Hartumkämpfter Markt ■ Konkurrenz erwacht/Produktekopien ■ Zeitfaktor	Extern orientiert

Fazit: Da das Unternehmen noch unbekannt ist, muss die Lancierung mit einer intensiven Kommunikationskampagne in möglichst kurzer Zeit an ein möglichst grosses Publikum erfolgen. Klare Segmentierung der Umfelder und Zielgruppen verhindern Streuverlust. Kostenbewusstes Vorgehen ist erforderlich.

Die Konzeptelemente

1. Briefing/Auftrag
2. Ausgangslage, Situationsanalyse, Stärken-/Schwächenanalyse
3. Folgerungen und Prioritätensetzung
4. Zielsetzung(en) kurz-, mittel-, langfristig
5. Vorgehensplan/Strategie (Schwerpunkte/Reihenfolge/Zielgruppendefinition)
6. Massnahmenplan (Botschaft, Mittel, Zweck)
7. Termine (Zeitplan)
8. Projektorganisation (Verantwortlichkeiten)
9. Budget, eventuell Finanzierungsplan
10. Erfolgskontrolle, Anpassung (Feedback)

Checkliste Entwurf einer PR-Aktion, eines PR-Konzepts

Konzeptstruktur mit Grobinhalt (Beispiel)

Konzeptstruktur	*Grobinhalt*
1. Auftrag/Briefing	■ Formulierung des Auftrags ■ Zusammenfassung der bestehenden Informationen, Aufgabenstellung
2. Ausgangslage/ Situationsanalyse	■ Problemdefinition ■ Abklären der Rahmenbedingungen, Leitbild, Kommunikationspolitik, Marketingkonzept, bisherige PR-Aktivitäten, PR-Infrastruktur, Beziehungsumfeld ■ Ist-/Sollvergleich ■ Stärken-/Schwächenanalyse
3. Folgerungen	■ Ergebnisse und Rückschlüsse (Schlussfolgerung/Fazit) aus der Situationsanalyse ■ Prioritäten setzen
4. Zielsetzungen	■ Festlegung und Formulierung realistischer kurz-, mittel-, langfristiger Ziele (Soll-Zustand) ■ Qualitative und quantitative Umschreibung (zum Beispiel Steigerung des Bekanntheitsgrades von 50 auf 70 Prozent)
5. Vorgehensplan/ Strategie	Festlegen des Vorgehens und der strategischen Elemente wie ■ Schwerpunkte ■ Reihenfolge ■ Nutzen von Synergien ■ mögliche Projektpartner ■ Einsatz Opinion Leader ■ Patronat ■ Medienpartner ■ Definition der Zielgruppen (wem) ■ andere
6. Massnahmenplan	Abgestimmt auf die definierten Zielgruppen ■ Botschaft (was) ■ Mittel (womit) ■ Effekt (Zweck)
7. Termine Durchführung	■ Zeitplan/Termine (wann, wie lang)

Konzeptstruktur	*Grobinhalt*
8. Projekt-organisation	Festlegen der Aufgaben und Verantwortlichkeiten ■ Organisation (wo, wie) ■ Verantwortung (wer macht was)
9. Budget und Finanzierungsplan	■ Kostenaufstellung (wie viel) (Offerteneinholung) ■ Finanzierung (wie/durch wen)
10. Erfolgskontrolle/ Evaluation	■ Messbarkeit der Kommunikationswirkung durch quantitative und qualitative Kontrollen (vgl. Kapitel *Erfolgskontrolle*, S. 142ff.) ■ Feedback allgemein ■ Evaluation, Schlussfolgerungen ■ Korrekturen und Anpassungen

Überlegungen beim Entwurf einer PR-Aktion

Eine PR-Aktion unterscheidet sich von den PR-Aktivitäten der Corporate Communications insbesondere im kurzfristigen Einsatz gegenüber der langfristig angelegten PR-Arbeit sowie in den meisten Fällen in der Ausführungsebene, hier der Marketing- anstelle der PR-Abteilung. Dabei sind folgende grundsätzliche Überlegungen nützlich:

Information nach innen:

- Wie sollen die Mitarbeiter über die PR-Aktion informiert werden? (Motivation)
- Wie können die zur Verfügung stehenden Informationswege und -mittel für Hintergrundinformation gezielt genutzt werden? Zum Beispiel Artikel in Hauszeitung (Personalzeitschrift)
- Können Muster, Beschreibungen abgegeben werden?
- Mögliche Besichtigungen?
- Produkt-Vorführung (Demonstration)?
- Einladung zu Veranstaltungen?

Information nach aussen:

- Bietet das Ereignis Anlass/Zweck für die Durchführung von Veranstaltungen (Kolloquium, Kongress, Tagung/Seminar, Einladung der lokalen Behörden, von Kunden, der Medien, Tag der offenen Tür für das Publikum, usw.)?
- Ist das Ereignis Thema für Publikationen mit PR-Charakter (Firmenbroschüre, Beitrag in Fachzeitschriften, Fachbeilagen usw.)?
- Ist eine Einladung der Medien notwendig und sinnvoll? (Medieneinladung nur wenn Neuheit wirklich innovativ, das heisst bezogen auf Technologie, Fabrikationsweise, Vertrieb, Anwendung oder Preis, usw.)[72]
- Inwieweit lässt sich die PR-Aktion, das Ereignis sinnvoll mit anderen Kommunikationsmassnahmen kombinieren (zum Beispiel Werbung, Sponsoring, usw.) oder in bereits vorgesehene Kommunikationskonzepte integrieren (Integrierte Kommunikation)?

Möglicher Nutzen und mögliche Grenzen von PR-Aktionen

Nutzen	■ Unterstützung der Marketing-Anstrengungen ■ Imagebildung/-förderung ■ Motivation der internen Zielgruppen ■ Erhöhung des Bekanntheitsgrads ■ Beziehungspflege ■ Interessensübereinstimmung zwischen Unternehmen und Umfeld/Öffentlichkeit
Grenzen	■ Mit schlechten Produkten/Dienstleistungen kann kein gutes Image entstehen ■ Ohne entsprechende Mittel werden die gewünschten Ziele nicht erreicht ■ Produkte ohne Nutzen, ohne innovative Züge haben keine Chance ■ Produkte ohne Neuigkeitswert oder aktuellen Bezug sind für die Medien uninteressant

72 siehe auch Kapitel *Umgang mit den Medien*, S. 177ff.

PR-Zielgruppen und Beziehungsumfeld

Voraussetzung einer effizienten Kommunikation ist die genaue Analyse und das Studium des gesamten vielschichtigen Umfeldes und der relevanten Zielgruppen einer Unternehmung. Denn nur wer seine Botschaft gezielt platziert, kann erfolgreich kommunizieren.[73]

Je differenzierter die Ziel-, Dialog-, Bezugsgruppen oder Stakeholders, wie sie auch genannt werden, ausgewählt werden, desto besser lassen sich Massnahmen und Mittel, Ansprache, Stil, Tonalität bestimmen und umso grösser ist die Wahrscheinlichkeit, wahrgenommen und verstanden zu werden.

Zur besseren Übersicht und Kontrolle empfiehlt es sich, das Beziehungsumfeld systematisch in verschiedene Gruppen und Kategorien zu unterteilen. Entsprechend der jeweils Branchen bezogenen Bedeutung der einzelnen Umfelder für die Körperschaft wird auch die Gewichtung der relevanten Zielgruppen und die Prioritätensetzung mit entsprechender Reihenfolge unterschiedlich ausfallen.

Umfeld einer Körperschaft

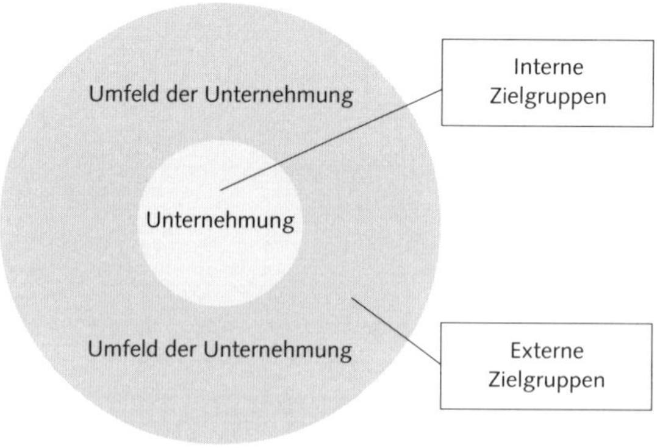

73 vgl. Kapitel *Kleine Kommunikationslehre*, S. 34

Unterscheidung in interne und externe Zielgruppen

Interne Zielgruppen	*Externe Zielgruppen*
■ Geschäftsleitung ■ Kader ■ Mitarbeiter ohne Führungsfunktion ■ Lehrlinge ■ Praktikanten ■ Betriebsrat (Personalkommission) ■ Pensionierte ■ ehemalige Mitarbeiter ■ Verwaltungsrat ■ Stiftungsrat ■ Abwart, Facility Manager ■ Reinigungsequipe ■ Angehörige der Mitarbeiter	■ Anwohner (Nachbarn) ■ Quartiervereine und ihre Mitglieder ■ Kunden ■ Lieferanten ■ Konkurrenten ■ Medien, Presse ■ Aktionäre, Banken (Geldgeber) ■ Finananz-Analysten ■ Anlageberater ■ Lokale Behörden ■ Politische Parteien ■ Politiker ■ Kommissionen ■ Interessensverbände wie Umweltschutzgruppen, Konsumentenschutz-organisationen, Fachverbände, Branchenverbände ■ Interessengruppierungen ■ Gewerkschaften ■ Arbeitnehmer-/Arbeitgeber-Organisationen ■ Schulen, Fachhochschulen, Universitäten ■ Kirchen, kirchliche Institutionen usw. ■ Bevölkerung der Standortgemeinde

Gliederung der Zielgruppen nach Umfeldkategorien

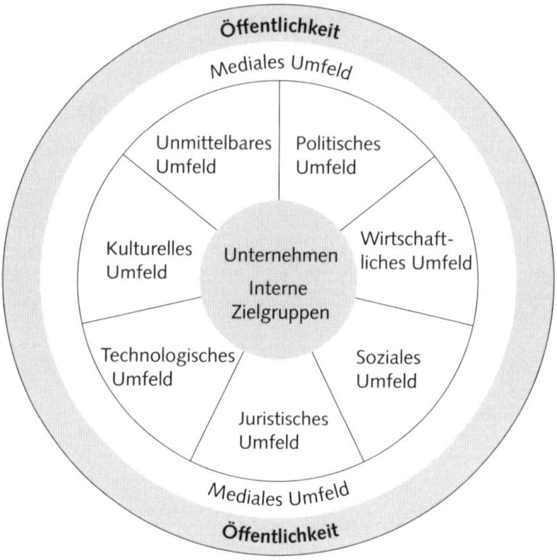

Umfeldkategorien und Zielgruppen eines Unternehmens (Beispiele)

Politisches Umfeld	■ Politiker, Behörden, Exekutive, Legislative (international, national, kantonal, kommunal) ■ Politische Parteien, Armee, Verwaltung usw.
Wirtschaftliches Umfeld	■ kommerzielle Partner (Kunden, Händler, Beeinflusser, Berufs- und Branchenorganisationen, Verbraucher und Verbraucherorganisationen, Konkurrenten, Lieferanten, usw.) ■ Finanzpartner, Geldgeber (Aktionäre, Banken, Anlageberater, Finanz-Analysten, Börse, usw.)
Soziales Umfeld	■ Gewerkschaften ■ Arbeitnehmer- und Arbeitgeber-Organisationen ■ Sozialversicherungswerke (AHV/IV, berufliche Vorsorge) ■ Gemeinnützige Organisationen ■ Schulen ■ Kirche, kirchliche Institutionen

Juristisches Umfeld	■ Rechtspflege, gesetzlicher Rahmen (Verfassung, Gesetzgebung, Verordnung, Beschlüsse usw.) ■ Urheberrechtsgesellschaften ■ Bestimmungen in Versicherungen, Reglemente von Verbänden, usw. ■ Polizei, Ordnungsdienste
Technologisches Umfeld	■ Universitäten, (Fach-)Hochschulen, Berufsschulen, Volksschulen ■ Laboratorien, Organisationen der Grundlagen und der angewandten Forschung ■ Kontroll- und Zulassungsorganisationen usw.
Kulturelles Umfeld	■ Institutionen der Kulturförderung ■ Vereinigungen mit kultureller Zielsetzung ■ Event- und Künstler- und Konzertagenturen ■ Museen, Theater, Kino, Filmindustrie, Ensembles und Orchester, Künstler, usw. ■ Berufsverbände der Kulturmanager
Medien-Umfeld	■ Printmedien (Presse) ■ Nachrichtenagenturen ■ Radio, Fernsehen, Kinos, Plakate ■ Videotext, Teletext ■ (elektronische) Mediendienste
Unmittelbares Umfeld	■ Mitarbeiter, Familien und Angehörige der Mitarbeiter ■ lokale Gemeinschaft (Nachbarn, Behörden, Verwaltung, Bevölkerung) ■ Quartiervereine, Verkehrsbüros, Verkehrsvereine ■ örtliche Schulen und Lehrerschaft ■ soziale und kulturelle Institutionen, Spitäler, Kirchen ■ Jugendorganisationen ■ lokale Persönlichkeiten ■ Gewerbetreibende ■ Lokalmedien (Lokalpresse, -radios)
Öffentlichkeit	■ Publikum, Bevölkerung als Ganzes, aufgeteilt nach soziodemografischen Kriterien (Altersklassen, Geschlecht, Beruf, Kaufkraft, Lebensstil, Wohnsituation, Berufsgruppen, Schulbildung usw.)

Gliederung nach Arten der Beziehung des Umfelds zum Unternehmen

«Topografie der Kommunikation»

Eine andere Darlegungsmöglichkeit bieten die Arten der Beziehung des Umfelds zum Unternehmen. Der PR-Spezialist Félix Teuber[74] bezeichnet diese Umfeldbetrachtung als «Topografie der Kommunikation» und zeichnet damit eine Art Landschaftsbild des Unternehmensumfeldes.

Primäres Publikum	Das vom Unternehmen direkt anvisierte und betroffene Publikum (Mitarbeiter, Kunden, Aktionäre usw.)
Kooperierendes Publikum	Das am Erreichen des Gesellschaftszweck des Unternehmens direkt interessierte und deshalb kooperierende Publikum (Vertretungen, Händler, Detaillisten, usw.)
Beeinflussendes Publikum	Das auf das primäre Publikum Einfluss ausübende Publikum, ohne direkt mit den Aktivitäten des Unternehmens, der Organisation verbunden zu sein (Journalisten, Meinungsbildner, Kulturschaffende, usw.)
Störendes Publikum	Das in offenem Konflikt zu den Zielen der Körperschaft stehende und dagegen kämpfende Publikum (Atomenergiegegner, Nachbarn eines Fussballstadions mit Ausbauprojekten, Umweltverbände, Konsumentenorganisationen, NGOs usw.)
Irrelevantes Publikum	Das in keinem Zusammenhang mit oder in Verbindung zum Unternehmen stehende Publikum (Nichtautofahrer und Parkgarage AG)

Eine weitere gebräuchliche Gliederungsmöglichkeit stellt die Unterteilung der Zielgruppen in das Ressourcen-, Leistungs- und Transaktionsumfeld dar.

74 Félix Teuber, Miteigentümer *FTC Farner Teuber Communication SA*, Lausanne und Genf

Interne Public Relations[75]

Allgemeines

Die innerbetriebliche Kommunikation, heute meist als Interne Public Relations oder Interne Kommunikation bezeichnet, hat sich vom Informationsinstrument in den Anfängen der PR-Geschichte zur unverzichtbaren, umfassenden Führungsdisziplin der heutigen Unternehmung entwickelt. So sind Management- und Führungsstil genau wie die Personal- und Informationspolitik, die Aus- und Weiterbildungspolitik wie die Mitbestimmung der Mitarbeiter zum Bestandteil dieses Kommunikationsfeldes geworden. Entsprechendes Gewicht fällt den internen PR auch in den Human Resources (HR), dem früher als Personalabteilung bezeichneten Bereich zu. «Der HR-Chef ist zum Mittler im Kommunikationsnetz des Unternehmens geworden: Sender, Empfänger und Relaisstation in einem.»[76]

Interne PR: HR als Mittler und Relaisstation

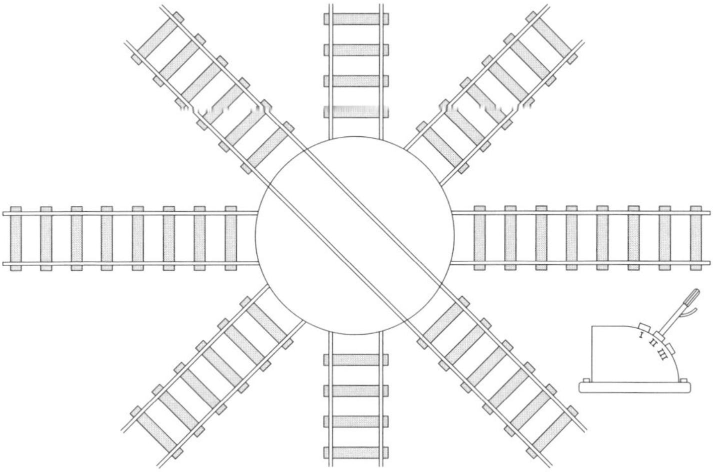

75 vgl. *Teilbereiche der Corporate Communications*, S. 50ff.

76 Dorothee Koprio / Martine Ernst, 1989, *Der Organisator*

Die Planung und Umsetzung der Internen Kommunikation

Der deutsche Kommunikationsspezialist Dieter Herbst bringt es auf den Punkt: «*Die Erfahrung zeigt, dass die Mitarbeiter bestimmen, ob Kommunikation zustande kommt.*» Unter diesem Aspekt stellt sich bei der Planung der internen Kommunikation also die zentrale Frage, *wie die Mitarbeiter für die Kommunikation empfänglich gemacht werden können.*

Gestaltete sich der Kommunikationsfluss noch bis vor Kurzem häufig als schwierig, dürfte dieser Mangel heute in den meisten Betrieben durch die unternehmensweite, interne Vernetzung, das Intranet, behoben sein. Sowohl in Grosskonzernen wie auch in noch nicht vernetzten Klein- und Mittelunternehmen ist es jedoch von grösster Wichtigkeit, die interne Kommunikation anhand eines Konzeptes zu planen, zu organisieren und umzusetzen, um optimal und integriert, also über alle Abteilungen und Divisionen koordiniert, zu kommunizieren. Denn nur informierte Mitarbeiter sind gute und motivierte Mitarbeiter.

Zwar hat das Internet viele gedruckte Informationsmittel wie etwa Haus- oder Mitarbeiterzeitungen ersetzt. Doch vollständig kann niemand auf die traditionellen Mittel wie das persönliche (Mitarbeiter-)Gespräch, das Schwarze Brett, den Managementletter, Schulungs- und Informationsveranstaltungen verzichten.

Abbauen der Ängste

▶ Die Mitarbeiter können nur durch offene, glaubwürdige, kontinuierliche Kommunikation überzeugt und zum Dialog gewonnen werden.

Dieter Herbst zeigt in einem Referat zum Thema «Intranet in der Internen Kommunikation» deutlich die verschiedenen, fast unüberwindbaren Auffassungen, welche zwischen Arbeitgebern und Arbeitnehmern entstehen können.

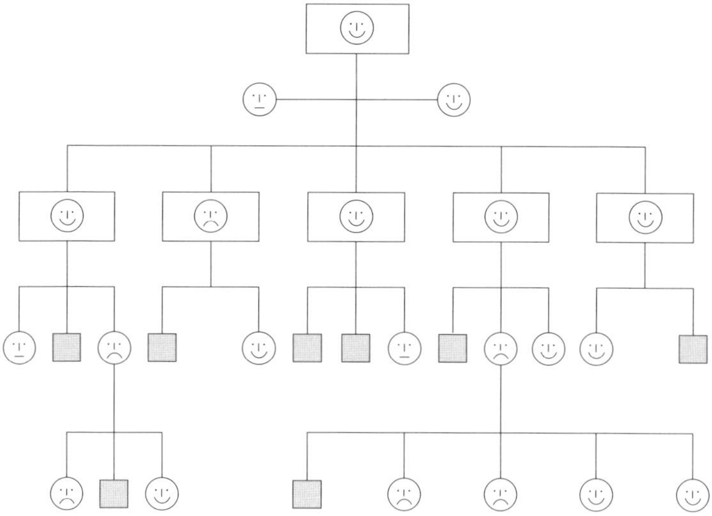

Für die Geschäftsleitung ist Veränderung gut – für die Mitarbeiter kann sie eine Bedrohung darstellen. Sparanstrengungen erhöhen den Gewinn – aus Sicht der Mitarbeiter schmälern sie die Löhne. Rationalisierung und Optimierung steigern die Qualität – erhöhen in den Augen der Belegschaft jedoch den Arbeitsdruck. Einsparungen steigern die Rentabilität – können aber auch Qualitätsverlust eintragen. Stillstehen ist für die Führung bedrohlich – Wandel empfinden die Mitarbeiter möglicherweise als gefährlich.

Vor diesem Hintergrund, besonders in Change-Management-Prozessen[77], wird deutlich, wie wichtig es ist, die Entwicklung von Ängsten und Unsicherheit der Mitarbeiter spüren und verstehen zu können, um wichtige Entscheide richtig zu treffen und entsprechend zu kommunizieren. Direkt und indirekt Betroffene sollten deshalb in Veränderungsprozesse eingebunden, nicht Betroffene kontinuierlich informiert werden.

Ist sich die Geschäftsleitung der Tatsache bewusst, dass die Mitarbeiter als Multiplikator das persönliche Empfinden als Arbeitnehmer und Privatperson an die Öffentlichkeit tragen, wird dieses Bewusstsein auch die Kommunikationskultur innerhalb der Unternehmung positiv prägen.

77 vgl. *Change Management*, S. 121 ff.

▶ «Unausgesprochene Ängste wirken wie Sand im Getriebe.»[78]

Um die Basis zur wirkungsvollen internen Kommunikation zu schaffen, müssen bei deren Planung folgende wichtige Punkte berücksichtigt werden:

- die *Strukturen* der Unternehmung mit Aufbau- und Ablauforganisation
- die *Führungssysteme*

Planung der internen Kommunikation

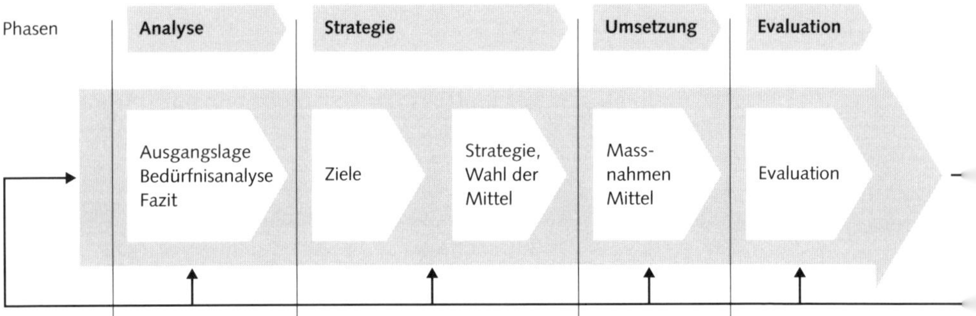

	Analyse	Strategie	Umsetzung	Evaluation
Aktionen	▪ Umfrage im Betrieb ▪ Struktur-, Verhaltens- und Kulturanalysen ▪ Kontrolle bisherige Massnahmen, Mitteleinsatz	▪ Zielgruppendefinition ▪ offene, klare, wahre, kontinuierliche Kommunikation ▪ Nutzen der Synergien des Mitteleinsatzes	▪ Budget ▪ Zeitplan ▪ Organisation/Verantwortlichkeit	▪ Erfolgskontrolle ▪ Feedback ▪ Informations- und Wissensstand
Grundlagen Hilfsmittel Methoden	▪ Fragebogen ▪ Persönliche Gespräche ▪ Evaluationsresultate	▪ Unternehmensstrategie ▪ Leitbild	▪ Projektantrag ▪ Controlling	▪ Umfragen im Betrieb ▪ Beteiligung an Veranstaltungen ▪ Verhalten der Mitarbeiter ▪ Betriebsklima

78 Doppler/Lauterburg (1995), S. 157

- das *Verhalten* zu Motivation und Identifikation, Kommunikation und Kooperation
- die *Kultur* mit den geschriebenen und ungeschriebenen Gesetzen und Spielregeln, den Belohnungs- und Sanktionsprinzipien[79]
- die sorgfältige Zielgruppenanalyse mit Unterscheidung des Betroffenengrades
- der Chef ist mit seiner Persönlichkeit grösstenteils für das Unternehmensimage verantwortlich

---

▶ In der professionellen internen Kommunikation gilt der Grundsatz: Intern vor extern!

Die internen Zielgruppen

Sie bilden die internen Zielgruppen, Menschen, die es zu motivieren, zu fördern und zu einer Gemeinschaft zu vereinen gilt:

- Geschäftsleitung
- Kader
- Mitarbeiter
- Lehrlinge
- Praktikanten
- Betriebsrat (Personalkommission)
- Pensionierte
- ehemalige Mitarbeiter
- Verwaltungsrat
- Stiftungsrat
- Angehörige der Mitarbeiter
- Mitarbeiter der eigenen Pensionskasse

Nicht zu vergessen:

- Reinigungsequipe
- Abwart/Facility Manager

79 Doppler/Lauterburg (1995), S. 157

Die Ziele der internen Kommunikation

Wohl nirgends ist die Zielsetzung so klar und einheitlich anwendbar wie in der internen Kommunikation. Entsprechend vielfältig präsentieren sich auch die zur Verfügung stehenden Massnahmen und Mittel, werden sie nur effizient, kreativ und aktuell genutzt.

Ziele der internen Kommunikation

Die wichtigsten Ziele	Massnahmen	Mittel	Verantwortlich
Hoher Informations- und Wissensstand, Kompetenz und Professionalität	■ kontinuierliche Kommunikation ■ Dialog ■ Weiterbildung ■ Wissens-management	■ Intranet ■ Datenbank ■ Kurse ■ Seminare ■ Workshops ■ diverse Mittel	■ Kommunikations-chef ■ Human Resources Manager
Vertrauen Glaubwürdigkeit Image Goodwill	■ kontinuierliche offene, wahre, klare Kommunikation für alle internen Zielgruppen ■ Vorleben von Wertsystemen	■ offizielle und persönliche Kommunikation ■ persönliche, individuelle Gespräche ■ «offenes Ohr» ■ «offene Tür»	■ CEO/GL ■ Kommunikations-chef
Abbau von Ängsten und Unsicherheit	■ zeitgerechte, offene, wahre und klare Kommunikation	■ Intranet ■ Publikationen ■ anonyme Umfragen ■ interner elektronischer «Briefkasten»	■ CEO/GL ■ Kommunikations-chef
Angenehmes Arbeits- und Betriebsklima	■ Institutionalisieren der Kommunikation ■ Sicherstellen des Kommunikations-flusses ■ Dialog ■ Probleme diskutieren	■ Gespräch «von Mensch zu Mensch» ■ Betriebszirkel (Mitspracherecht)	■ GL ■ Mitarbeiter

Die wichtigsten Ziele	Massnahmen	Mittel	Verantwortlich
Schaffen eines gegenseitigen Verständnisses	■ Information der Mitarbeiter über die Mitarbeiter ■ Kommunikation/Dialog	■ Interna-Seite im Intranet/Web ■ Mitarbeiterzeitung mit Vorstellen der Tätigkeit am Arbeitsplatz, von der Geschäftsleitung bis zur Reinigungsequipe, Anerkennung besonderer Leistungen für die Unternehmung, Gratulationen, Jubiläen, Familienereignisse, besondere Leistungen als Privatperson, Hobbies usw.	■ interne Kommunikation ■ Human Resources
Motivation	■ persönliche Kommunikation ■ Kommunizieren der Erfolge ■ Aus- und Weiterbildung	■ Gespräch ■ E-Mail ■ Publikation/Intranet zum Beispiel von Medienberichten ■ Seminare, Kurse, Nachdiplomstudien ■ Incentives	■ CEO/GL ■ Kommunikationschef
Wir-Gefühl	■ CI spüren und leben	■ Veranstaltungen ■ Publikationen mit und über die Mitarbeiter und die Arbeit im Betrieb, gemeinsam Erreichtes, Resultate von Erfolgskontrollen ■ Vorleben von Wertsystemen	■ CEO

Die wichtigsten Ziele	Massnahmen	Mittel	Verantwortlich
Bewusstseins-bildung als Imageträger	■ kontinuierlicher Dialog ■ Fördern des Verhaltens-bewusstseins ■ Weiterbildung	■ vorgelebte Wertsysteme ■ bewusstes, natürliches Verhalten der Mitarbeiter	■ Kommunikations-chef ■ Human Ressources Manager ■ direkte Vorgesetzte

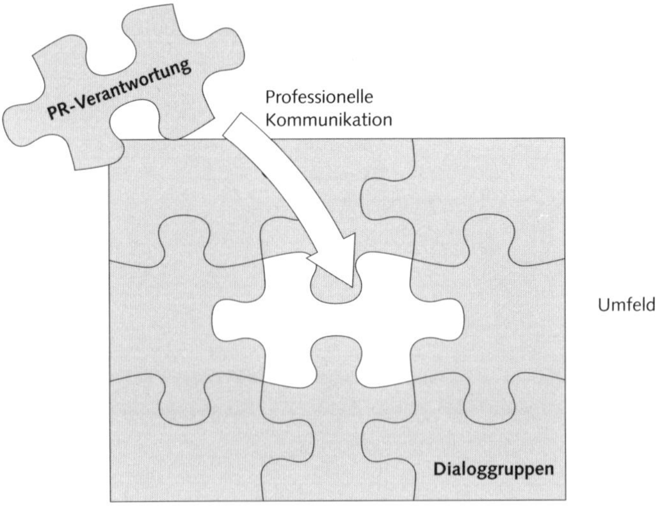

Die Mittel der internen PR

«Die interne Kommunikation steuert die Gefühle der Mitarbeiter.»[80] Entsprechend wichtig ist der Umgang mit den vielseitigen Mitteln der internen Public Relations. Doch das Wichtigste, ob in der Linie oder hierarchisch gesehen, bleibt das persönliche Gespräch, der persönliche Kontakt zwischen den Mitarbeitern sowie zwischen Arbeitgeber und Arbeitnehmer. Mitentscheidend in der Gestaltung der Kommunikation ist indessen auch die Differenzierung der Informationen. Betreffen die Mitteilungen das Unternehmen, das Personal, organisatorische oder technische Fragen, marktrelevante Fakten?

80 Dieter Herbst, *Intranet in der Internen Kommunikation*, www.ideereich.de

Mittel der internen PR

mündliche	■ Mitarbeitergespräche ■ Besprechungen ■ Abteilungssitzungen ■ Zusammenkünfte in Arbeitsgruppen ■ Versammlungen, Brainstormings, Qualitätszirkel ■ Mitarbeitervertretung in diversen Gremien
schriftliche	■ Personalzeitung/Hauszeitung ■ Informationsbulletins, Memos ■ Rundschreiben, persönliche Briefe ■ Broschüre für neueintretende Mitarbeiter ■ Personalhandbuch ■ Firmenbroschüre ■ Jahresbericht ■ Presseschau, Pressespiegel ■ Fragebogen für Meinungsumfragen ■ Managementletter ■ Mitarbeiterbrief ■ Lohncouvert
akustische	■ Lautsprechernetz, Hausradio (zum Beispiel in einem Warenhaus) ■ Telefonbeantworter
visuelle	■ Schwarzes Brett, Anschlagbrett ■ Fotos, Dias, Hellraumprojektorfolien (Proki-Folien)
audiovisuelle	■ Film, Tonbildschau, Video, Multimedia, Multivision (CD-ROM) usw.
elektronische	■ Computer, Computer-Netzwerke, Intranet, Extranet, E-Mail ■ Telefon/Handy, SMS ■ Videofilme ■ Fernsehen, Teletext
Veranstaltungen	■ Betriebsversammlungen ■ Ausflüge ■ Weiterbildungs-, Kultur- und Sportveranstaltungen

	■ Weiterbildung ■ Tag der offenen Tür für Mitarbeiter und Angehörige ■ Betriebsausflug ■ Pensioniertentag ■ Jubilarenreise ■ Weihnachtsessen ■ Lehrlingslager ■ Jubiläumsveranstaltungen ■ Beförderungsfeiern ■ sportliche und kulturelle Veranstaltungen (auch gesponserte Veranstaltungen)
Wissen/ Weiterbildung	■ Schulungsunterlagen ■ Vortragsservice
Diverses	■ Mitarbeiterumfragen ■ Briefkasten für Vorschläge, Beschwerden ■ Beobachtung der Personalfluktuation

▶ Bewusste und geplante interne PR beinhalten nicht nur Kommunikation, sie sind auch Mobbing-Prävention.[81]

Eine durchdachte Kombination der einzelnen internen und externen Mittel, ein guter Media-Mix, insbesondere unter konsequenter Anwendung des Corporate Designs, wirkt sich nicht nur auf Betriebsklima und Atmosphäre am Arbeitsplatz positiv aus. So fördern ein Tag der offenen Tür, Sponsoring- und Kundenanlässe, die Firmeninformationsbroschüre, der Geschäftsbericht oder auch die Haus- und Autobeschriftung, kurz alle professionell geführten Kommunikationsaktivitäten unter dem Dach der Corporate Communications, Motivation und Wir-Gefühl der Mitarbeiter – voraus-

81 Edith Weber-Halter, Fachstelle für Prävention und Gesundheitsberatung, Bern

gesetzt, sie werden in die Kommunikation und das Geschehen miteinbezogen und können daran, in welcher Form auch immer, teilhaben.

Change Management

Was ist Change Management?

Nichts ist so beständig wie der Wandel. In unserer schnelllebigen Zeit trifft dies besonders auch für Firmen und Institutionen zu. Soll ein Organisationswandel innerhalb einer Unternehmung erfolgreich durchgeführt werden, sind Änderungs- und Anpassungsmassnahmen in den Bereichen *Organisation und Menschen*, *Prozess* und *Informationstechnologie* unumgänglich. Die folgende Grafik veranschaulicht das Zusammenspiel dieser drei Change-Management-Bereiche.

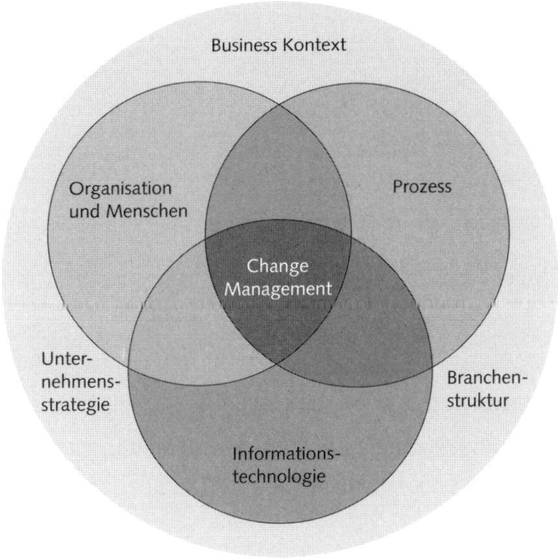

Ziel des Change-Management-Prozesses ist die koordinierte Durchführung der Veränderung in den drei aufgezeigten Bereichen. Dabei gilt es, die *organisatorischen* und *technologischen* Anforderungen und die Auswirkungen auf die Menschen im Unternehmen durch den Einsatz entsprechender Massnahmen, vor allem auch in den Bereichen *Kommunikation* und *Ausbildung*, besonders zu berücksichtigen.

Bedeutung des Change Managements in der Praxis

Welche Bedeutung dem Change Management in der Praxis zufällt, illustriert folgendes Beispiel:

Bisher wurde ein Kunde eines Versicherungsunternehmens von der Telefonzentrale bei Fragen und Problemen wie Versicherungsdeckung, Schadenerledigung, Adressänderung, Prämienrechnung, Schadenverhütung usw. von Abteilung zu Abteilung weiterverbunden. Um dieses komplizierte, Zeit raubende und für den Kunden oft Nerven aufreibende Verfahren zu verbessern, plant die Geschäftsleitung die Einrichtung eines Kundencenters, welches dem Anrufenden im Normalfall die Auskunft und Weiterhilfe durch eine einzige Ansprechperson ermöglicht.

Für die Mitarbeiter bedeutet ein solcher Entscheid Veränderungen

- in ihren gewohnten Abläufen,
- ihrem Aufgabengebiet,
- in den IT-Anwendungen und
- in der Team-Bildung.

Änderungen, die zu Verunsicherungen und Konflikten führen können.

▶ Konflikte gehören zu den unausweichlichen Begleiterscheinungen eines Transformationsprojektes.
Sie gilt es positiv zu nutzen.

Damit die Veränderung nicht zu bleibender Verwirrung, negativer Wahrnehmung und schliesslich zur Ablehnung des Kundencenters führt, wird der Prozess hauptsächlich mit bewusster, kontinuierlicher Information in Bezug auf die gegenwärtige und zukünftige Position der Mitarbeiter nach der Einführung des Kundencenters begleitet.

Kritische Erfolgsfaktoren bei der Einführung des Kundencenters

Eine wichtige Rolle in der Durchführung eines erfolgreichen Change-Management-Prozesses spielen die Erfolgsfaktoren. Sie müssen frühzeitig analysiert und mit den entsprechenden Massnahmen im Umsetzungsplan berücksichtigt werden. Kritische Erfolgsfaktoren können sein:

Gute Führung und Commitment des Managements

- Das Management ist überzeugt vom Kundencenter, führt die betroffenen Mitarbeiter und kommuniziert die laufenden Ergebnisse oder Problemfelder.
- Die Mitarbeiter haben Vertrauen in die Führung.
- Die Führungskräfte können aufkommende Fragen offen beantworten.

Sinnvermittlung/zwingender «Need for Change»

- Die Mitarbeiter verstehen den Sinn des Organisationswandels und kennen die unternehmerischen und persönlichen Folgen.
- Die Mitarbeitenden sind vom Kundencenter überzeugt.

Konfliktfähigkeit

- Veränderungen lassen sich nicht ohne Spannungen und Konflikte durchführen.
- Der Schlüssel für den Erfolg ist eine konstruktive Streitkultur. Damit ist die Fähigkeit gemeint, Konflikte nicht zu verdrängen, sondern frühzeitig auf den Tisch zu bringen und konstruktiv auszutragen.

Change Leader

- Die Change Leaders sind Schlüsselpersonen, die über die Fähigkeit verfügen, das Projekt positiv zu beeinflussen.
- Diese Personen werden auch aktiv in den Kommunikationsaufgaben miteinbezogen, weil sie einen direkten Bezug zu den Betroffenen haben und dadurch Motivationsaufgaben übernehmen können.
- Die Schlüsselpersonen mit Change-Leader-Aufgaben müssen frühzeitig in das Projekt eingebunden werden.

- Die Akzeptanz des Projektes wird durch die Change Leaders positiv beeinflusst.
- Einige Projektteammitglieder nehmen die Rolle der Change Leaders ein.

Zielgerichtete Kommunikation
- Die Kommunikation ist einer der wichtigsten Erfolgsfaktoren.
- Die formelle wie auch informelle Kommunikation muss gefördert und spezifisch auf die Zielgruppen ausgerichtet werden.
- Die Betroffenen sind informiert. Sie haben Kenntnis über das Projekt und ihre persönliche Weiterentwicklung.

Gutes Projektmanagement
- Ein gutes Projektmanagement trägt dazu bei, die Dauer des Projektes nicht zu überziehen.
- Das Projekt muss straff geführt und Abhängigkeiten frühzeitig erkannt werden, um Doppelspurigkeiten zu vermeiden.

Gute Schulung und gutes Coaching
- Die Betroffenen werden auf ihre zukünftigen Aufgaben, Kompetenzen und Verantwortlichkeiten vorbereitet.
- Die Mitarbeitenden besitzen die Fähigkeiten, ihre Funktion wahrzunehmen.
- Die Führungskräfte werden in ihren Kommunikationsaufgaben unterstützt.

Durch Kenntnis der kritischen Erfolgsfaktoren ist das Projektteam auf allfällige Risiken und Projektfallen vorbereitet und kann diesen durch entsprechende Massnahmenplanung und -umsetzung effizient vorbeugen.

Elemente eines Change Managements

Das folgende Schema ermöglicht einen Überblick über die Elemente, die im Rahmen eines Change Managements erarbeitet werden.

Vorgehen: Change Management

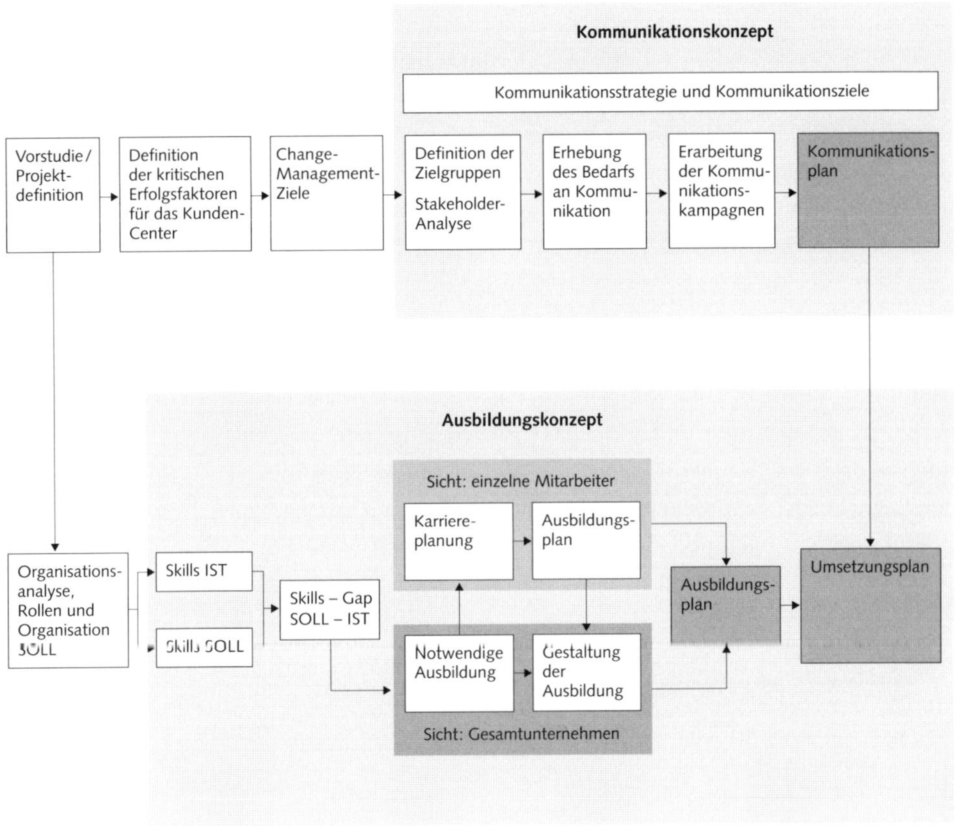

Externe Public Relations

Wie fühlen Sie sich als Mitarbeiter, wenn Sie der Tageszeitung entnehmen, dass Ihr Arbeitgeber keine Reallohnerhöhung gewähren wird? Eine krasse Unterlassungssünde der internen Kommunikation; eine Missachtung der allgemein gültigen Regel «Intern vor extern». Denn als Multiplikator werden Sie Ihrer Enttäuschung, Ihrer Missmut im Kreis der engsten Vertrauten höchstwahrscheinlich Luft verschaffen. Nicht in erster Linie die Tatsache, sondern viel mehr der Umstand wiegt hier schwer.

Die Planung und Umsetzung der externen Kommunikation

Damit die externen Public Relations im Gleichgewicht mit der innerbetrieblichen Kommunikation ihrer ganzen Tragweite gerecht und die Basis der Glaubwürdigkeit und des Vertrauens gelegt werden kann, bedarf es einer gewissenhaften Planung und Umsetzung in Feinabstimmung mit den internen PR. Die Vorgehensweise wurde im Kapitel «PR-Methodik» eingehend besprochen. Die Relevanz

Ziel/Zweck der externen PR

- Schaffen und gewinnen von Akzeptanz, Vertrauen, Verständnis, Goodwill, Anerkennung
- Aktive Kommunikationsgestaltung
- Kommunikation zu allen relevanten Zielgruppen
- Information
- Imagepflege
- Aufbau, Pflege, Erhaltung der auf Dauer ausgerichteten Beziehungen
- Vorbeugen von Gerüchten, verhindern von Gerüchten
- Erleichterung bei der Personalrekrutierung
- Beitrag zur Wettbewerbsfähigkeit

der sorgfältigen Zielgruppenanalyse und die Unterteilung der Zielgruppen wird im Kapitel «PR-Zielgruppen und Beziehungsumfeld einer Körperschaft» eingehend erläutert.

Die Massnahmen und Mittel der externen PR

Die PR-Massnahmen bilden gewissermassen das Gefäss der PR-Mittel. Sie fungieren aber auch als Träger oder Kanal, womit die PR-Mittel zur Zielgruppe transportiert werden sollen. Eine Differenzierung zwischen Massnahmen und Mittel ist deshalb nötig um die Botschaft gezielt, mit höchstmöglichem Erfolg vermitteln und steuern zu können.

	Massnahmen	*Mittel*
mündlich	■ Lobbying	■ Persönliche Gespräche und Besuche von Veranstaltungen
	■ Medienarbeit	■ Medienkonferenz, -gespräch
	■ Weiterbildung	■ Seminar, Workshop
	■ Erfolgskontrolle	■ Clippingauftrag
schriftlich	■ Publikationen	■ Informationsbroschüre, Jahresbericht
	■ Korrespondenz	■ Briefpapier, Briefgestaltung
	■ Medienarbeit	■ Mediencommuniqué
	■ Print-Medien	■ Publireportage
akustisch	■ Telefontraining/ Telefonmarketing	■ Telefon, SMS, MMS
visuell	■ Plakataushang	■ Plakate, Tramhänger
	■ Corporate Design-Umsetzung allgemein	■ Hausbeschriftung, Beschriftung Fahrzeuge

PR-Mittel für die externen Zielgruppen

Sind die Zielgruppen definiert, die Massnahmenwahl getroffen, müssen die passenden PR-Mittel gefunden und selektioniert werden. Im Sinne einer systematischen und deshalb bestmöglichen Arbeit kategorisiert nachfolgender Katalog die Vielzahl der möglichen Mittel in mündliche, schriftliche, akustische und elektronische Mittel, Veranstaltungen und Diverses. Denn die Mittelwahl beeinflusst den Kommunikationsprozess nachhaltig. Wichtige Wahlkriterien geben ohne Zweifel ein bewusster Umgang und Einsatz der Sprache sowie die Kreativität unter Einbezug unserer fünf Sinne ab.

Ihre ganz persönliche Toolbox

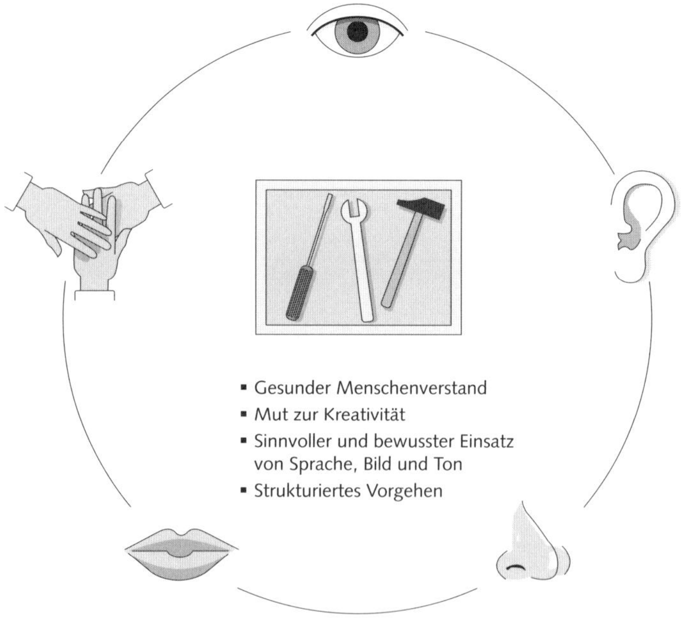

Mittel der externen PR

mündliche	■ Gespräche anlässlich von Einladungen, Empfängen, Besuchen, usw. ■ Informationsveranstaltungen ■ Medienkonferenzen, -gespräche
schriftliche	■ Kundenzeitungen, -zeitschriften ■ Mitteilungsschreiben, Rundschreiben, persönliche Briefe ■ Firmenbroschüren, Imagebroschüren, Prospekte, Flyers ■ Jahresbericht ■ Medienmitteilungen, Pressedienst ■ PR-Inserate (gekaufter Raum in Printmedien) ■ Publireportagen (Redaktioneller Text auf gekauftem Raum in den Printmedien)
akustische	■ Telefon, Telefonbeantworter ■ CD-ROM, DVD, Minidisk, Tonbandkassette
visuelle	■ Plakate, Kulturplakate (Litfasssäulen), Tramhänger ■ Beschriftung öffentlicher und privater Transportmittel (Tram, Bus, Zug, Flugzeug, Lastkraftwagen, Firmenfahrzeuge usw.) ■ Inserate ■ Fotos, Dias ■ Hellraumprojektorfolien (Proki-Folien) ■ Autobeschriftung
audiovisuelle	■ CD-ROM, DVD usw. ■ Film ■ Videofilm/Videoclip ■ Multimedia/Notebook-Präsentationen
elektronische	■ Radio/Radiospots ■ Fernsehen/Fernsehspots, Teletext ■ CD-ROM, DVD ■ Telefon/Handy/SMS, MMS ■ Internet (Banners), Extranet, E-Commerce ■ Sponsoring von Radio- und TV-Produktionen (Billboard)

Veranstaltungen	■ Tag der offenen Tür ■ Betriebsführungen ■ Messen, Ausstellungen ■ Generalversammlung ■ kulturelle/sportliche Veranstaltungen ■ Vorträge, Seminare, Kolloquien ■ Medienveranstaltungen/-reisen ■ Sport-/Kultur-/Sozio-/Öko-Sponsoring-Veranstaltungen ■ Events allgemein
Weiterbildung	■ Vorträge, Seminare, Workshops, Kurse, Studium
Diverse	■ Issues Management (Umgang mit gesellschaftlichen Entwicklungstendenzen und Problembereichen) ■ Umfeldbeobachtung (Issues Scanning) ■ Beobachtung von Trends und Entwicklungen (Issues Monitoring) ■ Medienauswertung (zum Beispiel durch Unternehmen wie *Argus*, *ZMS/PMA*, *Mediagate* usw.) ■ Meinungs- und Motivforschung, Image-Analysen (Kontrolle des Bekanntheitsgrades, Kundenbefragungen) ■ Beobachtung und Auswertung von Kundenreklamationen ■ Sport-/Kultur-/Sozio-/Öko-Sponsoring ■ T-Shirts, Mützen, Badetücher usw. (Textilien allgemein) ■ Produktverpackungen ■ Werbefahrten ■ Muster/Degustationen ■ Zucker- und Kaffeerahmverpackungen, Tischsets, Gläsersets ■ Kleber/Korrespondenzkleber ■ Werbegeschenke allgemein (Streichholzverpackungen, Taschenlampen, Sporttaschen usw.) ■ Ballone

Methodik der Selektion / Analytisches Vorgehen

Erster Schritt – Analytische Fragen, zum Beispiel

1. *Ausgangslage*	■ Einführung neues Produkt / neue Dienstleistung
2. *Erkennen des Problems*	■ Absatzprobleme: Unternehmen und / oder Produkte zu wenig bekannt
3. *Erkennen, welches Zielpublikum betroffen ist*	■ Kunden ■ potentielle Kunden ■ Medien, Fachpresse
4. *Welche Schlüsse sind daraus zu ziehen?*	■ bisher ungenügende Informationstätigkeit ■ bisher keine Product PR ■ Kombination aller möglichen Kommunikationsmittel
5. *Zielsetzung*	■ Verbesserung der Information ■ Unterstützung der klassischen Werbung durch Product-PR-Massnahmen
6. *Was muss unternommen werden?*	■ Kommunikationskonzept erstellen ■ Überprüfen Gespräche mit Fachjournalisten ■ regelmässige Meldung der Neuheiten ■ interne Information ■ Betriebsbesichtigungen ■ Image-Kampagne
7. *Koordination mit globaler PR-Strategie*	■ Abgrenzungen, wechselseitige Unterstützung ■ Gegenüberstellen geeigneter Methoden und Aktionen unter Berücksichtigung der verfügbaren personellen und finanziellen Mittel
8. *Wahl der geeigneten Massnahmen*	■ Achten auf Kosten- / Nutzenverhältnis
9. *Kontrolle der Wirksamkeit, Korrekturen*	Analyse Bekanntheitsgrad: Kundenbefragungen Image- / Meinungsumfragen

Methodik der Selektion/Analytisches Vorgehen

Zweiter Schritt – Strategische Fragerichtung, zum Beispiel

1. *Aufgabenstellung*	■ Unternehmen, Produkte unbekannt
2. *Art des Problems*	■ Gerücht, Image, Qualität
3. *Art des Zielpublikums*	■ gesamtes Umfeld oder Segmente
4. *Originalität der Aktion*	■ konsequenter und rascher Rückzug eines Produkts aus dem Handel
5. *Einbettung in die globale PR-Strategie*	■ Konflikte zwischen globaler Strategie und punktueller Aktion vermeiden
6. *Indirekte Auswirkungen*	■ Synergie-Effekte ausnutzen
7. *Kosten, Budget*	■ Reichen die zur Verfügung stehenden Mittel aus?
8. *Kosten/Nutzen-Überlegungen*	■ personeller, zeitlicher, materieller, organisatorischer Aufwand (nicht mit Kanonen auf Spatzen schiessen!)
9. *Überlegungen zur Wirkungskontrolle*	■ Messbarkeit?

Beispiele von PR-Aufgaben, Ursachen, Lösungsansätzen

Nachfolgende Beispiele zeigen die Möglichkeiten auf, wie mit PR-Massnahmen die Marketinganstrengungen unterstützt oder ergänzt werden können.

- *Marketing-(Werbe-)Aktionen:*
  PR-(Image-)Kampagne zur Vorbereitung oder Unterstützung einer Produkte-Werbekampagne
- *Produktinnovation:*
  Medienkonferenz, Medienmitteilungen/Medieninformation Kundenzeitung, usw.
- *Vorstellen von Produktinnovationen:*
  Medieneinladung, Pressereise (standortbedingt), Betriebsbesichtigungen Produktionsverfahren

- *Mitarbeitermotivation:*
  interne Information über Neuigkeiten
  (neue Produkte, Dienstleistungen, Aufträge usw.)

Vorgehensbeispiel der PR-Arbeit bei Gerüchten

Vorgehensschritte	*Inhalt*	*Mögliche Massnahmen und Mittel*
1. *Analyse des Problems*	■ Wahrheitsgehalt überprüfen ■ Ursprung/Herkunft des Gerüchts	■ Information mit Fakten, Daten aufbereiten ■ Informationsmaterial bereit stellen ■ wenn möglich Gerüchtequelle kontaktieren, ■ Gerücht dementieren oder bestätigen ■ eventuell Mediencommuniqué mit Dementi, allenfalls Leserbrief
wenn Gerücht bestätigt:		
2. *Zielgruppen festlegen/ Prioritäten setzen*	■ intern ■ extern	■ Verteiler/Adresslisten kontrollieren ■ Medienliste kontrollieren
3. *Strategie festlegen*	■ offen, klar, wahr, ehrlich, zeitgerecht kommunizieren ■ Gerücht sachlich mit Fakten und Daten widerlegen oder bestätigen ■ Konsequenzen aufzeigen	■ interne Gespräche/ Abklärungen
4. *Terminplan erstellen/ Verantwortlichkeiten/ Organisation sichern*	■ was, wann, wo, wer	■ intern kommunizieren
5. *Botschaften formulieren*	■ «sechs Ws» beantworten (W-Fragen vgl. S. 318)	■ interne Info per E-Mail/Intranet, eventuell schwarzes Brett ■ Mediencommuniqué

6. *Massnahmen und Mittel bestimmen*	■ je nach Gewicht/ Relevanz des Gerüchts	■ persönliche Information ■ schriftliche Information (zum Beispiel E-Mail) ■ Medienarbeit (Communiqué, wenn nötig Medienkonferenz)
7. *Kontrolle*	■ Gerücht widerlegt	■ Feedback Zielgruppen ■ Feedback Medien

Vorgehensbeispiel der PR-Arbeit bei Enthüllungsjournalismus

Vorgehensschritte	*Inhalt*	*Mögliche Massnahmen und Mittel*
Analyse	■ Wer ist der Journalist, wenn nicht genannt, der Chefredaktor? Ursache der Geschichte	■ Kontaktaufnahme mit Journalist ■ klärendes, offenes Gespräch mit den verantwortlichen Redaktoren, Journalisten (evtl. in Anwesenheit und mit Unterstützung der Geschäftsleitung)
Aktion	■ Möglichkeiten der Reaktion in den Medien selbst	■ Leserbrief ■ Richtigstellung ■ in krassen Fällen Gegendarstellung
	■ weitere Möglichkeiten	■ Einladung der betreffenden Redaktoren, Journalisten zu einer Betriebsbesichtigung. Demonstration der Qualitätskontrolle (Qualitätssicherung)

		■ in Imagebroschüren, mit audiovisuellen Mitteln (Video, CD-Rom usw.) und/oder anderen geeigneten Mitteln den Forschungsaufwand und die Qualitätssicherungsanstrengungen erläutern ■ bezahlte Inserate-(Image-) Kampagne Veröffentlichung von Testberichten, usw.
Kontrolle	■ Medienberichterstattung	■ persönliche Kontrolle des entsprechenden Mediums ■ Clipping-Auftrag durch Medienbeobachtungsfirma

Umgang mit Problemen

Probleme, Konflikte, Krisen: Täglich hören wir davon oder werden selbst damit konfrontiert. Nach den Ursachen zu suchen, die Wurzel des Übels zu entdecken, ist der erste wichtige Schritt zur Lösung von Problemen.

Folgende Fragen stellen sich dabei:

- Wo liegt das Problem?
- Welcher Art ist das Problem?
  Handelt es sich um ein Kommunikationsproblem?
- Wer oder was kann es aus PR-Sicht verursacht haben?
- Kann das Problem mit PR gelöst werden?
- Welche Massnahmen sind zur Problembeseitigung zu treffen?
- Welche Mittel setzen wir ein?

Problembeispiele und Lösungsvorschläge aus Sicht der Kommunikation

Problem	*Mögliche Ursachen*	*Mögliche PR-Massnahmen*
schlechtes Absatzergebnis	■ angeschlagenes Image ■ mangelndes/schwindendes Vertrauen ■ fehlende Bekanntheit ■ mangelhafte Qualität	■ Imagekampagne ■ intensivere Information ■ Product PR ■ Betriebsbesichtigungen
Gerüchte	■ fehlende, ungenügende Information	■ Verbesserung Informationspolitik
schlechtes Betriebsklima	■ ungenügende, eventuell zu späte Kommunikation ■ keine Information über Ziele der Leitung ■ autoritärer Führungsstil	■ Verbesserung der internen Kommunikation ■ Aufgaben und Zuständigkeiten regeln (Human Relations)
schlechtes Medienecho nach Medienkonferenz über Lancierung einer Neuheit	■ Neuheit zu wenig attraktiv ■ Medienmitteilung hätte genügt ■ schlecht oder zu werbelastig formulierte Texte ■ vernachlässigte Beziehungspflege zu den Medien	■ Aufbau, Verbesserung der Medienarbeit ■ Intensivierung der Medienkontakte
Kunden sind schlecht über Unternehmen und Produkt informiert	■ ungenügende Information keine oder zu wenig attraktive Kundeninformationsmittel (Kundenzeitschrift, Prospektmaterial) ■ keine Konzeptabstimmung und Synergienutzung mit Marketing- und Werbeabteilung (integrierte Kommunikation) ■ vernachlässigte Beziehungspflege zu Kunden	■ Intensivierung der integrierten Kommunikation ■ Aufbau und Intensivierung der Kundeninformation ■ Öffnung des Unternehmens nach aussen (Kommunikation, Events wie Tag der offenen Tür, Aktionen)
Unternehmen wurde in einem Medium zu Unrecht negativ erwähnt	■ Fehlinformation ■ ungenügende Recherche des betreffenden Journalisten	■ Gespräch mit Ressortchef und Journalist ■ Berichtigung ■ Leserbrief oder Gegendarstellung

Die PR-Budgetierung

Um es vorweg zu nehmen: Faustregeln zur Berechnung eines PR-Budgets gibt es nicht. Die Berechnungsbasis richtet sich jedoch meistens nach den vorgegebenen qualitativen und quantitativen Kommunikationszielen. Denn sie wirken auf den nötigen Einsatz von Personal-, Betriebs- und Sachaufwand bestimmend. Ob die Ziele erreicht werden können, hängt umgekehrt wesentlich von der Höhe des Kommunikationsbudgets ab.

In der Praxis finden sich entsprechend verschiedene Berechnungsmodelle:

1. *Der Idealfall:* Die PR-Verantwortlichen erstellen ihr Budget nach den Konzeptvorgaben und dem entsprechenden finanziellen Bedarf. Als Berechnungsgrundlage gelten Erfahrungswerte und konkrete Offerten.
2. *Wenig bedürfnisorientiert:* Das Budgets wird aufgrund von Erfahrungswerten der letzten Jahre, nicht jedoch konzeptabhängig errechnet.
3. *Starrer Rahmen:* Die Berechnung erfolgt nach unternehmensinterner Aufschlüsselung oder nach Kennzahlen, wie zum Beispiel einem festgelegten Prozentsatz des Umsatzes.
4. Im Marketing wird das Budget oft nach einem festgelegten Kommunikationsbeitrag pro Stück errechnet. So entfällt zum Beispiel pro Tafel Schokolade ein bestimmter Betrag auf die Werbung. Mitentscheidend auf die Budgetierung wirkt sich oft auch die Lebenszyklus-Phase aus, in der das Produkt gerade

steckt: Einführungs- und Wachstumsphase erhalten höhere Budgets zugesprochen als Reife- und Sättigungsphase. Häufig diktiert auch die Konkurrenzsituation, wo wieviel für die Kommunikation einzusetzen ist.

5. Der Aufwand von Agenturen und freien Kommunikationsberatern lässt sich in der Regel auf der Basis des geschätzten zeitlichen Aufwands aller involvierten Mitarbeiter und dem entsprechenden Honoraransatz/Stundenansatz zusätzlich Spesen und Mehrwertsteuer budgetieren. Honoraransätze der PR-Berater finden sich auf der Website des Bundes der Schweizer PR-Agenturen www.bpra.ch.

Zur internen Budgetierung der Kommunikationskosten fällt auch die Unternehmenspraxis der Budgetverteilung ins Gewicht. Vorgängige Abklärungen, welche möglichen Budgetposten über andere Kostenstelle laufen könnten, sind deshalb unerlässlich.

Beispiel Checkliste Kommunikationsbudgetierung

Betriebs- und Sachaufwand PR

Warenaufwand PR-Mittel	*Realisation*	*Produktion*	*Einschaltung*	*Kosten total*
Veranstaltungen:				
■ Einladungen				
■ Empfänge/Besuche				
■ interne Veranstaltungen				
■ externe Veranstaltungen				
■ Tag der offenen Tür				
■ Tagungen/Workshops				
■ Medienarbeit				
■ Mediencommuniqués				
■ Medienkonferenzen				
■ Medienveranstaltungen divers				
■ Persönliche Kontakte				
Publikationen:				
■ Geschäftsbericht				
■ Imagebroschüre				
■ Produkte-Prospekte				

Warenaufwand PR-Mittel	*Realisation*	*Produktion*	*Einschaltung*	*Kosten total*
Diverses:				
■ PR-Inserate/Publireportagen				
■ Plakataushang				
■ Give-aways				
Elektronische Mittel:				
■ Website				
■ CD-ROM, DVD usw.				
■ Notebook-Präsentationen				
Sponsoring in Zusammenarbeit mit Marketing:				
■ Radiosponsoring				
■ Fernsehsponsoring				
■ Sport-/Kultur-/Soziosponsoring				
■ Betriebs- und Sachaufwand PR				

Warenaufwand Infrastruktur	*Anzahl*	*Ansatz*	*Kosten total*
■ Räumlichkeiten			
■ Infrastruktur/IT			
■ Büromaterial			
■ Kauf/Miete von Geräten			
■ Porti			
■ Versandkosten			
■ Telefon/Internetgebühren			
■ Büromaterial			
■ Druck-/Kopierkosten			
■ Elektronische Datenträger			
■ Software-Lizenzen			
■ Abonnemente			
■ Allg. Kleinmaterial			
■ Fachliteratur			
■ Spesen (Reise/Verpflegung)			
■ Projektarbeiten			
■ Diverses			

Leistungsaufwand Dritte	*Zeitaufwand*	*Ansatz*	*Kosten total*
■ Honorare Agentur			
■ Honorare Übersetzungen			
■ Honorare andere Dienste (zum Beispiel Informatik)			

■ Medienkontrolle (zum Beispiel Argus, ZMS/PMA, Mediagate)			
Personalaufwand	*Zeitaufwand*	*Ansatz*	*Kosten total*
■ PR-Projektteam			
■ Sekretariat			
■ Sitzungen (Projektteam)			
■ Sitzungen mit Dritten			
■ Weiterbildung			
■ Löhne			
■ Sozialabgaben			
■ Unfallversicherung			
Diverses			
■ 10 Prozent Reserve			
Steuern/Gebühren			
■ Mehrwertsteuer (exkl. Vorsteuerabzug)			
Total			

Offert- und Auftragswesen

Checkliste Druckauftrag (Musterbeispiel)

Projekt/Produkt	Image-Broschüre
Kunde	chcm Schweizerischer Berufsverband der Kulturmanager, Bern
Umfang	12 Seiten inklusive Umschlag
Auflage	8000 Ex.
Druck	2-farbig schwarz-blau
Papier	ca. 135 g/m² (Umschlag und Innenseiten)
Ausrüstung	geschnitten, 2x drahtgeheftet, letzte Seite perforiert, gebündelt
Vorlage	per ISDN von Grafiker (Name, Adresse, PLZ/Ort, Telefon, Natel, E-Mail)
Termine	… Textkorrekturen an Grafikerin … Vorlage Grafik an Drucker … Gut-zum-Druck (GzD) … Auslieferung der Prospekte
Konditionen	gemäss Vereinbarung/Offerte vom …
Belegsexemplare	… Ex. an …
Lieferadresse	Geschäftsstelle chcm Goldauerstrasse 47 8006 Zürich
Rechnungsadresse	dito
Kontaktperson	Name Adresse Ort Telefon E-Mail

Erfolgskontrolle der PR-Tätigkeit

Sowohl in der wissenschaftlichen PR-Literatur wie auch in der PR-Praxis werden PR-Kontrollen, weil uneinheitlich behandelt, immer noch in Frage gestellt. Vielerorts zweifeln Fachleute die tatsächliche Messbarkeit der PR grundsätzlich an. Doch auch

- die mangelnde Erfahrung mit PR-Kontrollen,
- der mit der Kontrolle verbundene personelle, zeitliche und finanzielle Aufwand und
- die Befürchtung, die eigene PR-Arbeit könnte als unzulänglich bewertet werden,

können die Bereitschaft, Public-Relations-Erfolgskontrollen durchzuführen, schmälern.

▶ Ein verlässliches, überall einsetzbares Kontrollinstrument gibt es doch: Anhand der Reaktion des Empfängers lässt sich immer überprüfen, ob, wie und wann eine Botschaft angekommen ist.

Bedingt durch die anhaltend schwierigen Zeiten in Politik und Wirtschaft hat sich das Kommunikationsbewusstsein in den Unternehmen stark entwickelt. Der steigende Konkurrenzdruck führt dazu, dass sich nun auch die PR-Aktivitäten an betriebswirtschaftlichen Erfolgsgrössen messen lassen müssen. Entsprechend hält die Tendenz zur vermehrten Überprüfung der Wirksamkeit von PR-Massnahmen und -Mitteln aus folgenden Gründen an:

- Kontrolle der Effektivität und der Effizienz
  als Ausgangsbasis für nachfolgende PR-Planungen
- Optimierung der Kosten-/Nutzenrechnung

Die PR-Erfolgskontrolle als ergebnisorientierte Wirkungskontrolle setzt den Endpunkt eines PR-Management-Prozesses. Sie ist nicht zu verwechseln mit der prozessorientierten PR-Kontrolle, wie etwa dem PR-Audit, welches die gegenseitige Wirkung der einzelnen Elemente innerhalb einer Konzeption untersucht.

Vielfalt der beeinflussenden Faktoren

Die Kommunikation als Prozess gestaltet sich mit steigender Unternehmensgrösse komplexer. Entsprechend vielschichtig präsentiert sich die jeweilige PR-Erfolgskontrolle. Sie macht jedoch nur Sinn, wenn sie nach einem festgelegten «Methodenmix» kontinuierlich angewandt wird. Dabei muss auf ein entsprechendes Kosten-Nutzen-Verhältnis geachtet werden, denn je umfassender die Kontrollmethoden, desto höher die Kosten. Weil sich der Einfluss einzelner PR-Massnahmen und anderer Wirkungsfaktoren auf das Unternehmensimage kaum im Einzelnen kontrollieren lässt, liefert das Gesamtbild, welches die Ergebnisse der aufeinander abgestimmten Kontrollmethoden gezeichnet haben, einen umso wertvolleren Aufschluss über den Erfolg der PR-Arbeit.

▶ Der Erfolg von PR-Massnahmen hängt in entscheidendem Ausmass von der Glaubwürdigkeit des unternehmerischen Verhaltens und Auftritts ab.

Kontrollmöglichkeiten

Signale im täglichen Leben der Organisation

Als eine der wichtigsten Kontrollmöglichkeiten bieten sich die Signale im Alltag einer Organisation. Es sind dies unter anderen

- mündliche und schriftliche Reaktionen
- Anzahl und Herkunft von Vorschlägen, Bewerbungen usw.
- Betriebsklima, Personalfluktuation
- Statistiken über Firmentreue, Dienstjahren usw.
- Austrittsinterviews
- Aktivitäten im Vorschlagswesen (Verbesserungsvorschläge)

- Anfragen, Bestellungen von Informationsmaterial
- Reaktionen auf Kommunikationsmassnahmen
- Reklamationen usw.

Beobachtung der Medienberichterstattung

In Übersichten und Diagrammen qualitativ und quantitativ visualisiert, halten die Medienbeobachtungsinstitute[82] dem Auftraggeber den Spiegel seiner Unternehmung vor die Augen. Dazu bedarf es effizienter Wissens- und Managementsysteme im technischen Bereich und professioneller Unterstützung, basierend auf den neusten Technologien.

Realtime und online übers Internet informiert zu sein, ist im Bereich Mediacontrolling für mittlere und grössere Unternehmen zur Selbstverständlichkeit geworden. Intern aufs Wesentliche reduziert, können die Presseausschnitte heute in verträglicher Anzahl über Intranet gesichtet und damit direkt in die Entscheidfindung der Projektprozesse eingebunden werden.

Aus Kostengründen halten sich vor allem die kleineren Unternehmungen auch heute noch mittels projektbezogenem Auftrag oder über den Abonnementsdienst eines Medienbeobachtungsinstitutes an die traditionelle Art des Mediacontrollings:

- Durchsicht der geschriebenen, gesagten oder gezeigten Informationen
- Periodische Zusammenfassung der Clippings und Sendehinweise in der Presseschau/im Pressespiegel zuhanden der Geschäftsleitung, gewichtet nach klaren Kriterien (vgl. Kasten, S. 147)
- Kritische Analyse der persönlichen Gespräche mit Medienschaffenden

Befragungen, Meinungsumfragen

Erhebungen über den Bekanntheitsgrad einer Organisation bei einer oder mehreren Zielgruppen oder Imageanalysen erfolgen in der Regel mündlich durch Umfragen in der Form von Einzel-,

82 *Internet-Adressen* im Anhang, S. 343ff.

Gruppen-, Telefoninterviews oder schriftlich und elektronisch mittels Fragebogen.

Teilweise gelangen auch die aus der Markt- und Werbewirkungsforschung bekannten Testverfahren wie Recognition- und Recall-Tests[83] zur Evaluierung von PR-Anzeigen und -spots im Rahmen von Pre- oder Posttests[84] zur Anwendung. Unter Anderen gehören dazu apparative Techniken wie das Tachistoskop[85] und Blickregistergeräte, die bei den Zielpersonen zur Erhebung der Informationsaufnahme und -wirkung einzelner PR-Instrumente eingesetzt werden. Diese Testverfahren sind jedoch mit relativ hohem Aufwand verbunden. Für die Meinungs- und Motivforschung ist der Beizug eines spezialisierten Unternehmens deshalb angebracht.

Quantitative und qualitative Kontrollmöglichkeiten

Bei der *quantitativen* Erfolgskontrolle geht es um die mengenmässige Erfassung aller eingesetzten PR-Instrumente und deren Erfolgswirkung. Werden zusätzlich noch die Reaktionen der Botschaftsempfänger quantitativ erfasst, so können die PR-Wirkungen über das Feedback der Dialogpartner aufgezeigt werden.

Die quantitative Erfolgskontrolle umfasst unter anderem folgende Punkte, anzahl- und mengenmässig:

- Presseausschnitte/Medienberichte, erreichte Auflage
- Sendeminuten, Reichweite
- Nachfragen nach Informationsmaterial
- Telefonreaktionen
- Positive/negative Stimmen/Reaktionen
- Zuschriften
- Leserbriefe

83 Wiedererkennungs- bzw. Erinnerungstest

84 Wirkungskontrolle vor (Pretest), bzw. nach (Posttest) der PR-Kampagne

85 Testgerät, welches zur Beobachtung der emotionalen Reaktion (Eindruck) oder der kognitiven Reaktion (Produkt-/Markenerkennung) für eine kurze Zeit (zum Beispiel 1/100 Sek. 1 Sek.) bildliche Vorlagen in Originalgrösse darbietet.

- Zurückgesandte Coupons/Antwortkarten
- Teilnahme an Wettbewerben
- Umfragen
- Anzahl positive/negative Stimmen im Umfeld

Bei der *qualitativen* Erfolgskontrolle geht es vorwiegend um die Analyse des Inhalts der Medienberichterstattung, bekannt unter den Begriffen Medienresonanzanalyse oder Medien-Monitoring. Anhand formaler und inhaltlicher Kriterien lassen sich wertende Aussagen wie Lob, Kritik, primäre und sekundäre Publizitätswirkungen, Input-Output usw. erfassen und analysieren. Die Erkenntnisse fliessen entsprechend in die zukünftige PR-Arbeit ein.

Beispiele der qualitativen Merkmale:

- Art und Aufmachung der Berichterstattung; Gewichtung der Kommentare
- Aussagen (was wurde veröffentlicht, reine Abschrift des Communiqués oder redigierter Text)
- Grundtenor der Aussagen (positiv, negativ, neutral)
- Platzierung (zum Beispiel auf Front-/Titelseite)
- Länge, Umfang des Artikels
- Häufigkeit der Berichterstattung
- Veränderung der Einstellung beim Publikum
- Verhalten des Botschaftsempfängers
- Verhalten der Mitarbeiter
- Erhöhte Nachfrage (nach Produkte, Dienstleistungen)
- Erhöhte Nachfrage als Arbeitgeber

Zweifelsohne liefert die quantitative Auswertung nützliches Zahlenmaterial. Doch ein getreues Bild der Entwicklung von Prozessen wie Einstellungsveränderungen und Verhaltensweisen des Zielpublikums zeichnet erst die für die zukünftige Ausrichtung der PR-Arbeit wertvolle qualitative Auswertung von Erfolgskontrollen.

Offene Urheberrechtsfragen

Auch wenn die Urheberrechtsfrage noch unbefriedigend gelöst ist, wird das Clipping in Zukunft grösstenteils in elektronischer Form verwendet werden. Offen ist die Urheberrechtsfrage insofern, als dass einerseits einzelne Verlage Anspruch auf die Urheberrechte der von den Medieninformationsservices gesammelten und an die Kunden weiter geleiteten Artikel im Printbereich zu erheben scheinen. Andererseits werden die Interessen der Autoren zur Wahrung der Rechte an ihren «geistigen Schöpfungen» – dazu gehören auch die journalistischen Texte – von der Urheberrechtsgesellschaft Pro Litteris immer aktiver auch in neuen Bereichen zum Beispiel im Internet vertreten.

Checkliste Kriterien des Mediacontrollings
(Print- und elektronischer Bereich)

Qualitativ	*Positiv*	*Neutral*	*Negativ*
Inhaltsaussage	▪	▪	▪
Form (Länge/Umfang)	▪	▪	▪
Platzierung (zum Beispiel auf Front-/Titelseite)	▪	▪	▪
Bildmaterial-Einsatz	▪	▪	▪
Art der Rubrik oder Sendung	▪	▪	▪
Stellenwert der Veröffentlichung innerhalb eines Mediums	▪	▪	▪
Häufigkeit der Berichterstattung	▪	▪	▪
Aussagen (was wurde veröffentlicht, reine Abschrift des Communiqués oder redigierter Text)	▪	▪	▪
Grundtenor der Aussagen	▪	▪	▪
Art und Aufmachung der Berichterstattung; Gewichtung der Kommentare	▪	▪	▪
Veränderung der Einstellung beim Publikum	▪	▪	▪

Qualitativ	*Positiv*	*Neutral*	*Negativ*
Verhalten des Botschaftsempfängers	■	■	■
Verhalten der Mitarbeiter	■	■	■
Erhöhte Nachfrage (nach Produkte, Dienstleistungen)	■	■	■
Erhöhte Nachfrage als Arbeitgeber	■	■	■
Platzierung/Sendezeit	■	■	■
Quantitativ	*Positiv*	*Neutral*	*Negativ*
Länge/Umfang des Beitrages	■	■	■
Anzahl Clippings einer Berichterstattung	■	■	■
Häufigkeit der Erwähnung des Unternehmens	■	■	■

Checkliste Ablauf Ist-/Soll-Vergleich

1. PR-Ziele vor der Durchführung der Aktivitäten festlegen (Soll-Werte)
2. PR-Ergebnisse nach der Realisierung der Massnahmen ermitteln (Ist-Werte)
3. Soll- und Ist-Werte vergleichen
4. Abweichungen zwischen Soll- und Ist-Werten analysieren
5. Anpassen/Überdenken der Aktivitäten

Checkliste Inhalt Medienbeobachtungsauftrag

- Unternehmensadresse
- Verantwortlicher Ansprechpartner im Unternehmen
- Thema
- Stichworte
- Rubrik/Feuilleton
- Wortlaut Mediencommuniqué
- Event- und Medienarbeitstermine
- Zeitraum der Medienbeobachtung
- Liste der kontaktierten Medien

Wissens- und Informationsmanagement

Einleitung

Der Umgang mit Daten und Informationen ist für PR-Schaffende «lebensnotwendig», sozusagen der Rohstoff ihrer Arbeit. Denn daraus entsteht das Wissen, ein «Netz von Kenntnissen, Fähigkeiten und Fertigkeiten, die jemand zum Lösen einer Aufgabe einsetzt.»[86] Im Rahmen der strategischen Kommunikation bedeutet dies, dass ein verantwortungsbewusstes, modernes Unternehmen «sein relevantes Wissen ganzheitlich, ziel- und zukunftsorientiert als wertsteigernde Ressource gestaltet.»[87] Dadurch fällt dem so genannten Wissens- oder Knowledge Management auch in den Public Relations eine zentrale Bedeutung zu. Wissen und der Transfer von Wissen (Wissenstransfer) ist Quelle und Motor der erfolgreichen internen und externen PR-Arbeit.

Das Informationsmanagement, also die Informationsbeschaffung, das Sammeln, Auswerten, Aufbereiten und Nutzbarmachen wie auch das Weiterleiten der Informationen, bezeichnet der deutsche Kommunikationsspezialist Prof. Dr. Dieter Herbst als «Vorstufe des Wissensmanagement». Der bewusste Umgang mit Information und Wissen, eben das Informations- und Wissensmanagement, gehören zu den lebenswichtigen Spezialaufgaben im Unternehmens(kommunikations)alltag. Denn bei der heutigen Informationsüberflutung kann *die richtige Information zur richtigen Zeit am richtigen Ort* ein entscheidender strategischer Wettbewerbsvorteil sein. Wissen richtig eingesetzt, wirkt Wert vermehrend und Image bildend. Gutes Wissensmanagement fördert deshalb auch zielsicheres Handeln.

86 Dieter Herbst, *Wissensmanagement*, www.ideereich.de, 2002

87 Dieter Herbst, *Wissensmanagement*, www.ideereich.de, 2002

▶ Effizientes Informationsmanagement bedeutet:
Die richtige Information zur richtigen Zeit am richtigen Ort

Wissensmanagement in der internen Kommunikation[88]

Im Sinn des neuen Denkens und Umgangs mit Wissensmanagement gestaltet die Kommunikationsabteilung bewusst auch das Wissen der Bezugsgruppen. Intern bedeutet dies, das Wissen, welches die Mitarbeiter in allen Bereichen zur Erledigung ihrer Aufgaben benötigen, zu sammeln, aufzubereiten, zu zentralisieren und zur Verfügung zu halten. Dadurch können

- der Arbeitsfluss gesichert
- das Wissen geteilt, effektiv genutzt und weiterentwickelt
- Wissensinseln verknüpft
- Transparenz erhöht
- die Mitarbeiter motiviert
- das Image der Unternehmung gefördert und
- effizient, wertschöpfend gehandelt

werden.

Wissensmanagement in der externen Kommunikation

In den externen PR kann gezieltes Management von Wissen den Wert der Unternehmung für das Umfeld erhöhen und damit das Image positiv beeinflussen. Denn Wissen, frei nach Dieter Herbst, bringt Innovation, Innovation neue Produkte, und neue Produkte erhöhen die Kundenzufriedenheit.

▶ Nichts ist so erschreckend, wie nicht wissen und doch handeln.
(J. W. von Goethe)

88 Quelle: Dieter Herbst, *Wissensmanagement und interne PR*, www.ideereich.de, 2002

PR-Ziele des Wissensmanagement

- Erhöhung der Transparenz
- Verbesserung des Informationsaustausches
- Entscheiderleichterung
- Mitarbeiterzufriedenheit
- Erhöhung der Kundenzufriedenheit

Effizientes Wissens- und Informationsmanagement umfasst:

- den Umgang und der bewusste Einsatz der Gesamtheit von Daten, Informationen, Wissen in einer Abteilung, Unternehmung
- der Einsatz des Wissens als strategisches Element
- die Verfügbarkeit der richtigen Informationen zum richtigen Zeitpunkt an der richtigen Stelle
- ein gesundes Aufwand/Nutzen-Verhältnis im Umgang mit Informationen

Wissensmanagement in der Praxis

Die Phasen des Wissensmanagement

1. Beschaffen von Daten und Informationen
2. Auswerten und Aufbereiten der Daten und Informationen
3. Weiterleiten der Informationen

Wer sich Information beschaffen will, nutzt möglichst alle verfügbaren internen und externen Quellen. Das Zeitalter der Elektronik hat im Sinne eines effizienten, aktuellen Informationsmanagement die herkömmlichen Karteikarten, Hängeregistraturen usw. verdrängt. Die internen Informationsquellen, die sich stetig zu richtigen Wissensinseln weiterentwickeln, gewinnen an Bedeutung. Als eine der wichtigsten externen Informationsbeschaffungsquellen steht das Internet mit seinem unermessliches weltweiten Daten- und Informationsfundus zur Verfügung.

Informationsbeschaffung

Es ist empfehlenswert und zudem Kosten sparend, sich zu Beginn einer PR-Aufgabe bewusst und gezielt für die Informationsbeschaffung Zeit zu nehmen. Mit etwas Denkarbeit lässt sich denn auch eine Vielzahl von Informationsquellen aufspüren.

Traditionelle Informationsquellen

- persönliche Kontakte
- Kontakte zu Kunden, Lieferanten, zur Konkurrenz
- Gesprächskreise, Erfa-Gruppen
- Seminare, Tagungen, Kongresse
- Hochschulen
- Bibliotheken, Archive
- Fachliteratur, Nachschlagewerke, Lexika
- Ausstellungen, Messen
- Verbände
- Markt- und Meinungsforschung
- Medien

Unternehmensinterne Datenbanken

- Adressverwaltungen
- Kundendateien
- Konkurrenzanalysen
- Marktumfragen, Kundenbefragungen
- Kundenreaktionen

Öffentliche Datenbanken

- Wirtschaftsdatenbanken
- technisch-wissenschaftliche Datenbanken
- branchenspezifische Datenbanken
- Mediendatenbanken
- digitale Archive

Hervorragende Informationsquellen sind besonders die elektronischen Datenbanken (in Grossrechnern gespeicherte, öffentlich zugängliche Daten). Diese Datendokumente (Kurz- oder Volltexte) sind mit Suchbegriffen versehen, nach denen die Datenbankinhalte gezielt aufgefunden werden können. Die Daten werden elektronisch verwaltet und mit einer festgelegten Suchsprache zugänglich gemacht. Die Suchsprache besteht aus einer Reihenfolge von Befehlen, die der Benutzer eingeben kann («and», «or», «not» usw.). Die Kommunikation mit öffentlichen Datenbanken erfolgt via Internet, Modem über das Telefonnetz oder über eine Datenleitung.

▶ Information ist Wissensvermehrung, ist Weiterbildung. Weiterbildung ist Wissen, ist Vernetzung.

Die rasante Entwicklung von Datenbanken hat verschiedene Gründe:

- Die Informationsquellen werden immer vielfältiger.
- Die Informationsmenge wächst sehr rasch (Verdoppelung des vorhandenen Wissens in Abständen von fünf Jahren!).
- Der Verknüpfung von Informationen kommt weltwirtschaftlich eine immer grössere Bedeutung zu.
- Der Ruf nach Informations-«Ergonomie» wird immer lauter.
- Die Möglichkeiten und Verfügbarkeiten wachsen parallel mit dem technologischen Fortschritt in Telekommunikation und Computertechnik.

Beispiele von Nachschlagewerken und Datenbanken

Bücher

- Publicus
- Impressum
- Ragionenbuch
- Verzeichnis der Verwaltungsräte
- Kompass
- Who owns Whom
- Eidgenössischer Staatskalender
- Kantonale Behördenverzeichnisse wie zum Beispiel der Bernische Staatskalender
- Werbeagenda
- Terminkalender des Verbandes der Schweizer Unternehmen «economiesuisse»[89]

89 Kalender der wirtschaftlich relevanten Termine: *www.terminkalender.ch*

	■ Lexikon der Public Relations ■ Management von Public Relations – Ein integrales Konzept
Elektronische Datenbanken	■ Elektronisches Volltextarchiv der Schweizerischen Depeschenagentur (sda/ats), Zugriff über *Elias* (Internet-Plattform der SDA) ■ *Genios*-Wirtschaftsdatenbanken, Düsseldorf ■ Kompass-Online, Zürich-Gockhausen ■ Teledata, Zürich ■ Archive von Tageszeitungen usw.

Informationsauswertung

Die gesammelten Daten und Informationen (Grafiken, Statistiken, Tabellen, Texte) werden je nach Aufgabenstellung, aktueller Informationslage und Informationsbedürfnissen mit Textverarbeitungs-, Kalkulations-, Grafik- und DTP-(Desktop-Publishing-)Programmen weiterbearbeitet und ausgewertet. Speichern und sichern Sie die Ergebnisse anschliessend in einem internen Archiv in Form von «Files».

Sowohl elektronische als auch physische Informationssammlungen (Hängeregistraturen, Bundesordner) setzen ein möglichst einfaches, benutzerfreundliches und flexibles Klassifikationssystem voraus. Dazu stehen verschiedene Grundprinzipien zur Auswahl:

Klassifikationssystem	*zum Beispiel*
hierarchische Ordnung	Dezimalklassifikation
Gleichordnung Chronologie	numerische Klassifikation
Zwischenformen	alphabetischer Stichwortkatalog

Grössere Datenmengen, die elektronisch geführt werden sollen, benötigen eine spezielle Datenbank-Software, die einen schnellen Datenzugriff und kreuzweise Datenverknüpfungen zulässt.

Für den Aufbau einer eigenen Datenbank oder eines Archivs fallen dementsprechend folgende Aspekte ins Gewicht:

- Kennen von Menge und Struktur der Ein- und Ausgabedaten;
- Beachten der möglichen Schnittstellen zu anderen IT-Einrichtungen (Datenübermittlung, Datennutzung durch andere Stellen);
- Regelung des Zugriffs auf die Daten (Zugriffsberechtigungen);
- Datensicherung.

Informationsweiterleitung

Die gesammelten Informationen werden entweder elektronisch oder konventionell an die Interessenten wie zum Beispiel Auftraggeber, Projektmitarbeiter, externe Fachspezialisten weitergeleitet. Informationsaufgaben, -sender und -empfänger lassen sich zum Beispiel in einem Diagramm in Matrix-Form erfassen. Darin könnten enthalten sein: die Art der Informationen (Protokolle, Berichte, Konzepte Pressespiegel usw.) sowie die Instanzen (Empfänger), welche die Aufgabe haben, Informationen

- weiter zu bearbeiten, bzw. Entscheide daraus abzuleiten oder Aktionen auszulösen,
- ganz einfach zur Kenntnis zu nehmen,
- zu archivieren.

Ein weiteres Entscheidungsprinzip der Informationsweiterleitung könnte lauten:

- «*need to know*» (nötig/wichtig zu kennen) und
- «*nice to know*» (nett zu kennen).

▶ «Es kommt nicht nur darauf an, welche Informationen gegeben werden, sondern auch, wie sie gegeben und von den Adressaten bewertet werden.»[90]

90 Dieter Herbst, *Kommunikation im Wissensmanagement*, www.ideereich.de, 2002

Am 30. Januar 2002 wurde in Zürich das Netzwerk *Swiss Knowledge Management Forum* SKMF, gegründet. Die Fachgruppe der Wissensmanager strebt einen positiven Erfahrungsaustausch in ihrem Gebiet an. Aus einem Schlagwort sollen handfeste Methoden entstehen.

www.swisskmforum.ch

Die Wissenstreppe

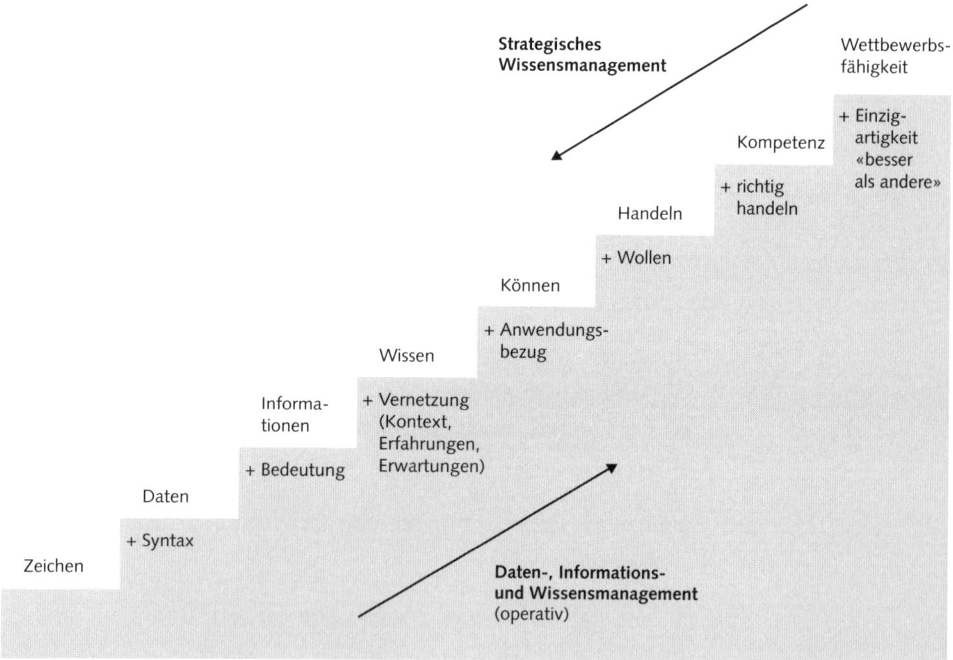

Quelle: North, Wissensorientierte Unternehmensführung, 1998

Corporate-Identity-Prozess

Der Zweck eines Corporate-Identity-Prozesses lässt sich kurz unter dem Motto «Wettbewerbsfähigkeit dank Unverwechselbarkeit» zusammenfassen. Nicht nur Wirtschaftsunternehmen, sondern vermehrt auch soziale Institutionen wie beispielsweise Spitäler und Fachhochschulen begeben sich deshalb auf die Suche nach ihrem eigenen persönlichen, starken unternehmerischen Profil. Denn nur als Persönlichkeit hebt sich ein Unternehmen im schnelllebigen Informations- und Konsumzeitalter von seiner Konkurrenz wirkungsvoll ab. Kunden an sich zu binden gewinnt an Bedeutung – Customer Relationship Management (CRM) scheint zu einem zentralen Element einer modernen, erfolgreichen Unternehmung zu werden. Doch alle Kundenbindungsmassnahmen versagen, wenn es einer Körperschaft nicht gelingt, sich als kompetente, selbstsichere Einheit mit qualitativ hochstehenden Produkten und Dienstleistungen in seinem Umfeld positionieren zu können. Zumeist entscheidet sich ein Führungsgremium denn auch erst bei spürbarem Identitäts- oder Imageverlust dazu, über die CI-Bücher zu gehen, nach den Problem-Ursachen zu suchen und entsprechendes Handeln einzuleiten.

Der strategisch geplante und fortdauernde Identitätsprozess beinhaltet die einheitliche, unverwechselbare Ausrichtung aller kommunikativer und operativer Massnahmen nach innen und aussen. Tragende Säulen bilden dabei das definierte Image, eine klar formulierte Unternehmensphilosophie (Leitbild) und festgelegte Zielsetzungen.[91]

91 Quelle: Dieter Herbst, *Corporate Identity als gesamtheitlicher Management-Prozess*, 1998

Hauptinstrumente der gelebten Corporate Identity sind

- die Corporate Communications (gesamtheitliche Unternehmenskommunikation)
- das Corporate Behaviour (Verhalten der Mitarbeiter auf allen Ebenen)
- das Corporate Design (visueller Auftritt, der mit der Produkt-, Marken- und Unternehmensstrategie übereinstimmen muss)

Eine optimal gelebte Unternehmensidentität umfasst denn auch das gesamte Denken, Handeln und Auftreten einer Körperschaft. Durch eine klare Organisation, die ganzheitliche Kommunikation, das identitätsgeprägte Verhalten der Mitarbeiter – von der Produktion bis zur Administration, der Unternehmensleitung bis zum Reinigungsservice – und durch das einheitliche Erscheinungsbild werden ein positives Betriebsklima mit einer motivierten Belegschaft, erhöhte Qualität von Produkten und Dienstleistungen sowie die Wahrnehmung als eigenständige Persönlichkeit im gesamten Umfeld angestrebt.

Das Basiskonzept für einen Corporate-Identity-Prozess

Voraussetzung für die Schaffung einer Corporate Identity sind klare in die Unternehmenskommunikation eingebundene Konzepte, welche in ihrer Gesamtheit auch die strategischen Führungssysteme und -leitlinien umfassen sowie Synergien zwischen Identität und Image nutzen. Insbesondere bilden folgende Elemente einen festen Bestandteil der Corporate Identity:

- Leitbild
- Corporate Design mit Logo (Unternehmenszeichen)
- Hausfarbe
- Schriften und Hausschriften
- Produktdesign
- Architekturdesign
- Kommunikationsdesign mit der einheitlichen Gestaltung der gesamten Briefschaft inklusive Visitenkarte, der Printprodukte wie Geschäftsbericht, Flyers (Faltblätter), Broschüren, des Messeauftritts, Autobeschriftung, allfälliger Berufskleidung, Fotos,

Give-aways, der Neuen Medien (Video, Videodisc, Film, CD-ROM, DVD, Internet) usw.

- Corporate Communications mit PR, Werbung, Verkaufsförderung
- Corporate Behaviour (Verhalten von Unternehmensleitung und Mitarbeitern)
- Sponsoring

Wichtiges Hilfsmittel in der Umsetzung des Corporate Design bildet das CD-Manual, das Handbuch, welches detaillierte CD-Richtlinien und Informationen für die Realisation und Produktion von Kommunikationsmitteln festhält.

▶ Das Produkt ist die Botschaft, nicht die Werbung.[92]

Der CI-Prozess

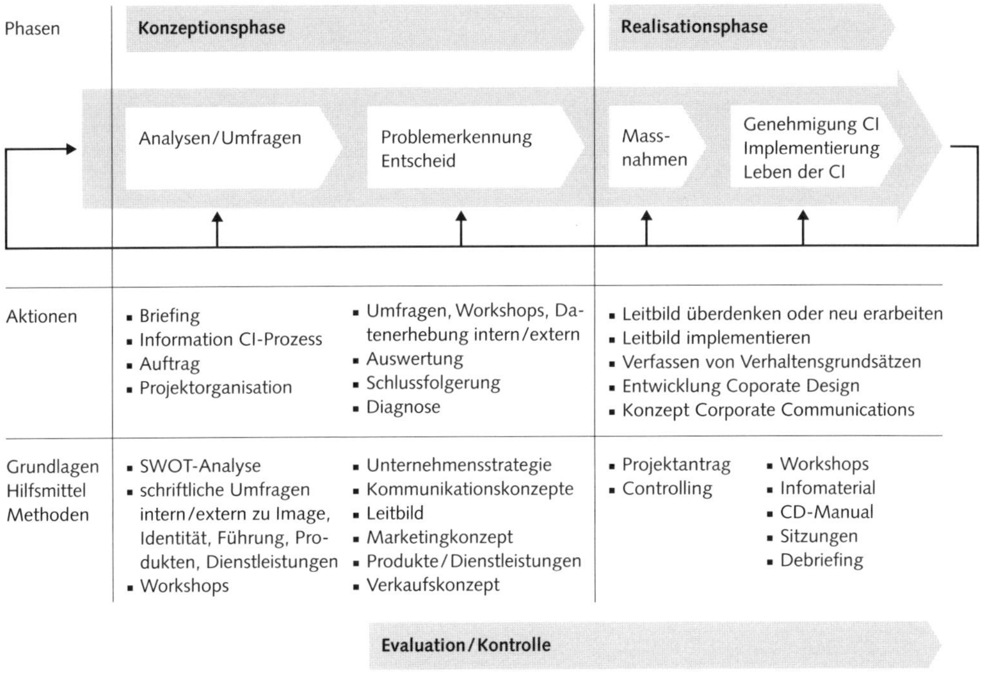

92 Hans Domizlaff, *Die Gewinnung des öffentlichen Vertrauens*, Hamburg 1982

CI-Konzeptraster

Nachfolgender Programmraster versteht sich als Leitfaden zur individuellen Konzeptionierung der CI-Entwicklung.[93]

Teilschritte	*Verantwortlichkeit*	*Teilziele*
Problem erkennen (Image, Identität)	Geschäftsleitung	Bewusstsein CI-Prozess
Einführung in die Grundlagen des CI-Prozesses	Workshop CI-Beauftragte/ externer Berater mit Geschäftsleitung	Motivation, Mittragen des CI-Prozesses durch das gesamte Management unter dem Motto «Von der Entwicklung zum Erleben, vom Inhalts- zum Beziehungsaspekt»
Entscheid, Kick-off/ Einleiten CI-Prozess, Entwickeln des gemeinsamen Vorgehens (Strategie)	Geschäftsleitung CI-Beauftragter	Ja zum gemeinschaftlichen Lern- und Entwicklungsprozess, zu Einstellungsveränderung, Identifikation, Motivation, Entwicklung
Bilden eines CI-Teams mit Beraterstatus der Geschäftsleitung, CI-Koordinator und -Moderator, verantwortliches Organ für die Planung, Organisation, Implementierung, Controlling-Instanz	5 bis 9 freiwillige Mitglieder aus allen Organisationsebenen und Abteilungen inklusive Vertreter der Geschäftsleitung. Festlegen der Spielregeln. Ernennen CI-Moderator	Sicherstellen des CI-Prozess-Management, der professionellen Planung, Steuerung, Gestaltung, Umsetzung und Kontrolle
Stärken/Schwäche-Analyse, schriftliche Umfragen und Workshops intern und extern zu ■ Unternehmung und Organisationsstrukturen allgemein	CI-Team	Abbild der heutigen Situation, Ist-/Soll-Vergleich

93 Quelle: Dieter Herbst, *Corporate Identity als gesamtheitlicher Management-Prozess*, 1998

Teilschritte	*Verantwortlichkeit*	*Teilziele*
■ Image intern/extern – Leitbild (wenn vorhanden) ■ Selbstverständnis/Identität ■ Kommunikation ■ Marketing ■ Produktion ■ Arbeitsklima ■ den internen Abläufen ■ Produkten und Dienstleistungen ■ Kundenzufriedenheit eigenen Anforderungen und Wünschen usw.		
Evaluation in Workshops Auf- und Ausbreiten der Daten und Fakten, Schlussfolgerungen		Zielsetzung/Soll-Zustand Unternehmensidentität
Entwicklung oder Überarbeitung der Unternehmensgrundsätze/Leitbild ■ CI-Konzeptionen ■ Ableitung entsprechender Richtlinien und Ziele für die einzelnen Arbeitsplätze	CI-Team	Soll-Analyse als gemeinsame Zielfindung (Visionen, Leitbilder, Zielsetzungen, Organisationsgrundsätze) Präsentation
Genehmigung CI	Geschäftsleitung	Implementieren, umsetzen und leben der CI
Implementierung durch Schulung, Informationsunterlagen, CD-Manual, Umsetzung auf ganzer Ebene	CI-Verantwortliche	Information und Motivation

▶ Nur wer sich ändert, bleibt sich selber treu.
(Wolf Biermann, deutscher Liedersänger)

▶ Wer sich nicht ändert, wird verändert.
(Sprichwort)

Das Leitbild

Im Rahmen des CI-Prozesses werden vom CI-Team auch die Leitplanken, das so genannte Leitbild, für das Erreichen der Unternehmensziele erarbeitet. Das Leitbild bringt die Management-Denkhaltung und die Werthaltung der Führungskräfte zum Ausdruck. In leicht verständlicher, einfacher Form umschreibt es Unternehmenszweck, -ziele und Verhaltensgrundsätze der Unternehmensführung gegenüber dem internen und externen Umfeld. Es ist zugleich Spiegelbild der Unternehmenskultur und Verhaltenskodex der Unternehmensangehörigen. Als übergeordnetes Führungsinstrument ist es auch Entscheidungshilfe bei Konflikten und Meinungsverschiedenheiten. Einen entscheidenden Beitrag leistet es zudem als Imageträger zur Erhaltung und Weiterentwicklung der Corporate Identity.

Checkliste Leitbild-Inhalt

- Unternehmensidentität (Wer wir sind/Wie wir sein wollen)
- Unternehmenszweck (Was wir anstreben)
- Werthaltung gegenüber Mitarbeiter
- Werthaltung gegenüber Markt
- Werthaltung gegenüber Umwelt

▶ Wenn Du ein Schiff bauen willst,
so trommle nicht die Männer zusammen, um Holz zu beschaffen,
Werkzeuge vorzubereiten und Aufgaben zu vergeben.
Lehre sie die Sehnsucht nach dem weiten Meer.
(Saint-Exupéry)

PFLEGEHEIM
MURI-GÜMLIGEN

Leitbild

Bettenhäuser:
Nussbaumallee 9, Worbstr. 320
3073 Gümligen

Verwaltung und Betrieb
Stiftung Siloah, Worbstr. 316, 3073 Gümligen
Telefon 031 958 18 18, Telefax 031 958 17 00

Die Stiftung Siloah führt im Auftrag der Einwohnergemeinde Muri b. Bern ein Heim für pflegebedürftige Menschen.

1 Ziel
Das Heim bietet seinen Bewohnerinnen eine sorgfältige, ganzheitliche Pflege und Betreuung.

2 Bewohnerinnen
Wir achten und respektieren die individuelle Persönlichkeit der Bewohnerinnen, unabhängig von Herkunft und Religion. Wir sind offen und flexibel gegenüber ihren Wünschen und wahren die Privatsphäre. Wir nehmen dabei Rücksicht auf ihre Lebensgewohnheiten und Werte.

3 Dienstleistungen
Wir richten unsere Dienstleistungen auf die Bedürfnisse der Bewohnerinnen aus.

4 Mitarbeiterinnen
Auch am Wohlbefinden der Mitarbeiterinnen liegt uns viel. Wir fördern deshalb menschliche und fachliche Entfaltungsmöglichkeiten und erwarten mitdenkende Arbeitspartnerinnen.

5 Kommunikation
Rede wahr, rede klar.

PFLEGEHEIM
MURI-GÜMLIGEN

6 Organisation
Das Heim wird nach Grundsätzen des New Public Management geführt. Unkomplizierte Entscheidungswege und offene Information erhöhen unsere Flexibilität, Transparenz und Leistung. Wir arbeiten zielorientiert in selbständigen und miteinander vernetzten Teams.
Das Kader führt auf den Grundlagen des Führungsleitbildes.

7 Wirtschaftlichkeit
Mit unserer kostenbewussten und wettbewerbsorientierten Arbeit sichern wir auch den Fortbestand und die dynamische Weiterentwicklung unseres Heimes.

8 Lebensraum
Lebensqualität für unsere Bewohnerinnen schaffen wir auch durch die Gestaltung einer ansprechenden, vielseitigen und sicheren Umgebung.

9 Gesellschaft
Wir orientieren uns an gesellschaftlichen Entwicklungen und richten unser Handeln zum Wohl der Heimbewohnerinnen danach aus.

10 Umwelt
Wir nehmen bewusst Rücksicht auf die Umwelt und verhalten uns entsprechend.

11 Qualität
Unsere Mitarbeiterinnen sind kompetent und engagiert. Wir fördern die Qualität durch kontinuierliche Fortbildung sowie durch regelmässige Ueberprüfung von Arbeitsabläufen und Ergebnissen. Unsere Dienstleistungen zeichnen sich durch definierte Qualität aus.

12 Erneuerungsbereitschaft
Durch ständiges Lernen und Entwickeln schaffen wir ein innovationsfreundliches Klima und nutzen die möglichen Handlungsspielräume.

13 Verbindlichkeit
Wir verpflichten uns, das Leitbild als Grundlage in unserer täglichen Arbeit umzusetzen.

24. August 1998

GEMEINDERAT MURI BEI BERN

Der Gemeindepräsident:	Der Gemeindeschreiber:
Sig. Dr. P. Niederhäuser	Sig. K. Schneider

STIFTUNG SILOAH

Der Präsident:	Der Direktor:
Sig. M. Reidhaar	Sig. H. Graf

Die weibliche Anrede gilt auch für die männlichen Bewohner bzw. Mitarbeiter.

Internet-PR

Das Internet ermöglicht Unternehmen und Organisationen als neues Instrument der Öffentlichkeitsarbeit eine unvergleichlich aktive und attraktive Plattform. Definiert als «Management von Kommunikation mit Bezugsgruppen mit und über Internet»[94] bezweckt Internet-PR den Aufbau und die Pflege von Bekanntheit, Vertrauen, Goodwill und Image sowie die Bindung der Besucher an das Unternehmen. Der nützliche, informative und Gewinn bringende Auftritt mit hochwertigem Informationswert und Möglichkeit zur Interaktivität wird dabei zum strategisch unverzichtbaren Element.

▶ Grundsatz:
Internet-PR muss in seinem visuellen und inhaltlichen Auftritt klar, kurz, prägnant und benutzerfreundlich das Spiegelbild der Corporate Identity eines Unternehmens abgeben.

Die neuen Aspekte

Wenngleich in ihren Wesenszügen verwandt, unterscheiden sich die Internet-PR von den übrigen Instrumenten der klassischen PR aufgrund der verschiedenen Rahmenbedingungen in vielem.

Herausforderung

Das Internet verbindet die Welt, schafft Beziehungen, weckt aber auch Erwartungen. Versprechen über Internet verpflichten – zumindest moralisch. Diesen Erwartungen gerecht zu werden, etwa Mailanfragen in kürzester Zeit zu beantworten oder Bestellungen termingerecht auszuführen, stellt an den Internet-Teilnehmer und

94 Dieter Herbst, Vortrag Internet-PR, 2001

Das Internet mit seiner multimedialen Vielfalt …	*Internet-PR …*
■ erschliesst den Zugang zum «globalen Dorf» und öffnet weltweit die Datenbanken	■ setzen die Auseinandersetzung mit anderen Sprachen und Kulturen und den bewussten Umgang mit dem Wissen voraus
■ setzt durch die Gleichzeitigkeit von Bild, Sprache, Ton und interaktiven Möglichkeiten neue Massstäbe in der Kommunikation	■ fordern multimediale aufeinander abgestimmte Lösungen
■ bringt neue Zielgruppen und neue Chancen	■ bedingen Aufmerksamkeit und Reaktionsfähigkeit
■ ist rund um die Uhr verfügbar	■ müssen kontinuierlich aktualisiert werden
■ ermöglicht zeitechte und gleichzeitige Kommunikation und gewinnt deshalb vor allem auch in der Medienarbeit und der Krisen- und Konflikt-PR an Bedeutung	■ verlangen aktive Präsenz und das Nutzen von Synergien
■ lässt quantitative und qualitative Erfolgskontrollen zu	■ sind messbar

Website-Betreiber die grösste Herausforderung. Deshalb beeinflussen folgende Fakten die Arbeit im Netz:

- PR im Netz gehen weit über die Präsentation von Firmendaten und -informationen hinaus.
- Der hohe Aktualitätsanspruch erfordert kontinuierliche Betreuung und ständige Ergänzung mit News.
- Der aktive Dialog erfordert Engagement und Zeit.
- Internet-PR beruhen auf der Pull-Strategie und müssen vom Botschaftsempfänger selbst abgerufen, und den individuellen Bedürfnissen entsprechend genutzt werden können.
- Internet-PR dürfen nie isoliert betrachtet und realisiert, sondern müssen mit flankierenden Massnahmen gestützt und ins Gesamtkommunikationskonzept eingebettet werden (Kommunikation Internet-Adresse!).

ePR – electronic Public Relations[95]

«ePR» beinhaltet alle Formen von Kommunikation, bei der die Teilnehmer elektronisch kommunizieren, das heisst intern über Intranet oder extern über Internet. ePR kann in die Begriffe *Web-PR*, *Net-PR* und *Online-PR* gefasst werden.

Web-PR: Interaktive Website, Homepage. Ausgezeichnete Möglichkeit, Informationen rasch, effizient und kostengünstig in der Öffentlichkeit zu verbreiten.

Net-PR beinhaltet Chat Rooms, E-Mail-Mitteilungen und alle Anwendungen des interaktiven Intranets. Mögliche Formen:

- Intranet/Internet-Kommunikation
- Chat Rooms
- Internet-Foren
- E-Newsletter
- Intranet
- Mediendienste
- Netz-Medienmitteilungen
  (Video-, audio- oder audio-visuelle Präsentationen, Video-Medien-Informationsfilme usw.)

Online-PR umfasst Online-Medien, Online-Konferenzen und eEducation. Mögliche Formen:

- elektronische Ausgabe von Zeitschriften, Zeitungs-, Radio- und TV-News
- Portale (mit Zugang zu mehreren Websites)
- Online-Medienstelle auf der Website
  (mit Zugang nur für Medien)
- Online-Sprach- und/oder Videokonferenzen
- Online-Datenbanken und -Bibliotheken
- Online-Ausbildung (Fernunterricht)
  in «real time» oder «on demand».

95 Quelle: www.prineurope.com (CERP eRP Paper – recommendation draft, 29 january 2002)

Alle Zeichen deuten darauf hin, dass sich ePR zu einem der effizientesten PR-Mittel entwickelt. Im internen Bereich erleichtert ePR die Mitarbeiter-Kommunikation, extern dürften Web-, Net- und Online-PR vermehrt als Kommunikationsinstrumente für Aktionen im Bereich Kunden-, Produkt-, Unternehmens-PR, aber auch in der Aktionärsinformation zum Tragen kommen.

Tipps zu erfolgreichen Internet-PR

- Planung, Organisation und Realisation konzeptionell angehen
- Internetsite aus Sicht des Besuchers erstellen
  - aktuell und unterhaltend
  - benutzerfreundlich
  - übersichtlich, mit einfacher Navigation
  - nutzbringend, Mehrwert schaffend
  - kürzeste Aufstartzeiten
- übersichtliche, ansprechende, CI-konforme Webgestaltung
- klare, transparente, einfache, verständliche Sprache verwenden
- attraktives Bildmaterial einsetzen
- nützliche Links anbieten
- Internet in gesamtes Kommunikationskonzept einbinden
- stetige Internetbetreuung, -pflege und -optimierung sicherstellen

Fazit

PR im Internet wiederspiegelt auch heute noch mehrheitlich das Bild der klassischen Public Relations. Starre Texte, Fotos und Abbildungen von Imagebroschüren, Geschäftsberichten, Standortplänen und Kennzahlen beherrschen die Mehrheit der Websites. Das Internet bietet jedoch weit vielfältigere und interessantere Möglichkeiten. Welch verpasste Chance zur echten Imageprofilierung, wenn immer noch nach bekanntem Printmedien-Muster vorgegangen wird!

Der Einsatz von internetgerechten Texten, 3D-Bildern, Grafiken, Videos und Animationen lässt komplexe Zusammenhänge eines Unternehmens oder erklärungsbedürftiger Produkte transparenter erscheinen und den Besuch einer Website zum Erlebnis werden. Den virtuellen Möglichkeiten, etwa Produkte und Dienstleistungen nach Wunsch zu konfektionieren oder vorzustellen, in Lexika Fachbegriffe zu erläutern, Zusammenhänge zu erklären oder Hintergrundwissen zu vermitteln, sind keine Grenzen mehr gesetzt.

Nutzen wir doch die neuen Möglichkeiten zur Gestaltung und zur Interaktion und erleben wir die «neue Art der Nähe zum Kunden», die neue Wirklichkeit!

Krisen- und Konflikt-PR

Krisen- und Konflikt-Kommunikation stellt an die PR-Verantwortlichen in vielerlei Hinsicht höchste Anforderungen. Einerseits verlangt eine ausserordentliche Lage ruhiges, überlegtes, strukturiertes Vorgehen, den professionellen Umgang mit dem Instrumentarium der internen und externen PR, kompetente Medienarbeit und hohe Fach- beziehungsweise Sachkompetenz. Andererseits bedarf die Handhabung eines Konflikts, einer Krise oder einer Katastrophe höchster Sozialkompetenz und psychologischen Fingerspitzengefühls, um die Lage der Betroffenen verstehen, ihre emotionalen Reaktionen begreifen und nachvollziehen zu können.

Die drei Grade ausserordentlicher Lagen

Konflikt[96]	→	Prozess, der ein Unternehmen aus dem Gleichgewicht werfen kann (zum Beispiel Streit zwischen Unternehmen und Konsumenten- oder Arbeitnehmerorganisationen)
Krise	→	Existenz bedrohender Konflikt (zum Beispiel hohe Verluste durch riskante Börsengeschäfte; unerwartet hohe, teilweise ungedeckte Schadenersatzforderungen; Managementprobleme mit Vertrauensverlusten, die sich negativ auf den Absatz/Erfolg auswirken)
Katastrophe	→	Ereignis mit verheerendem, oft tödlichem Ausgang (zum Beispiel Naturkatastrophe), das zur Existenzvernichtung einer Unternehmung führen kann

96 Widerspruch der Motive, Streit; Duden, Band 5, *Fremdwörterbuch*, 1990

Vorbeugen ist besser…

Konflikte, Krisen und Katastrophen haben Eines gemeinsam: es sind ungeplante und ungewollte, nur schwer beeinflussbare, zeitlich begrenzte Prozesse. Wie im Kapitel Teilbereiche der PR umschrieben, geht es in der Krisenkommunikation darum, voraus zu schauen, im Ernstfall vorbereitet zu sein und richtig zu reagieren, um Vertrauen und Glaubwürdigkeit einer Organisation zu bewahren. Effizientes Krisenmanagement beginnt deshalb schon vor Eintritt von Konfliktsituationen oder Veränderungen. Eine pro-aktive Analyse deckt bereits im Vorfeld Schwachpunkte und den dadurch bedingten Kommunikationsbedarf auf. Sie ist somit Teil eines unternehmerischen Frühwarnsystems.[97]

Das Crisis Perception Management, das rechtzeitige Erkennen von Signalen, die auf eine mögliche herannahende Krise deuten, beeinflusst deshalb die Kommunikationsplanung nachhaltig.

So helfen die kontinuierliche Beobachtung und der Umgang mit unternehmensrelevanten Themen (Issues Monitoring und Issues Management), Warnsignale frühzeitig zu erkennen, sie ernst zu nehmen und die notwendigen Massnahmen einzuleiten. Intern dient die Sicherstellung der vernetzten, integrierten Kommunikation mit allen Bereichen und Abteilungen nicht nur zur Abstimmung der Massnahmen, sondern auch zur Stärkung des Vertrauens und der Glaubwürdigkeit in die Geschäftsleitung.

Die Kommunikation selbst in der Hand behalten

Die erfolgreiche Handhabung einer Krise setzt voraus, dass die Geschäftsleitung die Kommunikation unter voller Kontrolle und in eigener Hand behält. Nur so lässt sich eine schwierige Situation möglichst unbeschadet und ohne Imageschaden überstehen, die Glaubwürdigkeit und das Vertrauen in die Institution erhalten. Von

97 Quelle: Peter Bütikofer & Company, *Public Relations and Perception Management*, Zürich/Lausanne/Berlin/Dresden/Frankfurt a.M. (www.buetikofer.com)

entscheidender Bedeutung dabei ist deshalb die im Vornherein festgelegte Informationspolitik einer Institution.

Gegenüber den relevanten Zielgruppen gilt der in professioneller Kommunikationsarbeit allgemein gültige Grundsatz der

- Offenheit
- Ehrlichkeit
- Klarheit
- Wahrheit
- Zeitgerechtheit und
- intern vor extern

Der Verlauf der Medienberichterstattung eines Krisenfalls

Vitale Bedeutung fällt im Krisenfall insbesondere auch der Medienberichterstattung zu. Der Einsatz der elektronischen Mittel wie E-Mail und Internet nimmt hier klar an Bedeutung zu. Nach amerikanischem Vorbild werden deshalb vermehrt Websites, so genannte *Dark Sites*[98] oder *Stealth Sites* vorbereitet, die im Krisenfall unverzüglich aufgeschaltet werden können und relevante Hintergrundinformationen über das Unternehmen vermitteln. Denn die Medien recherchieren um aktuell zu sein, über Neues zu informieren und aufzuklären. Nur so können sie ihren Auftrag wahrnehmen, die Aufmerksamkeit der Leser erhalten und auf dem Markt weiter bestehen. Ganzheitlichkeit und Schnelligkeit können für den Ausgang einer schwierigen Situation entscheidend sein.

Für die Kommunikationsplanung hilfreich erweist sich der von Prof. Dieter Herbst aufgezeichnete Verlauf der Berichterstattung einer Krise in den Medien.[99]

Entsprechend steil bis zu ihrem Höhepunkt steigt die Kurve der Informationsdichte der Medien nach dem Bekanntwerden einer Krise oder eines Skandals. Nachrichten, Meldungen, Kommentare, reisserische Aufmacher, Titel und Leads jagen sich in einer ersten,

98 siehe S. 172, *Inhalt einer Dark Site*, und Glossar im Anhang

99 Quelle: Dieter Herbst, *Krisenkommunikation – aus Fehlern anderer lernen*, Mai 2001, www.ideereich.de

drei bis sieben Tage dauernden Phase. In dieser Situation kann nur bestehen, wer offensiv nach den allgemein gültigen Kommunikationsregeln kommuniziert. Damit gelingt es, das Medieninteresse schneller zu befriedigen, die Phase der Hintergrundberichte und Folgekommentare zu verkürzen und auf die Dauer der Krise positiven Einfluss zu nehmen.

Wer hingegen defensiv kommuniziert, riskiert eigene Recherchen der Medienschaffenden. Damit verliert die betroffene Organisation die Chance der Kommunikationsführung und zugleich die Kommunikationskontrolle. Die Krisendauer wird verlängert.

▶ Die Bewältigung einer Krise verlangt die Steuerung der eigenen Kommunikation, bevor es andere tun.

Checkliste Inhalt einer Dark Site (Stealth Site)

- News
- Hintergrundinformationen
- Chronologie der Ereignisse
- «Frequently asked questions», FAQ (häufig gestellte Fragen)
- Medieninformation
- Dialogplattform
- «Closed circles» für Intranet und Extranet-Benutzer
- Kontakt (mit Namen der verantwortlichen Person, vollständige Adresse, Telefon, Fax, E-Mail)

Verlauf der Medienberichterstattung eines Krisenfalls[100]

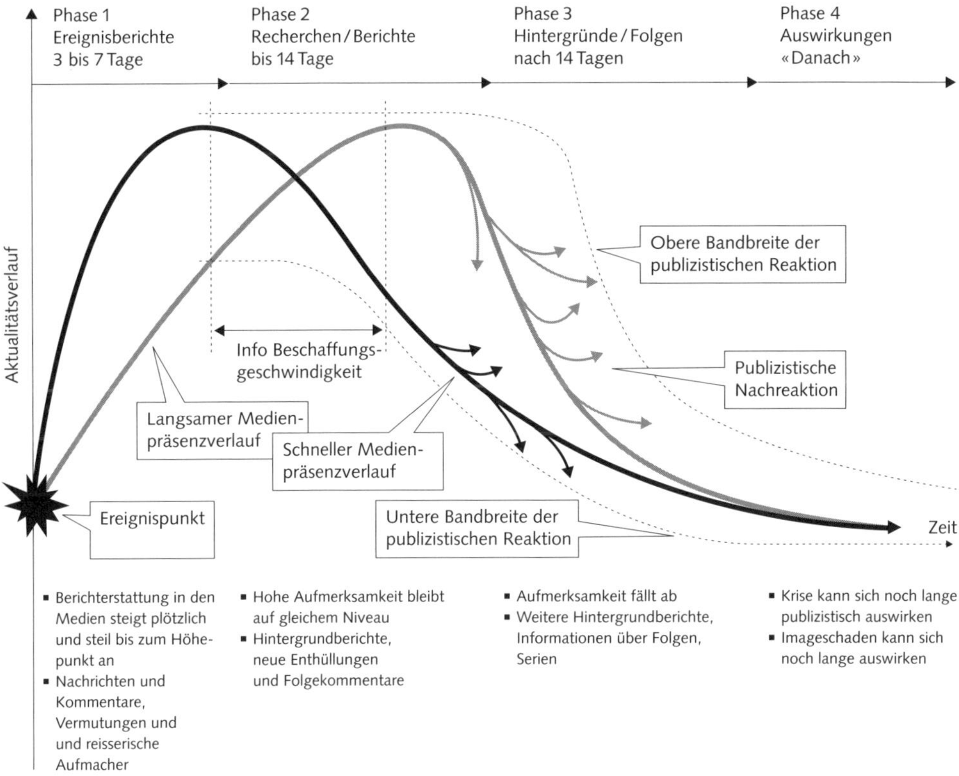

Die Methodik in der Konflikt- und Krisenkommunikation

In der Methodik der Krisenkommunikation behalten die vier Phasen der Kommunikationsplanung, die Konzeptstruktur und -elemente ihre Gültigkeit.[101]

100 Quelle: Dieter Herbst, *Krisenkommunikation – aus Fehlern anderer lernen*, Mai 2001, www.ideereich.de

101 vgl. Kapitel *PR-Methodik*, S. 98 ff.

Checkliste Krisenkommunikation

Phase	*Grundsatz*	*Massnahmen*	*Begründung*
Generell	■ wahre, offene, klare, transparente, umfassende und zeitgerechte Kommunikation ■ intern vor extern ■ Krisenkommunikation ist Führungssache ■ in jeder Krise steckt eine Chance	■ Krisenkonzept mit regelmässigen Check-up-Übungen und Trainings	■ Schaffen von Sicherheit im Umgang mit einem unvorhergesehenen Ereignis ■ Schaffen von Vertrauen bei allen internen und externen Zielgruppen ■ richtiges Verhalten bringt Goodwill und Sympathie
Prävention	■ kontinuierliche wahre, klare und offene interne und externe Kommunikation, klare Zielgruppendefinition ■ bewusstes Wissensmanagement ist Voraussetzung für die Meisterung von Konflikten und Krisen ■ integrierte Kommunikation muss funktionieren ■ Medienarbeit ist unerlässlich	■ Issues Monitoring und Issues Management ■ Sicherstellen des vernetzten, einwandfrei funktionierenden Informationssystems ■ Sicherstellen des Daten- und Informationsmanagement ■ Sicherstellen des internen und externen Informationsflusses ■ Abstimmen aller Bereiche und Abteilungen zur Prävention und Verhinderung von Krisen ■ Schulung der internen Zielgruppen ■ Vorbereitung einer Dark Site (Stealth-Site), zur Aufschaltung im Notfall	■ Erkennen von Frühwarnsignalen ■ Krisenkonzept erlaubt zeitverzugsloses Handeln und lässt Zeit gewinnen ■ überprüftes Informationssystem gibt Sicherheit und schont die Nerven

Phase	*Grundsatz*	*Massnahmen*	*Begründung*
Im Vorfeld einer Krise	▪ Ruhe bewahren ▪ alles Vorbereitete spart Zeit und hilft Stress zu minimieren ▪ aktive Kommunikationspolitik konsequent beibehalten	▪ Überprüfen der im Krisenkonzept festgehaltenen Verantwortlichkeiten, Zuständigkeiten und Massnahmen ▪ Information der internen und klar definierten externen Zielgruppen	▪ verhindert Unklarheiten und Missverständnisse ▪ aktive, offensive Kommunikationspolitik verkürzt die Krise und gestaltet die Berichterstattung wesentlich mit
Krisenphase	▪ überlegt, rasch und dezidiert handeln ▪ permanent und offensiv kommunizieren ▪ Emotionen haben Platz ▪ Grundsätze einhalten	▪ persönliche Kommunikation der Unternehmensspitze ▪ rasche Ankündigung und Organisation einer Medienkonferenz ▪ Aufschalten und aktuell halten der Dark Site (Stealth Site) ▪ vorbereitete Massnahmen einleiten	▪ Information aus erster Hand verhindert Gerüchte ▪ echte Emotionen wecken Anteilnahme, wirken glaubhaft und schaffen Goodwill
Nachkrisenphase	▪ offene, aktive Kommunikation beibehalten	▪ Medienarbeit: Kommunizieren der Schadensbilanz, der Lehren, welche aus der Krise gezogen wurden, der Korrektur- und Änderungsmassnahmen, allfälliger Wiedergutmachungs- und Instandsetzungsprogramme usw. ▪ Veranstaltungen für die interessierte Öffentlichkeit ▪ stets aktueller Internet-Auftritt	▪ Image erhalten und/oder korrigieren ▪ Vertrauen und Glaubwürdigkeit wiedergewinnen

Mittel der internen PR im Krisenfall

elektronische Mittel	*intern*	*extern*	*Vorteile/Nachteile*
Intranet/Internet	xxx	xxx	■ kurzfristige, rasche, breite Verbreitung
Extranet		xxx	■ übersichtliche Darstellung
E-Mail	xxx	xxx	■ kurzfristige, rasche Verbreitung
Telefon	x	x	■ persönliche Info ■ zeitintensiv
Veranstaltungen			
Informationsveranstaltung, Betriebinformation	xx		■ persönliche Information ■ kurzfristig möglich, wenn Infrastruktur da
Medienkonferenz		xxx	■ in zwei bis vier Stunden möglich, zeitliche Abläufe und weitere Vorgehensschritte müssen schnell kommuniziert werden.
Krisensitzung mit Behörden usw.		xxx	■ kurzfristig möglich
schriftliche Mittel			
Schwarzes Brett	xxx		■ kurzfristig einsetzbar ■ für jedermann ersichtlich
Managementletter	x		■ relativ viel Aufwand, zeitraubend
Mitarbeiterzeitung	x		■ relativ lange Produktionszeit

xxx hohe Priorität, xx zweite Priorität, x dritte Priorität

Umgang mit den Medien

Grundsätzliches

Medien als Partner und Informationsvermittler

Die Medien sind der wirkungsvollste, schnellste und zugleich kostengünstigste Kanal, um PR-Botschaften an ein Zielpublikum zu tragen. Im Instrumentarium der Public Relations nimmt die Medienarbeit deshalb einen entsprechend hohen Stellenwert ein. Folgerichtig schenken die Kommunikationsverantwortlichen in den Unternehmen und Organisationen den Medienschaffenden denn auch besondere Aufmerksamkeit als wichtige, zeitkritische Informationsvermittler und Partner.

Leider stören auch heute noch Vorurteile und Missverständnisse die Beziehungsebene zwischen Unternehmern und Medienschaffenden – und auch umgekehrt. Wer die Kontakte zu den Redaktionen, Journalisten und Reportern mit Professionalität und Umsicht pflegt, wird als Partner jedoch wahrgenommen und akzeptiert. Denn auch die Medien bilden Teil des Wissensmanagement einer Körperschaft, brauchen Daten, Informationen und Wissen, um den täglichen Informationsauftrag wahrnehmen zu können. Wer hingegen die Medien als «Feinde» betrachtet, wird den korrekten Umgang mit den Medienschaffenden nie finden können.

Ziel und Zweck der Zusammenarbeit

Versetzen Sie sich als Marketing-, Werbe- oder PR-Profi in die Lage eines Journalisten, der seiner täglichen Arbeit nachkommt. Stellen Sie sich also vor, dass

- der Dialog zu den für Sie relevanten Personen spielt
- die aktuellen, wichtigen Informationen regelmässig vermittelt werden
- Probleme mit Verständnis und Wissen präzisiert werden

- die Beantwortung von Fragen offen, klar und wahr erfolgt
- eine Vertrauensatmosphäre herrscht
- Sie sich auf Ihren Kommunikationspartner verlassen können.

Diese Situation würde wohl den kritischsten Journalisten zu bestem Journalismus beflügeln.

So sollte sich denn die Gestaltung der Medienarbeit auch vollziehen, um Erfolg zu erzielen.

Also

- keine «Einseifung»
- keine Aufdringlichkeit
- keine Drohung
- keine Bestechungsversuche

sondern einzig

- Professionalität
- Hartnäckigkeit
- Fairness

erlauben die Ziele der Medienarbeit zu erreichen:

Faire Berichterstattung → Bekanntheitsgrad → Image

Medienkategorien und ihre Arbeitsweisen

- *Radio meldet*
- *Fernsehen zeigt*
- *Zeitung erklärt*

Hören, sehen, wissen

Entsprechend ihrer Charakteristik gestalten sich die Bedürfnisse und Ansprüche der jeweiligen Medien unterschiedlich. Dies gilt es bei Aufbereitung von Medieninformationen zu berücksichtigen.

Printmedien

Medium	*Arbeitsweise*	*Besonderheit*
Tageszeitungen	■ lokal/regional, situations-, aktualitätsbezogen	■ Bilder, Headlines und Leads führen durch das Medium
Wochenzeitungen	■ themenbezogen	■ Hintergrundinformation macht das Medium interessant
Gratiszeitungen/Anzeiger	■ Informationsplattform	■ kleine Meldungen werden gerne gelesen
Publikumszeitschriften	■ themenbezogen	■ starke Leserbindung, breites Zielpublikum
Sonderbeilagen und Magazine	■ themenbezogen	■ Themen sind im Redaktionsplan vielfach bereits festgelegt (Inserateakquisition)
Special-Interest-Titel	■ überregional ■ fachbezogen	■ fachgebietsbezogene Titel für interessiertes Publikum, Auflage > 100’000 Ex.
Fachzeitschriften	■ branchen-, fach- und trendbezogen	■ Weiterbildungsmittel für Profis, Auflage < 100’000 Ex.
Verbands-, Kunden-, Personalzeitschriften	■ tätigkeitsbezogen	■ geschlossene Kreise, «closed circles» klar definierter Bereiche und Branchen
Elektronische Medien		
Nachrichtenagenturen	■ situations-, aktualitätsbezogen	■ Informationsplattform
Radio	■ lokal, regional, national ■ umfeldbezogen, aktualitätsbezogen	■ Kurzfristigkeit, Aktualität
Fernsehen	■ lokal, regional, national ■ umfeldbezogen, aktualitätsbezogen, themenbezogen	■ emotionsreich durch das Bild, das den Text in der Regel dominiert
Teletext	■ situations-, aktualitätsbezogen	■ bezieht News ebenfalls meist von Nachrichtenagenturen

Überlegungen bei der Wahl der geeigneten Medienveranstaltung

Die Medien berichten, was den Leser, Zuhörer, Zuschauer ihres Mediums interessiert. Deshalb gilt:

- Lange nicht alle Informationen, die für eine Organisation interessant sind, sind auch für die Medien bzw. die Medienkonsumenten interessant. Deshalb gilt: Medienvertreter nie unnötig zu Veranstaltungen aufbieten!
- Wenn eine Information genauso gut mittels Communiqué übermittelt werden kann, keine Pressekonferenzen einberufen!

Mögliche Themen für die Medienarbeit

- neue, neuartige Produkte
- neue Anwendungsmöglichkeiten der Produkte
- Neuanschaffungen (Maschinen, Anlagen, Produktionssysteme)
- Inbetriebnahme von Grossanlagen
- Jubiläen (Firma, Anzahl produzierte Einheiten, Ausstellungsbesucherzahlen usw.)
- neue Dienstleistungen (Beratung, Service, Liefermöglichkeiten, Lagerhaltung, Reparaturdienste)
- neue Vertretungen, Absatzkanäle
- Informationen über die Exporttätigkeit
- grosse Aufträge, bedeutende neue Kunden
- Dienstjubiläen, Beförderungen, Lehrabschlüsse usw.
- Veranstaltungen (Tag der offenen Tür, Firmensportanlässe usw.)
- personelle Veränderungen
- soziale Sonderleistungen
- Schaffung neuer Arbeitsplätze
- Rationalisierungsmassnahmen
- Umweltschutzmassnahmen (zum Beispiel gegen Emissionen wie Staub, Lärm usw.)
- Fusionen, Zusammenarbeitsverträge
- Neu-, Um- und Erweiterungsbauten für Produktion, Lager, Verwaltung
- Umzug, Eröffnung neuer Filialen, Zweigbetriebe
- Besuche in- und ausländischer Persönlichkeiten oder Experten
- Geschäftsgang, Jahresabschluss

Die Selektionskriterien[102]

Die Medienvertreter sind gezwungen, die Flut der eingehenden Mitteilungen auf die wichtigsten Informationen zu reduzieren. Dies geschieht in erster Linie nach folgenden Selektionskriterien:

- Neuigkeitswert
- Aktualität
- Faktizität (feststellbare Wirklichkeit)
- Informationswert für die Leser, Zuhörer, Zuschauer
- Statuswert (Prominenz, Repräsentation)
- Überraschungswert

Möglichkeiten zur Information der Medien

- Medien-/Pressekonferenzen (nur wenn Neuheit erklärungs- und zeigebedürftig)
- Medien-/Pressemitteilungen, Communiqués
- Medien-/Pressegespräche
- Medien-/Presseapéro
- Medien-/Presseseminare
- Medien-/Pressereisen usw.
- Besichtigungen (zum Beispiel am Produktionsstandort)
- Medien-/Pressedienst
- Stellungnahme von Persönlichkeiten aus der Wissenschaft (Artikel, Interviews)
- Informationen über verschiedene Aspekte des Produkts (Rohmaterial, Einsatz und Anwendungsmöglichkeiten usw.)
- PR-mässige Verwertung der Ergebnisse eines Wettbewerbs zur Einführung eines Produkts, einer Dienstleistung (Umweltschutzpreis, Innovationspreis, usw.

Arten und Zweck von Medienveranstaltungen

Die Wahl einer Veranstaltung wird von ihrem Zweck bestimmt.

102 Angela Kreis-Muzzulini, *Medienarbeit für soziale Projekte*, Frauenfeld, 2000

Art der Veranstaltung	*Gründe/Zweck*
■ Medienreise	Orts-, Produkte-, Produktionsgebundenheit
■ Medienkonferenz	Informationsweitergabe auf formeller Basis
■ Mediengespräch	Kontaktpflege auf informeller Basis
■ Medienapéro	Kontaktpflege auf informeller Basis
■ Medienseminar	Wissensvermehrung für (Fach)presse
■ Interview	häufig, vor allem von Radio und TV verwendete Form einer Informationsübermittlung

Inhalt und Aufbau von Mediencommuniqués

Ob die Redaktion ihre Mitteilung publiziert oder nicht, hängt zwar weitgehend vom Inhalt aber auch von deren Formulierung ab.

Checkliste Inhalt von Pressemitteilungen (Mediencommuniqués)

- keine werblichen Formulierungen
- zielgruppengerecht und medienkonform schreiben
- Neuigkeiten, keine verstaubten Geschichten
- sehr sparsame Verwendung von Produkte-/Firmennamen
- einfacher und verständlicher Schreibstil (vor allem bei kompliziertem Sachverhalt)
- Vorsicht mit Fach- und Fremdwörtern
- Achtung vor Superlativen
- einwandfreie Manuskripte (Rand für Korrekturen)
- Beantwortung der sechs Ws: *wer, was, wo, wann, wie, womit*
- Illustrationen, Fotos, Grafiken immer mit Legenden, Bildtitel, Adresse des Absenders versehen (am besten mit einer Rückseitenetikette, direkte Beschriftung kann verschmieren und das Bild zunichte machen)
- Absender, Koordinaten der verantwortlichen Person für Rückfragen
- Datum

Checkliste Aufbau von Pressemitteilungen (Mediencommuniqués)

- eventuell Sperrfristen am Anfang
  (Achtung: bei börsenrelevanten Inhalten dürften
  Sperrfristen kaum eingehalten werden!)
- aussagekräftiger Titel und Lead (Einleitung); sechs Ws,
  wichtigste Botschaft bereits in Titel und Lead enthalten
- kurzer, sachlich informierender, zielgruppenkonformer Text,
  alle wichtigen Fakten am Anfang,
  Folgesätze in abnehmender Reihenfolge;
  Detail-Informationen sind von zweitrangiger Bedeutung
- Details am Schluss
- bei Produkten: sachliche Beschreibungen von Funktionsweisen
  und Anwendungsmöglichkeiten, technische Daten,
  Anwender-/Verbrauchernutzen,
  besondere Vorteile gegenüber herkömmlichen Produkten,
  Dokumentation anhand von Fotos, Grafiken mit Legenden
- Ansprechpartner für eventuelle Rückfragen
- genaue Adresse des Unternehmens
  mit Telefon- und Faxnummer

Unterlagen für die Medien-Information

Checkliste Möglicher Inhalt einer Pressemappe

- Teilnehmerliste
- eventuell Inhaltsverzeichnis der Pressemappe
- Programm der Medienkonferenz
- Communiqué, in Kurz- und/oder Langfassung
- wenn möglich schriftliche Fassung der Referate
- technischer Beschrieb (eventuell Forschungsbericht)
- Fotos, Grafiken mit Legenden
  (kurzer Text mit Titel, Inhalt; Angaben Kontaktperson)
- wenn vorhanden: Produktprospekt, eventuell Produktmuster
- bedingt: Kurzporträt über Firma
  (eventuell Angaben über Produkteprogramm)
- Who is who im Unternehmen

Grundsatz der Beziehungen zwischen Medien- und PR-Schaffenden

- Beide Seiten sind bemüht, Transparenz (Öffentlichkeit) herzustellen.
- Konflikte entstehen nur dort, wo auf der einen oder anderen Seite unprofessionell gearbeitet wird.
- Der Erfolg hängt ab von der Qualität der persönlichen Kontakte, basierend auf gegenseitigem Vertrauen.

Checkliste Aufbau von Medienbeziehungen

Grundsätze und Kriterien

- Persönlicher Kontakt, Kontinuität, Ehrlichkeit, Offenheit schaffen ein Vertrauensverhältnis
- Umfassende Informationen
- Medienkonformes, aus Sicht der Redaktion, des Journalisten aufbereitetes und presseorgan-gerechtes Material unter Berücksichtigung der individuellen Bedürfnisse von Tageszeitung, Fachpresse, elektronischen Medien
- Attraktives Illustrationsmaterial
- Rechtzeitige, zeitgerechte Übermittlung der Informationsunterlagen an die Redaktionen
- Gleichbehandlung der Medienpartner

Organisation und Ablauf von Medienveranstaltungen

Gliederung nach Phasen

Im Sinn eines strukturierten, professionellen Vorgehens hat sich folgendes Vierphasenmodell bewährt:

1. Analyse-Phase
2. Vorbereitungsphase
3. Durchführungsphase
4. Phase nach der Veranstaltung (Follow-up)

Damit lassen sich die Aktivitäten übersichtlicher einteilen und besser planen, wie nachfolgendes Beispiel der Organisation einer Medienveranstaltung veranschaulicht.

Checkliste Organisation Medienveranstaltung

Aktivitäten	*Wer*	*Wann*	*Erl.*
1. Analyse-Phase			
■ Festlegen des Ziels der Medienkonferenz			
■ Festlegen der Themen (Aufhänger)			
■ Wahl der Redner			
■ Wahl/Abgrenzung der einzuladenden Medien			
■ Wahl der Journalisten (Chefredaktor, Ressortchef, Korrespondenten)			
■ Wahl von Ort, Zeit, Datum unter Berücksichtigung möglicher Parallelveranstaltungen, kantonaler und nationaler Feiertage			
2. Vorbereitungsphase			
■ Bestimmen und Anfragen der Redner, Abklären der gewünschten technischen Hilfmittel			
■ schriftliche Bestätigung an die Redner			
■ Reservation der Räumlichkeiten nach vorgängigem Rekognoszieren			
■ Reservation der Technik (Notebook, Beamer, Hellraumprojektor, Laserpointer, Videoabspielgerät, Bildschirm usw.)			
■ schriftliche Reservationsbestätigung der Räumlichkeiten und der technischen Hilfmittel			
■ Vorbereiten der Dokumentation, Pressemappe (Inhalt)			
■ Organisation der Logistik (Transport der Journalisten, Infrastruktur wie Telefon, Fax, Modem usw.)			
■ Vorbereitung der Akkreditierung, Akkreditierungsformular			
■ Empfang: Namensschilder, Teilnehmerlisten			
■ Catering: Apéro, Menüwahl			
■ Bestimmen und beauftragen eines Fotografen			
■ eventuell Präsent für die Medienvertreter, wenn im Zusammenhang mit Unternehmen und Botschaftsinhalt			
■ Auftrag an den Clipping-Dienst (zum Beispiel Argus, Mediagate, ZMS/PMA usw.)			
■ Einladungen 14 Tage vor dem Anlass, eventuell Vorausinformation an die Medien zur Terminreservation (inklusive telefonisches Nachfassen)			
■ Vorbereiten der eigentlichen Konferenz			
■ Generalprobe nach dem Grundsatz «Nichts dem Zufall überlassen» inklusive Soundcheck Mikrofon			

Aktivitäten	*Wer*	*Wann*	*Erl.*
▪ interne Information über den Medienanlass an die Mitarbeiter			
▪ Vorbereiten des Versandes der von abgemeldeten Medienvertretern bestellten Dossiers			
3. Durchführungsphase			
▪ Empfang, Registrierung, Abgabe der Pressemappe			
▪ Begrüssung, Vorstellung der Redner			
▪ Reden/Referate			
▪ Fragen, Antworten, Diskussion, Schluss			
▪ Verdanken der Teilnahme an der Medienkonferenz			
▪ eventuell Besichtigungen, Demonstrationen			
▪ Rahmenbedingungen: Apéro, Imbiss, Mahlzeit			
▪ eventuell Organisation von Spezial-Interviews			
4. Follow-up-Phase			
▪ Versand der Pressemappe an nicht erschienene Medienvertreter			
▪ Erstellen einer Dokumentation von Presseausschnitten (Pressespiegel)			
▪ Auswertungsdokumentation			
▪ Schlussbericht, Folgerungen, Empfehlungen für künftige Anlässe			

Reaktion auf positive und negative Berichterstattungen in den Medien

Darf und, wenn ja, wie soll auf positive oder negative Medienberichterstattung reagiert werden?

Positive Berichterstattungen

Haben Sie sich über einen positiven Bericht gefreut, darf dies dem betreffenden Journalisten ohne Zögern in ein paar Zeilen mitgeteilt werden. Auch Journalisten freuen sich über eine Anerkennung ihrer Arbeit! Senden Sie dem Chefredaktor gleichzeitig eine Kopie Ihres Schreibens.

Negative Berichterstattungen

Wenn Sie mit der journalistischen Leistung nicht zufrieden sind, beachten Sie folgende Regeln:

1. Ruhe bewahren – analysieren – überlegen – handeln

Auch wenn die Emotionen hochgehen: Unüberlegte Spontanreaktionen schaden mehr, als dass sie nützen. Eine genaue Analyse, weshalb es zu dieser negativen Berichterstattung kommen konnte, ist die Basis für zukünftige Kontakte:

- Enthält der Bericht gravierende Unrichtigkeiten oder Fehler?
- Ist der Bericht unvollständig?
- Könnte ein Missverständnis zum negativen Bericht beigetragen haben?
- Ist der Bericht als tendenziös zu bezeichnen?
- Wurden Sie bzw. Ihre Aussagen falsch verstanden?
- Haben Sie sich unklar ausgedrückt?
- Könnte auch der Inhalt der abgegebenen Unterlagen missverstanden worden sein?

2. Keine Reaktion bei sachlich richtigen, jedoch unfreundlichen, negativen Berichten

Gemäss der gesetzlich festgehaltenen journalistischen Freiheit kann dem Medienschaffenden weder sein Stil noch seine persönliche Meinung oder Wertung vorgehalten werden, solange der Inhalt des Beitrages sachlich richtig ist. Wenn der Beitrag zwar sachlich richtig, jedoch unfreundlich oder negativ ausfällt, empfiehlt sich die Beherzigung des Grundsatzes: «Es lohnt sich in der Regel nicht, über persönliche Ansichten zu streiten.»

3. Reaktionsmöglichkeiten bei gravierenden sachlichen Unrichtigkeiten oder falschen, unwahren Behauptungen

Bei geringfügigen Unrichtigkeiten oder unpräzisen Formulierungen lohnt sich eine Berichtigung in der Regel kaum. In solchen Fällen denken Sie daran: «Nichts ist so alt wie die Zeitung von gestern!» Enthält der Medienbericht jedoch gravierende sachliche Unrichtigkeiten, Unwahrheiten oder falsche Behauptungen, stehen grundsätzlich folgende drei Möglichkeiten offen:

- Die Berichtigung
- Die Gegendarstellung
- Der Leserbrief

In diesem Fall dient ein sachliches Argumentarium mit Fakten und Daten, welche die Behauptung widerlegen, als hilfreiches Instrument. Meistens können die Probleme durch den persönlichen Kontakt im Gespräch mit dem betreffenden Journalisten oder bei dessen Unerreichbarkeit mit dem Chefredaktoren geklärt werden. Denn die Redaktionen sind grundsätzlich bereit, intern verursachte Fehler zu korrigieren.

- *Die Berichtigung:* Als einfachste und schnellste Möglichkeit, eine falsche Berichterstattung zu korrigieren, gilt die Berichtigung. Der Fehler kann der Redaktion telefonisch oder schriftlich gemeldet werden. Ist er offensichtlich, wird jede Redaktion auf eine Berichtigung eingehen.
- *Die Gegendarstellung:* Das Recht auf Gegendarstellung wurde am 1. Juli 1987 eingeführt und ist im Schweizerischen Zivilgesetzbuch (ZGB) unter Artikel 28ff. verankert. Gebrauch davon kann machen, wer durch einen Bericht in Presse, Radio und Fernsehen in seiner Persönlichkeit unmittelbar, direkt und persönlich betroffen ist. Als gegendarstellungspflichtig gelten nur Tatsachenbehauptungen, nicht jedoch Wertungen von Journalisten. Erkundigen Sie sich unmittelbar nach der Veröffentlichung des beanstandeten Berichts nach den geltenden internen Richtlinien der jeweiligen Presseorgane. Wichtig: Eine Gegendarstellung ist in jedem Fall schriftlich einzureichen!
- *Der Leserbrief:* In einem Leserbrief sind Meinungsäusserungen und Kommentare zu Wertungen gestattet. Im Unterschied zur Gegendarstellung können sich mit diesem Instrument auch nicht unmittelbar Betroffene äussern.

Muster elektronische Medieneinladung per OTS (Original Text Service)

Einladung zur Medienorientierung über den Namen und das Erscheinungsbild der neuen nationalen Schweizer Fluggesellschaft

Donnerstag, 31. Januar 2002, 10:30 Uhr, Basel
(Detaillierte Ortsangabe erfolgt nach der Anmeldung)

Sehr geehrte Damen und Herren

Die Zeit des Spekulierens ist zu Ende. Am Donnerstag, 31. Januar 2002, wird der Öffentlichkeit der Name der neuen nationalen Airline der Schweiz bekannt gegeben – und gezeigt, was in Zukunft weltweit der Standard für «civilised aviation» sein wird.

Wir freuen uns, Sie zu diesem für die Schweizer Zivilluftfahrt wichtigen Moment einzuladen.

Bitte verwenden Sie den beiliegenden Talon für Ihre Anmeldung und Interviewwünsche. Im Medienraum stehen Ihnen PCs, Faxgeräte und Modemanschlüsse zur Verfügung. Wir bitten die TV-Medien, uns Ihre speziellen Bedürfnisse frühzeitig bekannt zu geben.

Für Fragen steht Ihnen
Johanna Wyhnanek
Tel. +41/61/325 72 98
zur Verfügung.

Programm:

10.30 Uhr	Eintreffen der Gäste
11.00 Uhr	Beginn der Medienkonferenz Präsentation der neuen Airline anschliessend Diskussion, Interviews
13.30 Uhr	Ende

Wir freuen uns bereits heute,
Sie als unseren Gast begrüssen zu dürfen.

Freundliche Grüsse
CROSSAIR AG
Corporate Communications

ots Originaltext: Crossair
Internet: www.newsaktuell.ch
Kontakt: siehe oben

Medienkonferenz CROSSAIR
Donnerstag, 31. Januar 2002

Anmeldung

Aus Gründen der Flughafensicherheit bitten wir Sie, alle Angaben vollständig auszufüllen:

Name/Vorname

Geburtsdatum

Nationalität

Media

Adresse

PLZ/Ort

Telefon

Fax

E-Mail

Medium: ☐ Print ☐ TV ☐ Radio ☐ Online

Interviewwunsch mit:
André Dosé, CEO der Crossair ☐
Arjen Pen, Vice-President Sales & Marketing, Crossair ☐
Tyler Brûlé, Art Director Wink Media ☐

Ich nehme an der Medienkonferenz der Crossair am 31. Januar 2002 teil ☐

Ich benötige folgende technische Voraussetzungen:

Bitte senden Sie uns die Anmeldung bis spätestens Dienstag, 29. Januar 2002, an folgende Adresse:

CROSSAIR, Corporate Communications
Felipe Bebié
Fax +41/(0)61/325 35 54, E-Mail: befe@crossair.ch

Zusammenarbeit mit internen und/oder externen PR-Fachleuten

Gründe für eine Zusammenarbeit mit internen/externen PR-Fachleuten

Oft sehen sich Unternehmen dazu veranlasst, einen externen Kommunikationsberater beizuziehen. Gründe dazu gibt es viele:

- Fehlende eigene personelle Kapazität
- Komplexität der Materie
- Betriebsblindheit
- Abstimmung mit globaler PR-Strategie
- Fehlendes Netzwerk (Lobbying)
- Know-how
- Abgrenzung und Koordination Unternehmens-PR/ Product PR
- Berücksichtigung von länderspezifischen Problemlösungen

Formen der Zusammenarbeit mit PR-Fachleuten

In der Schweiz gehören folgende juristischen Vertragsverhältnisse zu den Gebräuchlichsten:

- *Der Werkvertrag* (Art. 363–379 OR)
  Er kommt vor allem für die Herstellung von «Werken» (konkrete Werbe-/PR-Mittel wie Broschüren, Prospekte, Plakate, Inserate usw.) zur Anwendung. Beim Werkvertrag wird ein Resultat versprochen. Ausser der Definition des zu erreichenden Resultates erteilt der «Werkbesteller» kaum weitere Weisungen an den Werkvertragsnehmer.
- *Der Auftrag* (Einfacher Auftrag nach Art. 394–406 OR).
  Er wird insbesondere als rechtliche Grundlage bei der «Besorgung von Geschäften», zum Beispiel für eine Beratungstätig-

keit angewendet. Das Schwergewicht liegt bei der sorgfältigen Ausübung der Mandatstätigkeit. Typisch für diese Art Auftragsverhältnis ist hier das besondere Vertrauensverhältnis und die Art und Weise der Auftragsgestaltung mit konkreten Weisungen. Als verbindliche Bestellung gilt bereits die schriftliche Offerte des Auftragsnehmers, wenn diese nicht sofort abgelehnt worden ist (OR, Art. 395).

- *Zusammenarbeitsvertrag*
  Als häufige Form gilt hierzulande auch der Zusammenarbeitsvertrag zwischen Agentur (Auftragnehmer) und Unternehmen (Auftraggeber). Basis dazu bilden die schriftlichen Unterlagen der Agenturverbände:
  – Zusammenarbeit mit Werbeagenturen, zum Beispiel gemäss Arbeits- und Honorargrundsätzen des BSW (Bund Schweizerischer Werbeagenturen) bzw. ASW (Allianz Schweizer Werbeagenturen)
  – Zusammenarbeit mit PR-Agenturen, zum Beispiel gemäss Arbeits- und Honorargrundsätzen des BPRA (Bund der Public Relations Agenturen der Schweiz)

  Die Auftragsvergabe erfolgt in der Regel je nach Vereinbarung
  – projektweise (pro Projekt, nach Budget und/oder nach Offerte)
  – etatweise (Teil- oder Gesamt-Etat)

Beendigung des Vertragsverhältnisses

- *Im Recht des Werkvertrages* (Art. 377 OR):
  Solange das Werk unvollendet ist, kann der Besteller gegen Vergütung der bereits geleisteten Arbeit und gegen volle Schadloshaltung des Unternehmers jederzeit vom Vertrag zurücktreten.

- *Im Recht des Auftragsvertrages* (Art. 404 OR):
  Der Auftrag kann von jedem Vertragspartner jederzeit widerrufen oder gekündigt werden. Erfolgt dies jedoch zur Unzeit, ist der zurücktretende Partner zum Ersatz des dem anderen verursachten Schadens verpflichtet.

Checkliste Evaluation einer PR-Agentur

Kriterien für die Auswahl/Beurteilung einer PR-Agentur

Mitbestimmend beziehungsweise beeinflussend für die Wahl einer PR-Agentur können beispielsweise sein:

- Standort, Rechtsform, Gründungsjahr
- Persönliche bestehende Beziehung zwischen Unternehmen und Agentur
- Inhaber, Geschäftsleitung, Verwaltungsrat
- Bekanntheit der Agentur
- Branchenerfahrung, Spezialitäten der Agentur, besondere Stärken, Schwächen
- Agentur-Philosophie
- Agentur-Ziele
- Agenturstruktur/Agenturgrösse
- Arbeitsweise der Agentur
- Termintreue, Budgettreue
- Agenturpreise/Honoraransätze
- Anzahl feste Mitarbeiter (Kapazität)
- Anzahl freie Mitarbeiter (Text, Übersetzung, Grafik, Foto usw.)
- Profil der Mitarbeiter
- Mitarbeiterfluktuation
- Ausbildung/Erfahrungen der leitenden Mitarbeiter
- Politische Ausrichtung der Agentur
- Kundenliste, Referenzen
- Anzahl und Struktur der Mandate
- Internationale Verbindungen (Internationales Netzwerk)
- Nationales Netzwerk; Verbindungen zur Westschweiz, zum Tessin
- Kontakte zu den Medien, zu Meinungsbildnern in bestimmten Bereichen und Branchen
- Technische Infrastruktur
- Verantwortliche Person für die Mandatsleitung
- Stellung des Mandatsleiters in der Agentur
- Dauer des aktuellen Anstellungsverhältnisses
- Ausbildung/Erfahrungen des Mandatsleiters
- Geografischer Standort der Agentur

- für Public Relations: eventuell Mitgliedschaft im BPRA (Bund der PR-Agenturen der Schweiz) oder für PR-Fachleute im BR/SPRG (Berufsregister der SPRG)
- für Werbung: eventuell Mitgliedschaft im BSW (Bund Schweizerischer Werbeagenturen) bzw. im ASW (Allianz Schweizer Werbeagenturen)

Beispiele des Agentur-Selektionsverfahrens

Welches Vorgehen zur Selektion der besten Agentur auch immer gewählt wird: Es gilt der Grundsatz «Je sorgfältiger die Evaluation, desto grösser die Chance einer längerfristigen, vertrauensvollen Zusammenarbeit und Partnerschaft.»

Die Schritte des herkömmlichen Selektionsverfahrens

1. *Vorselektion: Eigenes Beobachten des Marktes*
   Der Auftraggeber merkt sich die Agenturen von Kampagnen, die er sich bezüglich Stil und Haltung ebenfalls für das eigene Unternehmen vorstellen kann. Mit den entsprechenden Agenturen nimmt er Kontakt auf. Für eine effiziente Vorselektion empfiehlt es sich, nicht mehr als sechs Agenturen auszuwählen.

2. *Bilden eines Entscheidungsteams*
   Ein möglichst kleines, kompetentes Team, vorzugsweise zusammengesetzt aus Personen der Geschäftsleitung, der Kommunikation und des Marketings, bildet das Entscheidungsgremium.

3. *Erstellen eines Briefings/Fragenkataloges*
   Ausarbeiten eines Briefings für die in Frage kommenden Agenturen (Situation/Problem, Zielsetzung, Zielgruppen, Termine, eventuell Budget, Kontaktpersonen/Verantwortlichkeiten usw.) In einem Fragenkatalog ergründen Sie, was Sie von der Agentur erwarten, welche Bedingungen (Auswahlkriterien) erfüllt sein müssen.

4. *Erstes Gespräch mit den Agenturen*
   Einladung der in Frage kommenden Agenturen zu einer Agenturpräsentation beim Auftraggeber (Vorstellen der Agentur vor den Unternehmensverantwortlichen).
   Mit Vorteil erläutert der Auftraggeber während dieses ersten Gesprächs der Agentur die Ausgangslage und die Problemstellung (Briefing). Vielleicht reduziert sich der Kreis der möglichen Agenturen bereits anhand dieses Gesprächs.

5. *Erste Auswahl*
   Ein Vorentscheid kann den Kreis aufgrund der ersten Gesprächsresultate zumeist auf zwei bis vier Agenturen reduzieren. Die ausgeschiedenen Agenturen erhalten eine begründete, schriftliche Absage.

6. *Zweites Gespräch mit den verbliebenen Agenturen*
   Einladung der verbleibenden Agenturen zu einem weiteren Gespräch in der Agentur zum Gedankenaustausch zwischen Agentur und Auftraggeber. Die Agentur legt ihre Gedanken zur Problemstellung dar und wie sie an die Lösung eines solchen Auftrags herangehen würde. Dieses Gespräch findet mit Vorteil am Sitz der Agentur statt, um diese vor Ort zu begutachten und den möglichen Projektleiter kennen zu lernen. Anlässlich dieses zweiten Gesprächs kann die Agentur ihre Leistungsfähigkeit zum Beispiel anhand ausgeführter Projekte unter Beweis stellen. Ausserdem kommen die mögliche Zusammenarbeitsform und die Honorarordnung zur Sprache.

Endauswahl

Als Beurteilungshilfe kann ein Polaritätsprofil der menschlichen und fachlichen Qualitäten dienen. Denn wichtigster Zusammenarbeitsfaktor ist die innere Übereinstimmung der Geschäftspartner. Trotz schriftlich begründeter Entscheide und Absichtserklärungen bleibt jedoch offen, ob und wann Sie wieder vor einem neuen Agentur-Selektionsverfahren stehen. Schliesslich ist nichts so beständig wie der Wandel.

Das Selektionsverfahren mittels reinen Konkurrenzpräsentationen eignet sich für längerfristige und ganzheitliche Kommunikationskonzepte kaum, denn Vertrauen, Partnerschaft, Kontinuität entstehen erst durch eine länger dauernde, enge Zusammenarbeit. Ein weiterer Nachteil bilden die relativ hohen Kosten, die ein derartiges Verfahren verursacht. Und ausserdem: Kommunikationsleistungen sind keine Ware, die sich wie Büromaterial einkaufen lässt.

Das Werkstatt-Rezept – ein weiteres Selektionsverfahren

Ein weiteres Modell der Agenturselektion hat der Schweizer Kommunikationsspezialist Peter P. Knobel aufgrund seiner langjährigen Erfahrung mit anforderungsreichen Anfragen potenzieller Auftraggeber entwickelt.

Das Agenturselektionsverfahren nach dem Werkstatt-Rezept[103]

Phase 1: Der erste Eindruck
Die erste Auswahl der geeignetsten PR-Agenturen erfolgt am besten über die Sichtung einiger unter der Internetadresse www.swiss-pr.ch abrufbaren Agentur-Websites. Einen ersten persönlichen Eindruck bringt der Besuch der ausgewählten PR-Agenturen. Vor der Terminvereinbarung werden dem jeweiligen Agenturleiter sechs kritische Fragen gestellt, die aufzeigen sollen, ob sich ein Agenturbesuch lohnt:

1. Was betrachtet die Agentur als ihre Kernkompetenz?
2. Mit welchen anderen PR-Agenturen vergleicht bzw. misst sich die Agentur?
3. Hat die Agentur aktuelle Erfahrungen auf Ihrem Fachgebiet, für welches Sie PR-Support benötigen?
4. Arbeitet die Agentur auf diesem Fachgebiet derzeit für einen Ihrer Konkurrenten?
5. Kann die Agentur die benötigte personelle Kapazität kurz- und auch mittelfristig zur Verfügung stellen?
6. Weshalb hat die Agentur freie Kapazität?

103 Peter P. Knobel, CEO der Dr. Peter P. Knobel AG, Public Relations Consultants BPRA, Zug. Die 1987 gegründete Agentur ist Exclusive Swiss Associate von Hill & Knowlton.

Phase 2: Der persönliche Besuch
Der Besuch am Geschäftssitz der Agentur bringt Aufschluss über deren Selbstverständnis, Unternehmenskultur und Stil. Zudem wird ein Eindruck über die interne Organisation, die Dokumentation, die Infrastruktur und die finanzielle Situation vermittelt.

Ein Rundgang durch die Agentur soll Folgendes beantworten:

- Stehen hinter der Anordnung der Infrastruktur klare organisatorische und konzeptionelle Prinzipien?
- Ist die Infrastruktur neueren Datums?
- Wie führt die Agentur ihre Mandatsdokumentationen?
- Wie reagieren die Mitarbeiter auf den Besuch?
- Auf welchen Praxisfall aus den letzten zwei Jahren ist die Agentur besonders stolz?
- Sind die dafür verantwortlichen Mitarbeiter noch «on board»?

Der Besucher fragt nach einer Konkurrenzpräsentation, welche die Agentur in den letzten zwölf Monaten erarbeitet, aber nicht gewonnen hat und lässt sich den vermeintlichen Grund der Absage erörtern.

Innert Wochenfrist nach dem Besuch erhalten die drei in der engeren Wahl stehenden PR-Agenturen die Einladung zu einem Werkstattgespräch mit der zusätzlichen Ankündigung eines Briefings. Allen anderen PR-Agenturen wird eine schriftlich begründete Absage erteilt.

Phase 3: Das Werkstattgespräch
Im detaillierten und präzise formulierten Briefing zum Werkstattgespräch wird die PR-Agentur dazu aufgefordert, innert dreier Wochen in Form eines Berichts die fünfzig untenstehenden Fragen zu beantworten. Eine Woche nach dem Einreichungstermin finden am Geschäftssitz des potenziellen Auftraggebers in Anwesenheit des eigenen gut vorbereiteten Projektteams am selben Tag alle Werkstattgespräche mit den drei ausgewählten Agenturen statt. Erwartet wird die Teilnahme des vollständigen Agentur-Projektteams, welches die aus seiner Sicht wesentlichen Aussagen aus dem Fragenkatalog präsentiert. Nutzt ein potenzieller Auftraggeber das Werkstattgespräch gut, um bei all jenen Fragen, die vage oder unzureichend beantwortet wurden, kritisch nachzufassen, lässt sich die bestmögliche Agentur problemlos finden.

50 Fragen, welche die Spreu vom Weizen trennen

Zur Kompetenz und Motivation

1. Worin bestehen das einschlägige Know-how und der Erfahrungsnachweis, den die Agentur in das anstehende Mandat einbringen will?
2. Weshalb will die Agentur gerade das fragliche Mandat dazu gewinnen?
3. Gibt es keinen Konflikt zu bestehenden Kunden der Agentur?
4. Was hat die Agentur am potenziellen Mandanten besonders beeindruckt?
5. Was hat die Agentur im Zusammenhang mit dem potenziellen Mandanten verunsichert?
6. Wie will sich die Agentur möglichst effizient und lebensnah in die Kultur des potenziellen Auftraggebers einarbeiten?

Zur Mandatsführung

7. Wie viele PR-Beraterinnen und -Berater beschäftigt die Agentur in einer Vollzeitanstellung?
8. Seit wann ist der vorgesehene Mandatsleiter bereits bei der PR-Agentur tätig?
9. Worin besteht seither seine herausragendste Leistung?
10. Für welche Mandate trägt dieser Mandatsleiter derzeit die operative Verantwortung? Bei welchen weiteren Projektteams ist er involviert?
11. Welcher Mandant ist bereit, eine persönliche Referenz für den vorgesehenen Mandatsleiter abzugeben?
12. Weshalb hat der für das Mandat vorgesehene Mandatsleiter gerade derart viel freie Kapazität?
13. Welche Aufgaben wird der Agenturleiter im Rahmen des Mandats wahrnehmen?
14. Wie kann der Mandant jeweils sicher gehen, dass die Agentur die ihr übertragene Aufgabe richtig verstanden hat?
15. Wie nimmt die Agentur einen periodischen Leistungsnachweis vor?

Zur Kreativität

16. Welche Mittel, Methoden und Instrumente setzt die Agentur ein, um überdurchschnittlich kreative Lösungen zu finden?
17. Kann die PR-Agentur ein Beispiel für eine ungewöhnlich kreative Lösung, die sie umgesetzt hat, nennen?
18. Wie hält es die PR-Agentur mit den Urheberrechten?

Zur Qualitätssicherung

19. Welche zehn Messpunkte sichern die Qualität der Agenturleistungen ab?
20. Verfügt die PR-Agentur über ein Qualitätsmanagement nach ISO-Standard?
21. Wie viel investiert die Agentur in Schweizer Franken im laufenden Jahr für Aus- und Weiterbildung ihrer Mitarbeiter? Worin besteht diese Investition?
22. Wie sichert die PR-Agentur den Verbleib ihrer fähigsten Mitarbeiterinnen und Mitarbeiter im Unternehmen ab?
23. Nach welchen Kriterien erhalten die PR-Beraterinnen und -Berater der Agentur ihren Bonus?

Zur Medienarbeit

24. Mit welchen Journalisten, die für den potenziellen Auftraggeber wertvoll sein könnten, hat die Agentur in den letzten vier Wochen einen persönlichen Kontakt gepflegt?
25. Wer würde die PR-Texte verfassen, welche der potenzielle Auftraggeber benötigt?
26. Wie ist die Mediendatenbank der Agentur strukturiert? Nach welchen Kriterien lassen sich die Medien daraus auswählen?
27. Bezahlt die PR-Agentur Journalisten dafür, dass sie eine Medienmitteilung redaktionell aufnehmen?

Zur Kostenstruktur und zu den Kostenfolgen

28. In welcher Kostentransparenz erfolgt der Leistungsnachweis?
29. Ist die Agentur bereit, Pauschalen für bestimmte Leistungen zu vereinbaren?
30. Ist die Agentur bereit, auf Erfolgsbasis zu arbeiten?
31. Welche Leistungen sind in einem monatlichen Retainer eingeschlossen? Wie hoch kommt ein derartiger Retainer zu stehen?
32. Wie viel bezahlt der Mandant dafür, dass die Agentur Standby-Kapazität für ihn frei hält?
33. Wie viel ist für einen monatlichen Pressedienst aufzuwenden?
34. Wie hoch bemisst sich das Agenturhonorar für eine nationale Medienkonferenz?
35. Wie hoch für einen quartalsweise erscheinenden Newsletter von vier Seiten Umfang?
36. Was kostet das Ghostwriting eines Referats von 20 Minuten Dauer?

Zur Mandatsstruktur

37. Wie viel tragen die drei grössten Mandate zum gesamten Honorarertrag der Agentur bei?
38. Mit wie vielen Mandanten erzielt die PR-Agentur die ersten 50 Prozent ihres Honorarertrags?
39. Welchen Honorarertrag erzielt die Agentur pro Mitarbeiter?
40. Welchen Honorarertrag in CHF hat die PR-Agentur seit Jahresbeginn erzielt?
41. Welchen Anteil trugen die seit Jahresbeginn neu dazu gewonnenen Mandate zum gesamten Honorarertrag seit Jahresbeginn bei?
42. Wie viele Mandate betreut die PR-Agentur seit drei Jahren oder länger? Welchen Anteil trugen diese Mandate zum gesamten Honorarertrag im letzten Berichtsjahr bei?
43. Welche Mandate hat die Agentur in den letzten zwölf Monaten neu dazu gewonnen?
44. Welche Mandate hat die Agentur in den letzten zwölf Monaten verloren und weshalb?
45. Wie stark und wodurch will die Agentur im laufenden Jahr wachsen?

Zur Positionierung der PR-Agentur

46. Wie ist das anteilmässige Verhältnis Beratung: Assistenz?
47. Wie lauten die Auswahlkriterien der Agentur zur Einstellung einer PR-Beraterin bzw. eines PR-Beraters?
48. Wie heissen die drei schärfsten Konkurrenten der PR-Agentur und weshalb empfindet die Agentur diese als ihre schärfsten Konkurrenten?
49. Worin unterscheidet sich die PR-Agentur von diesen Agenturen?
50. Womit begründet die PR-Agentur ihre Kernkompetenz?

Das Briefing

Zum Begriff

«Briefing»: (engl. *to brief*: beauftragen, informieren). Das Briefing definiert Inhalt und Umfang eines Auftrags, welche in der Regel in einem Briefinggespräch zwischen Auftraggeber (zum Beispiel Kunde) und Auftragnehmer (PR-Agentur) erläutert werden. Dabei gilt die Devise: Je komplexer der Auftrag, desto umfassender das Briefinggespräch. Das Briefing ist wesentlicher Bestandteil der Situationsanalyse und der Zielformulierung im Rahmen eines Problemlösungsprozesses.

Nur ein sachgerecht und umfassend informierter Auftragnehmer ist in der Lage, sich in den Auftraggeber einzufühlen und entsprechende Arbeit zu leisten.

▶ Die Qualität des Briefings bestimmt den Erfolg oder Misserfolg der Zusammenarbeit zwischen Auftraggeber und Auftragnehmer.

Ziel und Zweck des Briefings

Das Briefing enthält zugleich Hintergrundinformation und Auftragsinput. Es dient dem externen Berater deshalb als Basis für die Entwicklung von kreativen Strategien und Lösungsansätzen und zur Erarbeitung einer Offerte.[104] Ein Briefing sollte deshalb lückenlose Information über folgende Aspekte enthalten:

- Hintergrundinformation zu Unternehmen und Projekt
- Bisherige Anstrengungen
- Unternehmens- und PR-Ziele
- Termine
- Rahmen des Kommunikationsbudgets

Briefing-Aufbau

1. *Situationsanalyse*
   - Wie ist die Situation heute? (z. B. Bekanntheit, Image)
   - Stärken und Schwächen der heutigen Situation?

104 vgl. Kapitel *PR-Budgetierung*, S. 137

- Ausmass der zu bearbeitenden Situation?
- Welches sind die zu berücksichtigenden Einflussfaktoren?
- Bestehen realistische Lösungsansätze? Welche?
- Was passiert, wenn nichts geschieht?
- Werden die möglichen Lösungsansätze auf Akzeptanz stossen?

usw.

2. *Zielformulierung*
   - Was soll erreicht bzw. vermieden werden?
   - Welche wichtigen qualitativen Merkmale sollen bei der Bearbeitung des Auftrags berücksichtigt werden? Zum Beispiel
     - Wirtschaftlichkeit
     - Qualität der Dienstleistungen
     - Benutzerfreundlichkeit
     - Gesamtnutzen

3. *Zielgruppen, Randbedingungen, Verantwortlichkeiten, Auftrag*
   - Welche Bezugs-/Zielgruppen sollen angesprochen werden?
   - Wie lauten die Randbedingungen? Zum Beispiel
     - Unternehmenspolitik
     - Kommunikationspolitik
     - Marketingpolitik
     - Termine
     - Budget
     - Personalbedarf
   - Wie sind die Verantwortlichkeiten geregelt?
   - Wie lautet der Auftrag an die Agentur (mit Terminangaben)?

Aufgabe des Auftragnehmers (zum Beispiel der Agentur)

In einer Antwort auf das Briefing zeigt der Auftragnehmer auf, welche Ziele mit welchen Kommunikationsmitteln innerhalb welcher Zeit und im Rahmen des vorgegebenen Budgets erreicht werden können (Formulierung des Auftrages).

Beispiel eines Briefings an interne/externe PR-Fachleute

Motto: Je präziser das Briefing, desto erfolgreicher die Umsetzung des Auftrages!

Briefinginhalt	*Beispiel*
Ausgangslage, Problem	■ Produktqualität und Serviceleistung eines Unternehmens wurden wiederholt in der Fachzeitschrift X kritisiert.
Folgerungen	■ Imageverlust, Umsatzrückgang
Zielsetzung	■ Richtigstellung, Wiederherstellung des guten Rufs
betroffene Zielgruppen	■ Kunden, Leser der Fachzeitschrift X, interne Mitarbeiter
geografische Dimension	■ Schweiz
Was wurde bisher unternommen?	■ Gespräch mit Redaktion Fachzeitschrift ohne Erfolg
Auftrag, Timing	■ Einleitung von Sofortmassnahmen und ersten Schritten ■ Erarbeitung eines längerfristigen Konzepts
Budget	■ wird im Konzept nach eigenen Berechnungen vorgeschlagen
Kontaktpersonen	■ Max Muster, Stv. Susanne Sample, Adresse, Telefon, E-Mail

Checkliste: Briefing für eine Konkurrenz-Präsentation

Informationen über den Auftraggeber bzw. das zu vergebende Projekt

- Marktumfeld, inklusive Wettbewerbssituation
- Unternehmensstrategie
- Unternehmensziele, kurz- mittel- und langfristig
- Unternehmensstruktur
- Marktposition
- aktuelle Projekte des Auftraggebers, die für die Präsentation relevant sein können
- Ressourcen, die für das zu vergebende Projekt bereitgestellt worden sind (personelles und finanzielles Budgetdach)
- Rolle des PR-Dienstleisters, welcher die Präsentation gewinnt, im zukünftigen Projekt (Dimension und Ausprägung des zu erwartenden Auftrages)

Aufgabenstellung der Präsentation

- detaillierte Beschreibung dessen, was die PR-Dienstleister einzureichen haben (Inhalt = eigentliche Aufgabe)
- detaillierte Beschreibung, wie die Lösung zu präsentieren ist (Form)
- zusätzliche Anforderungen an die Präsentation, zum Beispiel
  - «Beiblatt mit Auflistung und Beschreibung der Ansprechpartner der Agentur, die sich mit dem Mandat beschäftigen werden»
  - «Einreichung eines Richtbudgets für Konzeption und Umsetzung»
  - «Gleichzeitige Einreichung der Honorarrechnung für die Präsentation»

Checkliste: Vertrag mit einem PR-Dienstleister[105]

Gegenstand und Dauer des Vertrages

- beteiligte Vertragspartner
- Dauer des Auftrages, Kündigungsfristen und Modalitäten

Arbeitsumfang

- detaillierte Angaben über das vereinbarte PR-Programm oder PR-Projekt
- Was ist zu tun, wenn der Auftrag abgeändert wird? (Sonderprojekte)
- Regelung für Reporting des Projektfortschritts
- Regelung für Reporting der Kostenentwicklung (Informationspflicht bei Erreichen von definierten Budget-Meilensteinen bzw. bei Absehbarkeit von Budget-Überschreitungen)

Vertraulichkeit/Geheimhaltung

- inklusive Fortdauer der Geheimhaltungspflicht auch nach Ende der Vertragsdauer

Konkurrenzklausel

- sowohl für Auftraggeber als auch für Auftragnehmer

Allfällige Sonderprojekte

- schriftliche Regelung betreffend Sonderprojekte; denn diese bieten oft Anlass zu Problemen, insbesondere wenn Projekte – gewollt oder ungewollt – eine Eigendynamik entwickeln und umfangreicher beziehungsweise teurer zu stehen kommen als ursprünglich budgetiert

105 siehe auch den Mustervertrag des BPRA im Anhang, S. 335 ff.

Honorierung

- Art und Anwendung der Honoraransätze
- Richtlinien für die Transparenz bei der Rechnungsstellung
- Rechnungsintervall und Zahlungsmodalitäten

Fremdleistungen

- Kompetenzregelungen, welche Fremdleistungen autonom und welche nur nach Rücksprache mit dem Auftraggeber bestellt werden dürfen
- allfällige weitere Auflagen des Aufraggebers
- Weiterverrechnungen an den Auftraggeber bzw. direkte Bezahlung durch den Auftraggeber

Urheber- und Nutzungsrechte

- Zur Vermeidung von späteren Streitigkeiten ist die detaillierte schriftliche Vereinbarung der Urheber- und Nutzungsrechte wichtig.

Allgemeines

- Empfehlenswert ist die Einfügung einer Klausel, welche für sämtliche Aufträge zwischen Auftraggeber und PR-Dienstleister die schriftliche Form vorschreibt. Dies gilt ebenso für Änderungen und Ergänzungen des Vertrages (Sonderprojekte).
- Gerichtsstand
- Ort, Datum, Unterschrift

Rechtliche Aspekte in der PR-Arbeit

Tipps zur Vermeidung rechtlicher Auseinandersetzungen

Durch die ständige Entwicklung unserer Gesellschaft passt sich auch unsere Gesetzgebung den laufend neuen Rahmenbedingungen und Begebenheiten an. So werden bestehende Gesetze und Verordnungen gestrichen, überarbeitet oder ergänzt, neue Gesetze erlassen. Im Kommunikationsalltag können viele rechtliche Tücken und Fallstricke stecken. Um Unklarheiten und böse Überraschungen zu vermeiden, ist es deshalb ratsam, die rechtlichen Rahmenbedingungen gleich zu Beginn einer Arbeit abzuklären. Verfassung, Gesetze und Verordnungen lassen sich in der stetig aktualisierten Systematischen Rechtssammlung des Bundes unter der Webadresse www.admin.ch «Systematische Rechtssammlung» leicht finden. Für das kantonale Recht unterhalten die Kantone ähnliche Rechtssammlungen, die laufend erweitert werden.

▶ Klären Sie rechtliche Fragen und Unklarheiten immer bereits zu Beginn Ihrer Arbeit ab, um unliebsame Überraschungen zu vermeiden.

Die Schranken der Wirtschaftsfreiheit

Neben der für die Kommunikationsarbeit relevanten Meinungsfreiheit und der Versammlungsfreiheit existiert in der Schweiz auch das Grundrecht auf Werbefreiheit, die «Wirtschaftsfreiheit». Sie ersetzt die frühere «Handels- und Gewerbefreiheit» und ist in der Bundesverfassung unter Artikel 27 verankert. Ein PR-Profi kennt die Schranken der Wirtschaftsfreiheit:

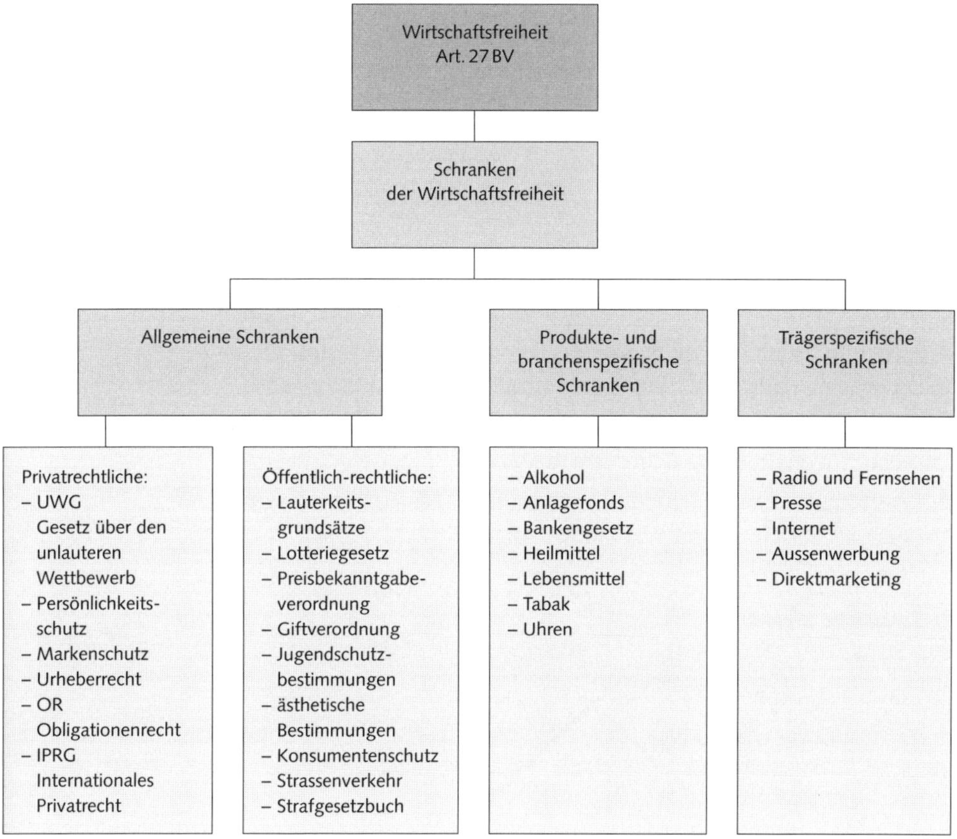

Quelle: Philippe Probst, Fürsprecher LL.M. Eur., Bern, Referat *Werbung ohne Grenzen?*

Ausserdem gilt es, die im schweizerischen Recht geschützten Rechtsgüter zu kennen:

- Ehre
- Recht am eigenen Bild
- Recht an der eigenen Stimme
- Recht am eigenen Namen
- Recht auf Privat- und Geheimsphäre

Urheberrechtliche Fragen

Allgemeines

Besonderes Augenmerk verdient das Urheberrecht, welches, wenn nicht explizit geregelt, unabhängig von der vertraglichen Vereinbarung zur Anwendung gelangt. Zu vermerken ist, dass grundsätzlich nie mehr Recht geschaffen werden kann, als erworben worden ist. Die Urheberschutzfrist erlischt nach siebzig Jahren.

Beim Erwerb von Rechten ist klar festzuhalten, *wer was womit* unternehmen darf. Dasselbe hat auch bei der Übertragung von Rechten seine Gültigkeit. Hier gilt es abzuklären, *wer sich von wem welche Rechte* für welchen Zeitraum einräumen oder übertragen lassen muss. Halten Sie sich deshalb stets das magische Dreieck des Auftraggebers als Kunden, der Agentur als Käuferin und dem Urheber als Verkäufer von Werken vor Augen:

Das magische Dreieck

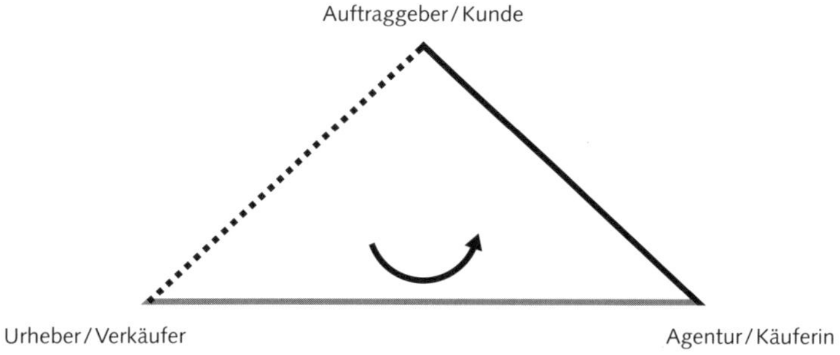

Quelle: Peter Widmer, Fürsprecher, Bern, Referat *Fallstricke und Eigentore beim Erwerb und der Übertragung von «Copyrights»*

Ohne andere vertragliche Vereinbarung verbleiben sämtliche Nutzungsrechte als geistiges Eigentum beim Urheber und gehen also beispielsweise mit dem Kauf eines Kunstwerkes nicht auf den Erwerber über. Die vertragliche Einräumung von Nutzungsrechten auf den Erwerber ist erfahrungsgemäss entgeltlich.

Checkliste Urheberrecht

Beim Kauf eines (Kunst-)Werkes ist Folgendes genau abzuklären und schriftlich festzuhalten:

- Wer ist Inhaber der Urheberrechte?
- Ist das Werk zur Veröffentlichung bestimmt?
- Welche Nutzungsrechte erwerben Sie und welche davon dürfen Sie weiter übertragen?
- Welche Gewährleistungspflichten muss wer übernehmen?

Fallstricke beim Erwerb und der Übertragung von «Copyrights»

Das Copyright ist ein reines Nutzungsrecht und wird ohne weitere vertragliche Bestimmungen beispielsweise für eine dreimalige Erscheinung in der Tageszeitung «XY» zugestanden. Es lohnt sich unbedingt, beim Abschluss eines Agenturvertrages auf ein *uneingeschränktes Nutzungsrecht über einen festgelegten Zeitraum* zu achten. Ansonsten kann es durchaus passieren, dass jede nicht festgelegte Erscheinung eines Inseratsujets von der Agentur erneut in Rechnung gestellt wird.

Die Verwendung, bzw. der Einsatz und das Abspielen zum Beispiel von Musik in Video-Filmen und anderen Tonträgern sind urheberrechtlich geschützt. Die Erfahrung zeigt, dass die rechtzeitige Absprache mit dem Audio-Produzenten über die Verwendung bereits urheberrechtlich geschützter Musiktitel[106] oder eigens zu vergebender Musikaufträge mit direkter Copyright-Abgeltung des Komponisten viele Unannehmlichkeiten und zusätzliche Kosten sparen hilft.

Gewährleistungspflicht

Zum Thema «Gewährleistungspflicht» empfiehlt es sich, die Gewährleistung nicht generell, sondern explizit nur für diejenigen Werke wie Bilder, Fotos, Grafiken usw. zu übernehmen, deren Herkunft Ihnen bekannt sind. Gegebenenfalls ist eine vertragliche Einschränkung festzuhalten. Verlangen Sie in jedem Fall eine möglichst

106 SUISA: vgl. *Glossar* im Anhang, S. 316

umfassende Erklärung, woher zur Verfügung gestelltes Bild- und Tonmaterial stammen und bei wem die Urheber- und Nutzungsrechte liegen.

Eigentum an Daten und Datenträgern[107]

Die technologischen Veränderungen in der grafischen Branche haben auch die Frage nach dem Eigentum an Daten bzw. Datenträgern aufgeworfen. Müssen beispielsweise Daten und Datenträger (Filme) herausgegeben werden? Wie lauten die urheberrechtlichen oder die Eigentumsverhältnisse?

Grundsätzlich muss zwischen den Daten selbst, dem Inhalt, und den Datenträgern wie Diskette, Film unterschieden werden.

- Bei den *Daten* handelt es sich um den Inhalt, beispielsweise eines geistigen Werkes. Diese können in Form eines Manuskriptes, einer Vorlage oder durch Datentransfer auf Diskette, via Modem oder E-Mail angeliefert werden. Urheber oder Eigentümer bleibt dabei der Lieferant dieser Daten.
- Beim *Datenträger* handelt es sich um ein Werkzeug oder allenfalls um ein Zwischenprodukt, welches zur Herstellung des Druckerzeugnisses benötigt wird.

Der Druckvertrag

Der Druckvertrag ist ein Werkvertrag (Art. 363 bis 379 OR). Dabei verpflichten sich die Druckerei zur Herstellung eines Werkes (das heisst der Drucksache) und der Auftraggeber als Besteller (Kunde) zur Leistung einer Vergütung. Der Auftraggeber hat dem Drucker alle Kosten, die bei der Herstellung der Drucksache entstehen, zu vergüten. Dazu gehören auch die Kosten für die Herstellung von Filmen oder für die Bearbeitung von Daten. Der Drucker seinerseits verpflichtet sich gegenüber dem Kunden ausschliesslich zur Herstellung und Bereitstellung der bestellten Drucksache. Das heisst, dass alle Datenträger, Zwischenprodukte, und eigens zur Erfüllung des Auftrags hergestellte oder verwendete Werkzeuge Eigen-

107 Quelle: Schweizerischer Verband für visuelle Kommunikation, Geschäftsstelle Schweiz (www.viscom.ch)

tum des Druckers sind und bleiben. Es sei denn, der Kunde habe diese als Eigentümer selber angeliefert oder anderweitig besorgt.

Sofern nichts anderes vereinbart wurde, sind die vom Drucker erstellten Reproduktionsunterlagen wie Datenträger, Disketten, Satz usw. sowie die Werkzeuge Eigentum des Druckers.

Keine Herausgabepflicht

Durch den Druckvertrag entstehen dem Drucker keine weiteren Pflichten. Als Eigentümer der Reproduktionsunterlagen ist er denn auch nicht verpflichtet, diese dem Kunden auszuhändigen. Wünscht der Kunde im Anschluss an den Auftrag ohne vorgängige Regelung die Herausgabe von Datenträgern, muss der Drucker dazu sein Einverständnis geben. Dies bedarf indessen eines separaten Vertrags über die Eigentumsverhältnisse der Reproduktionsvorlagen.

Tipp: Wünscht ein Kunde für Archivierungszwecke die Herausgabe der aktuellen Reproduktionsunterlagen, empfiehlt es sich bereits bei der Offertstellung, spätestens jedoch mit der Auftragserteilung, diese schriftlich anzufordern. Eine Abgeltung der Herstellungskosten, beispielsweise der entsprechenden CD-ROM, ist selbstverständlich.

Keine Archivierungspflicht

Sofern im Druckvertrag nichts anderes vereinbart wurde, ist der Drucker nicht verpflichtet, über die Beendigung des Druckauftrages hinaus Datenträger oder Filme aufzubewahren. Da der Drucker ohne anderslautende Vereinbarung Eigentümer dieser Unterlagen ist, kann er darüber frei und ohne Aufbewahrungspflicht verfügen. Die Daten können damit auch gelöscht werden. Verlangt der Kunde die Aufbewahrung, ist dies zusätzlich und separat vom Druckvertrag entsprechend schriftlich zu vereinbaren. Ein Archivierungsvertrag umfasst in der Regel folgende Punkte:

- die zeitliche Dauer der Aufbewahrungspflicht
- unentgeltliche oder zu entschädigende Archivierung
- Höhe einer allfälligen Entschädigung
- die Absicherung gegen den Verlust der Daten
  (zum Beispiel durch das Wegbedingen einer Haftung)

Das Gesetz über den unlauteren Wettbewerb

Das Gesetz über den unlauteren Wettbewerb (UWG) bezweckt die Gewährleistung eines lauteren und unverfälschten Wettbewerbs im Interesse aller Beteiligten. Insbesondere dürfen

- keine Täuschung
- keine Irreführung
- keine Herabsetzung beziehungsweise Anschwärzung und
- keine unnötige Anlehnung erfolgen.

Vergleichende Werbung ist dann zulässig, wenn sie nicht

- unrichtig ist
- irreführt
- unnötig herabsetzt oder
- anlehnend wirkt.

Wer die von der Schweizerischen Lauterkeitskommission erarbeiteten Grundsätze für die kommerzielle Kommunikation von Anfang an in seiner Kommunikationsarbeit berücksichtigt, wird kaum mit dem UWG in Konflikt geraten. Die Grundsätze sind über die Internetadresse www.lauterkeit.ch verfügbar.

Beispiele der Grundsätze der Schweizerischen Lauterkeitskommission für kommerzielle Kommunikation:

- Unzulässige Aussagen
- Grundlagen wie
  - Firmengebrauchspflicht
  - Persönlichkeits- und Datenschutz
  - Gutachten und Tests
  - Geschlechter diskriminierende Werbung
  - Trennung von redaktioneller Information und kommerzieller Kommunikation usw.
- Vorschriften für Direktmarketing
- Vorschriften für einzelne Branchen

Werbegewinnspiele

Sollen Werbegewinnspiele, worunter auch Wettbewerbe jeder Art gehören, veranstaltet werden, sind folgende Rechte zu beachten:

- Lotterieverbot und Werbegewinnspiele (LG); das Lotterierecht fällt unter öffentliches Recht
- Lauterkeitsrecht (UWG)
- Verhältnis Veranstalter und Teilnehmer (Obligationenrecht OR; Vertragsverhältnis und Wettbewerbsbedingungen)

Verboten sind Werbegewinnspiele, wenn folgende vier Voraussetzungen kumulativ erfüllt sind:

- Einsatz oder Abschluss eines Rechtsgeschäftes («Kaufzwang»)
- Das in Aussicht stellen eines Gewinns (vermögensrechtlicher Vorteil)
- Zufällige Ermittlung des Gewinners
- Planmässigkeit des Spiels (Risikobeschränkung des Veranstalters)

Werden Werbegewinnspiele veranstaltet, sind klare Wettbewerbsbestimmungen über die Ziehung, Einsendeschluss, Eintausch, Barbezug, Gewinnziehung, Benachrichtigung der Gewinner, Rechtsweg, Korrespondenz usw. anzubringen. Ausserdem muss aus dem Wettbewerb hervorgehen, dass kein Kaufzwang besteht.

TV- und Radiowerbung

Religiöse und politische Werbung sind in Radio und Fernsehen grundsätzlich verboten. Ausserdem ist es wichtig zu wissen, dass in der Schweiz zur Zeit ein generelles Werbeverbot für alkoholische Getränke und Tabak besteht. Gesetzeslockerungen dürften jedoch in absehbarer Zeit erfolgen. Heilmittel können im Fernsehen nur mit entsprechendem Hinweis beworben werden.

Die Sponsoringrichtlinien von Radio- und TV-Sendungen sind im RTVG Art. 19 festgehalten.

Das 1994 erlassene Bundesgesetz über Radio und Fernsehen (RTVG) wird zur Zeit überarbeitet.

Die wichtigsten Gesetzesgrundlagen für den Kommunikationsprofi auf einen Blick

BV Bundesverfassung	■ Unter Art. 27 regelt die Bundesverfassung die Wirtschaftsfreiheit. Die Meinungsäusserungs- und Pressefreiheit figuriert in der Bundesverfassung unter Art. 16 «Meinungs- und Informationsfreiheit» und unter Art. 17 «Medienfreiheit». ■ Radio und Fernsehen (Art. 93)
ZGB Zivilgesetzbuch	■ Bestimmungen über den Persönlichkeitsschutz (Art. 28 ff.) ■ Bestimmungen zum Gegendarstellungsrecht (Art. 28 ff.)
UWG Gesetz über den unlauteren Wettbewerb	■ Bestimmungen über die Widerrechtlichkeit des unlauteren Wettbewerbs (Art. 2 und 3) ■ Straffolgen für unlauteren Wettbewerb (Art. 23)
StGB Strafgesetzbuch	■ Unter den im Strafgesetzbuch enthaltenen Bestimmungen gelangen die Ehrverletzungsbestimmungen wohl zur häufigsten Anwendung (Art. 173 ff.)
URG Urheberrechtsgesetz	■ Inhalt und Schranken des Urheberrechtes (Art. 10 ff.) ■ Zitatrecht (Art. 25) ■ Rechtsschutz (Art. 61 ff.)
DSG Datenschutzgesetz	■ Bestimmungen zur Beschaffung, Sammlung und Richtigkeit von Personendaten, Auskunftsrecht über und Registrierungspflicht von Datensammlung (Art. 4 ff.)
RTVG Radio- und Fernsehgesetz	■ Grundsätze für die Information (Art. 4) ■ Unabhängigkeit und Autonomie (Art. 5) ■ Öffentliche Sicherheit; Verbreitungspflichten (Art. 6) ■ Werbung (Art. 18) ■ Zuwendungen von Sponsoren (Art. 19)

Corporate Governance

Die Kapitalmärkte nehmen weltweit an Bedeutung zu. Produkte verfehlter Unternehmensführung wie spektakuläre Firmenskandale und -pleiten, unfreundliche Übernahmen, exorbitante Managerlöhne, zunehmende Wirtschaftskriminalität, Korruption und Filz prägen die Schlagzeilen der Medien.

Leidtragende von Missmanagement-Auswirkungen sind nicht nur die Arbeitnehmer, sondern letztlich auch die Aktionäre. Zum Schutz der Anleger gewann deshalb in den Achtziger- und Neunzigerjahren des zwanzigsten Jahrhunderts ein neues Kontroll- und Führungsinstrument an Gewicht, das die Unternehmensführung und damit auch die Unternehmenskommunikation in Zukunft vermehrt beeinflussen wird: Die Corporate Governance. Sie umfasst eine klare Kontroll- und Steuerungsstruktur privatwirtschaftlicher auch nicht börsenkotierter Unternehmungen, Grundsätze und Regeln für eine verantwortungsbewusste, wertorientierte, gute Unternehmensführung sowie Empfehlungen zur Rechnungslegung und Abschlussprüfung und zur Arbeit der Unternehmensleitung und Aufsichtsgremien.[108]

Die Entstehung der Corporate Governance

Wie auch die Public Relations findet die Corporate Governance ihren Ursprung in den USA. Entstanden aus der so genannten «agency»-Problematik, dem Auseinanderdriften der Interessen einer Unternehmensleitung *(principles)* und der nicht direkt Einfluss nehmenden Aktionäre *(agents)* einer Gesellschaft, sollte das neue Kontrollinstrument in erster Linie eine gute Unternehmensführung im Sinne der Aktionäre sichern. Doch die inzwischen vielerorts eingeführte Corporate Governance greift mit der Einführung offi-

108 *Wikipedia, die freie Enzyklopädie*, http://de.wikipedia.org

zieller, länderbezogenen Kodizes[109] durch Wirtschaftsverbände und Börsen weiter. Das ursprünglich dem Bereich Aktien- und Börsenrecht zugeschriebene Regelwerk beeinflusst heute auch den Corporate-Communications-Bereich. Obwohl in den letzten Jahren verschiedene weltweit beachtete Systeme entwickelt wurden, verunmöglichen die unterschiedlichen Kapital- und Kapitalmarktstrukturen die Festsetzung eines internationalen, allgemeingültigen Standards. Entsprechend orientieren sich die einzelnen Staaten an eigenen, auf den internationalen Kodizes aufgebauten Vorgaben.

Inhalt und Umsetzung der Corporate Governance

Karl Hofstetter, Schweizer Rechtsanwalt und Titularprofessor an der Universität Zürich, unterteilt die Corporate Governance in seinem Bericht *Corporate Governance in der Schweiz*[110] in sechs verschiedene Kategorien. Demnach tangiert das Kontrollsystem insbesondere die Aktionärsrechte, die Information und die Offenlegung, die Übernahmeregeln, Verwaltungsrat und Geschäftsführung, die Revisionsstelle und Intermediäre. So genannte *Check and Balances*, Verwaltungsratsausschüsse, sollen zukünftig das Management möglichst nahe an die Interessen der Aktionäre führen.

Zweck der Corporate Governance

Corporate Governance regelt heute in beinahe jedem gut geführten Unternehmen die Selbstkontrolle der Unternehmensführung und der Unternehmensleistung. Mit festgelegten Verhaltenspflichten trägt das Regelwerk zur effizienten Organisation und Führung bei und gestaltet nicht nur die Beziehung zu den *Aktionären (Shareholders)*, sondern auch zum gesamten interessierten *Umfeld (Stake-*

109 Schweiz: *Swiss code of best practice* (1. Juli 2002)
Österreich: *Corporate Governance Kodex* (27. September 2002)
Deutschland: *Deutscher Corporate-Governance-Kodex* (Mitte 2002)
Organization for Economic Cooperation and Development: *OECD Principles of Corporate Governance*, 1999

110 Bericht *Corporate Governance in der Schweiz*, Karl Hofstetter, Vernehmlassungsunterlage 24. September 2001

holders). Die Corporate Governance bezweckt die Vertrauensbildung bei den Anlegern, Finanzanalysten, Kunden, Mitarbeitern und der Öffentlichkeit. Um die Glaubwürdigkeit auf dem Kapitalmarkt zu erhalten, die Qualität im Zusammenwirken zwischen Aufsichtsrat, Vorstand und den Aktionären zu verbessern wie auch auf eine langfristige Wertschaffung hin zu arbeiten,[111] gehören gute Prinzipien und Begriffe wie Transparenz, Effizienz, Partizipation, Verantwortlichkeit, Marktwirtschaft, Rechtsstaat, Demokratie und Gerechtigkeit[112] in die Denk- und Handlungsweise einer Unternehmung.

Corporate Governance

- fördern eine gute Unternehmensführung im Sinn und zum Schutz der Aktionäre und schaffen Vertrauen
- sichern die Unabhängigkeit von Verwaltungsrat, operativer Geschäftsleitung und Wirtschaftsprüfern
- legen die Löhne von Verwaltungsräten und Geschäftsleitungsmitgliedern offen
- regeln die Kommunikationsgrundsätze zwischen Verwaltungsrat, Geschäftsleitung und den Dialoggruppen des Unternehmens
- bilden einen wesentlichen Bestandteil rechtlicher Rahmenbedingungen für funktionierende Märkte[113]
- wirken sich auf die Standort-PR positiv aus

Zwei unterschiedliche Systeme

Während in den USA die Leitungs- und Kontrollfunktionen der Corporate Governance zumeist von einem einzigen Gremium, dem *Board of Directors*, wahrgenommen wird (monistisches System), hat sich in Europa das duale System durchgesetzt. Dieses System trennt die Leitung der operativen und exekutiven Ebene und fördert damit

111 DI Dr. Richard Scherz, Vorsitzender des Arbeitskreises für Corporate Governance Österreich

112 *Wikipedia, die freie Enzyklopädie*, http://de.wikipedia.org

113 www.seco.admin.ch

die Aufgabenverteilung und eine unabhängige Überwachung. Die Personenidentität der Leitungs- und Kontrollstelle trägt dem monistischen System zunehmend Kritik ein, weshalb in letzter Zeit eine Annäherung an das duale System festzstellen ist.

Berührungspunkte
Corporate Communications – Corporate Governance

Vor diesem Hintergrund lassen sich zwischen den Corporate Communications und den Corporate Governance wechselseitige Beziehungspunkte und Abgrenzungen eruieren wie auch interessante Gemeinsamkeiten und Verbindungen knüpfen.

Abgrenzungen	*Corporate Communications*	*Corporate Governance*	*Berührungspunkte*
Inhalt	▪ Interne und externe Kommunikation ▪ Organisation Kommunikationsfluss intern/extern	▪ Kontrollsystem zur Führung einer Unternehmung ▪ Langfristige Sicherung der Wettbewerbsfähigkeit ▪ Regelwerk, das die Beziehung zwischen Unternehmensleitung und Aktionären regelt.	▪ Geschäftsleitungsebene ▪ Freiwillige Selbstkontrolle
Grundlagen	▪ Wirtschaftsfreiheit (vgl. Kapitel *Rechtliche Aspekte*, S. 206 ▪ Leitbild/Unternehmensgrundsätze	▪ Aktien- und Börsenrecht ▪ Leitbild/Unternehmensgrundsätze ▪ Statuten	▪ Unternehmens- und Kommunikationsgrundsätze ▪ Grosse Unternehmensfreiheit

Abgrenzungen	*Corporate Communications*	*Corporate Governance*	*Berührungspunkte*
Ziele	■ Schaffen und pflegen von Verständnis, Vertrauen, Glaubwürdigkeit, Image bei den Zielgruppen ■ Motivation der Mitarbeiter (vgl. auch Kapitel *Externe PR*, Ziel/Zweck der externen PR, S. 126)	■ Sicherung der Funktionstüchtigkeit einer Unternehmung ■ Fördern von Vertrauen und Glaubwürdigkeit durch Transparenz bei Mitarbeitern und Aktionären wie auch bei den übrigen Zielgruppen	■ Langfristige Sicherung der Unternehmensexistenz ■ Arbeitsplatzerhaltung
Zielgruppen	■ Internes und externes Umfeld einer Unternehmung im Ressourcen-, Absatz- und Leistungsbereich (vgl. auch Kapitel *Gliederung der Zielgruppen nach Umfeldkategorien*, S. 108)	■ Intern: Unternehmensleitung (Verwaltungsrat, operative Führung, Mitarbeiter ■ Extern: Aktionäre (Kapitaleigentümer), Kontrollorgane, Kunden, Gläubiger, Finanzanalysten, Behörden, Verwaltung	■ Klare Definition der oft übereinstimmenden Kommunikationsgruppen intern/extern
Mittel	■ Unternehmensleitbild ■ Ethische Richtlinien ■ Lobbying (Interessenvertretung) ■ Beziehungspflege ■ Medienarbeit	■ Regelwerk/ Corporate-Governance-Grundsätze eventuell basierend auf einem bestehenden Kodex ■ Mitspracherecht Mitarbeiter, Aktionäre	■ Kommunikation, zum Beispiel Medienberichtstattung (börsenrelevante Mitteilungen), beeinflusst gegenseitig und zieht entsprechende Auswirkungen nach sich

Abgrenzungen	*Corporate Communications*	*Corporate Governance*	*Berührungspunkte*
	■ Elektronische, schriftliche, mündliche, visuelle und audiovisuelle, auditive Mittel, Veranstaltungen, Messen (vgl. auch Kapitel *Externe PR,* Mittel der externen PR, S. 129)	■ Beteiligungs-programme ■ Lobbying (Interessen-vertretung) ■ Beziehungspflege ■ Geschäftsbericht ■ General-versammlung ■ Weitere elektro-nische, schriftliche oder mündliche Mittel	

Checkliste Corporate Governance

- Wer verantwortet Management-Entscheidungen?
- Wer ist für die Bestellung des Managements zuständig?
- Wie werden Management-Entscheide geregelt?
- Wer kontrolliert Management-Entscheidungen?
- Wer haftet für die Management-Entscheide?
- Wie und womit ist die Transparenz im Unternehmen sichergestellt?
- Funktionieren die internen und externen Informationswege?
- Basiert die Corporate Governance im Unternehmen auf einem anerkannten Kodex?

3 Lernkontrolle

Fragen und Antworten zu den Public Relations

Ein nützliches Hilfsmittel zur Selbstkontrolle und Prüfungsvorbereitung

3.1 Die Fragen

3.2 Die Antworten

3.3 Aufgaben und Lösungsbeispiele

Fragen: Grundlagen der PR

Geschichte der PR

1 Wann, wo und wie (Umfeld) entstanden die «modernen» PR?

2 Wozu dienten PR zunächst?

3 Wer war Ivy Lee?

4 Was war das Besondere an Ivy Lees PR-Tätigkeit?

5 Wann und wie kamen PR nach Europa?

6 Welche Funktion hatten PR damals?

7 Was hat den Siegeszug der PR in Europa begünstigt?

8 Ab wann begannen PR in der Schweiz Fuss zu fassen? Weshalb so spät?

9 Gibt es auch PR bei der öffentlichen Hand (Bund, Kantone, Gemeinden)?

10 Wo liegen dort die Schwierigkeiten auf dem Gebiet der Kommunikation?

Antworten → Seite 241

PR-Berufsorganisationen in der Schweiz und international

1 Nennen Sie die wichtigsten PR-Berufsorganisationen der Schweiz.

2 Wer ist die SPRG und welchen Zweck erfüllt sie? Wer sind die Mitglieder?

3 Wie viele Regionalgesellschaften der SPRG gibt es?

4 Wer kann Mitglied einer PR-Regionalgesellschaft werden?

5 Welche Stiftung sorgt für die Aus- und Weiterbildung von PR-Fachleuten aller Stufen?

6 Die Berufsregister-Kommission (BR) hat welche Aufgabe innerhalb der SPRG?

7 Im Bund der PR-Agenturen der Schweiz (BPRA) sind ausschliesslich Full-Service-Agenturen zusammengeschlossen. Was können Sie von einer BPRA-Agentur erwarten?

8 Wie heisst der Dachverband der europäischen PR-Verbände?

9 Nennen Sie einen der Zwecke dieses Dachverbandes.

10 Welche PR-Organisation bezweckt weltweit, ihren Mitgliedern die grenzüberschreitende Marktbearbeitung zu erleichtern?

Antworten → Seite 242

PR-Aufgaben und PR-Berufe

1 Weshalb nimmt die Information und Kommunikation heute eine immer wichtiger werdende Stellung ein?

2 Welches ist die Grundaufgabe der PR?

3 Wie heisst jener Teil der PR-Aufgaben, der unmittelbar den Absatzerfolg unterstützen will?

4 Was wollen PR mittels Kommunikation beeinflussen und gestalten helfen?

5 Was soll letztlich aus den PR-Aktivitäten resultieren (bezüglich Absatz-, Beschaffungsmarkt und Umfeld eines Unternehmens bzw. einer Organisation)?

6 PR sind für ein Unternehmen eine strategische Führungsaufgabe. Was heisst das?

7 Zählen Sie mindestens zwei von in der Schweiz möglichen, berufsbegleitenden PR-Aus- und Weiterbildungen auf.

8 Nennen Sie die Grundaufgaben eines PR-Assistenten.

9 Wo und in welcher Funktion kann ein PR-Berater tätig sein?

10 Worin sehen Sie den grundsätzlichen Unterschied zwischen einem PR-Redaktor und einem Pressesprecher?

Antworten → Seite 244

Ethik in der PR

1 Umschreiben Sie den Begriff «Berufsethik».

2 Welches ist der Angelpunkt alles Ethischen?

3 Nennen Sie mögliche ethische Gewissenskonflikte aus Ihrem beruflichen Wirkungskreis.

4 Welche ethischen Verhaltensregeln gelten in der SPRG?

5 Der Bund der PR-Agenturen (BPRA) hat Arbeitsgrundsätze formuliert. Wie heisst dieser Kodex und was regelt er hauptsächlich?

6 Nennen Sie mindestens einen grundsätzlichen Inhalt des Kodex von Athen.

7 Wie nennt sich jener Kodex, der die Verhaltensnormen für PR-Fachleute sowie das Verhalten gegenüber Kunden, öffentlicher Meinung, Medien, PR-Kollegen und Berufsstand umschreibt?

8 Weshalb haben sich die PR-Schaffenden berufsethische Grundsätze gegeben und was sollen diese bewirken?

9 Wer wacht über die Ethik in den PR in der Schweiz? Welche Sanktionen sind bei Verstössen gegen die ethischen Grundsätze möglich?

10 Nennen Sie mindestens zwei andere Berufe mit Standesregeln.

Antworten → Seite 245

Grundsätze für das Informationsverhalten einer Körperschaft

1 Welches ist der wichtigste Grundsatz im Informationsverhalten einer Unternehmung und weshalb ist dies von Bedeutung?

2 Wodurch unterscheidet sich dieser Grundsatz von der rein absatzorientierten Werbung?

3 Wie sollen sich Unternehmen bezüglich Information verhalten? (Wie sollen sie informieren?)

4 Was lässt sich daraus (siehe Frage 3) ableiten, damit PR-Ziele erreicht werden können?

5 Wie beurteilen Sie das Informationsverhalten Ihres Unternehmens?

6 Was können Sie sich unter einer offensiven, aktiven Kommunikation vorstellen? (Beispiele?)

7 Weshalb ist eine offensive, aktive Kommunikation einer defensiven, reaktiven Kommunikation vorzuziehen?

8 Angenommen, es wurde entschieden, die Einführung eines neuen Produktes mit Hilfe von Kommunikationsmassnahmen anzukündigen. Welche Fragen drängen sich dazu (bezüglich Information) auf?

Antworten → Seite 247

Fragen: Definition PR

Definition PR und Abgrenzungen

1. a) Beschreiben Sie mit Ihren Worten den Begriff PR.
   b) Wenn Sie nun einem Kollegen/einer Kollegin erklären müssten, was PR sind, wie würden Sie dies tun?
2. Wie lautet die offizielle Umschreibung von PR nach SPRG?
3. Nennen Sie zwei Fälle, in denen PR von entscheidender Bedeutung sind und deshalb besondere Massnahmen erfordern.
4. Weshalb wird unterschieden zwischen internen und externen PR?
5. Weshalb werden die internen Zielgruppen als die bedeutendsten bezeichnet?
6. Wie werden PR sinnvollerweise in einem Unternehmen hierarchisch eingegliedert?
   Begründen Sie Ihre Antwort.
7. Welches sind die wesentlichsten Unterschiede zwischen Unternehmens-PR und Werbung?
   Nennen Sie mindestens drei.
8. Gibt es auch Gemeinsamkeiten zwischen PR und Werbung?
   Nennen Sie mindestens zwei.

Antworten → Seite 249

Begriffe der PR und verwandter Gebiete

1. Erläutern Sie den Begriff «Corporate Identity» (CI).
   Aus welchen Elementen entsteht die CI und was bedeuten sie?
2. Erklären Sie den Begriff «Image».
3. Wie lässt sich der Unterschied («credibility gap») zwischen Unternehmensidentität und Image feststellen?
4. Definieren Sie die Begriffe «öffentliche Meinung» und «veröffentlichte Meinung».
   Gibt es einen Unterschied zwischen diesen Begriffen?

5	Erklären Sie den Unterschied zwischen «Information» und «Kommunikation».
6	Was verstehen Sie unter «Leitbild» und welches sind die wesentlichen Elemente eines Leitbildes?
7	Wie würden Sie «Product PR» (PPR) definieren, und welchen Zweck erfüllen PPR?
8	Wie können PPR die Werbung unterstützen, bzw. ergänzen?
9	Liegen PPR näher bei der Werbung oder bei den Unternehmens-PR? Begründen Sie Ihre Antwort.
10	Was wird heute unter «Sponsoring» verstanden? Erklären Sie diesen Begriff. Welche Bedeutung messen Sie diesem Instrument bei?
11	Nennen Sie vier Ziele des Bereiches «Public Affairs».

Antworten → Seite 251

Fragen: Ziel/Zweck, Aufgabe/Funktion, Möglichkeiten und Grenzen der Public Relations

1	Welches Hauptziel verfolgen PR (ganz allgemein) in der Beziehung zwischen Unternehmen und Öffentlichkeit?
2	Nennen Sie mindestens zwei der möglichen Ziele/Zwecke von (Unternehmens-)PR.
3	Welches sind die hauptsächlichsten Ziele der internen PR (PR für interne Zielgruppen)?
4	Welches sind die hauptsächlichsten Ziele der externen PR (PR für externe Zielgruppen)?
5	Welches Ziel/welchen Zweck verfolgen Product PR (PPR)?
6	Zu den Aufgaben der Unternehmens-PR gehört es, für das Erreichen der Unternehmensziele langfristig optimale Voraussetzungen zu schaffen. Welches sind diese Voraussetzungen? Zählen Sie mindestens zwei Beispiele auf.
7	Weshalb sollten die PR- und die Marketing-Strategien aufeinander abgestimmt sein?
8	Welches ist die Aufgabe der PPR im Marketing?
9	Wo liegen die Möglichkeiten guter PR (Öffentlichkeitsarbeit)? (Was kann damit erreicht werden?)
10	Wo sehen Sie die Grenzen der Öffentlichkeitsarbeit?

Antworten → Seite 253

Fragen: PR-Methodik

1	Konzepte entstehen systematisch und planmässig. Welche Phasen kennen Sie bei der Erarbeitung von PR-Konzepten?
2	Ein Konzept besteht aus verschiedenen Elementen. Zählen Sie die üblichsten Elemente eines (PR-)Konzeptes auf und beschreiben Sie kurz den Inhalt jedes dieser Elemente.
3	Beim Entwurf eines Konzeptes für eine PR-Aktion spielt die Information nach innen und nach aussen eine wichtige Rolle. Was gilt es dabei zu überlegen? Geben Sie je zwei Beispiele.
4	Nennen Sie mindestens zwei Beispiele, wie Ihnen eine PR-Aktion nützlich sein könnte. (Welchen Nutzen können PR-Aktionen für das Marketing haben?)
5	Nennen Sie mindestens zwei Beispiele, wo eine PR-Aktion wenig bis gar nichts auszurichten vermag. (Wo liegen die Grenzen von PR-Aktionen?)

Antworten → Seite 255

Fragen: PR-Zielgruppen, Beziehungsumfeld

1	Worin unterscheiden sich die PR-Zielgruppen von den Zielgruppen der Werbung?
2	Weshalb wird unterschieden zwischen internen und externen Zielgruppen, und welche dieser beiden Gruppen ist wichtiger? Weshalb?
3	Das Beziehungsumfeld einer Unternehmung kann nach verschiedenen Umfeld-Kategorien unterteilt werden. Nennen Sie mindestens vier solcher Kategorien, und geben Sie daraus je zwei Beispiele.
4	In einer dritten Kategorie von Gliederungsmöglichkeiten kann das Unternehmensumfeld nach der Art der Beziehung des Umfeldes zum Unternehmen strukturiert werden. Wie heissen diese fünf Umfelder?
5	Bestimmen Sie die Zielgruppen im Umfeld eines Ihnen gut bekannten Unternehmens und bilden Sie eine Zielgruppenstruktur nach Umfeld-Kategorien.
6	Überlegen Sie, welcher Art die Beziehung dieser Zielgruppen zu diesem Unternehmen (siehe Frage 5) sind.
7	Bestimmen Sie die Zielgruppen im Umfeld eines Unternehmens aus folgender Branche: a) Kindernahrung (Nahrungsmittel) b) Abfallentsorgung einer Gemeinde (öffentliche Hand / Dienstleistung) c) Fahrradfabrik (Industrie) d) Pharma-Produzent (Chemie)
8	Überlegen Sie, welche Zielgruppen aus den in Frage 7 aufgeführten Branchen 1) zu den das Unternehmen beeinflussenden und 2) zu den störenden gehören könnten.
9	Welche Besuchergruppen könnten für Betriebsbesichtigungen in Frage kommen?
10	Welches ist Ihrer Ansicht nach die wichtigste Zielgruppe in der Kategorie a) der internen PR und b) der externen PR?

Antworten → Seite 257

Fragen: PR-Mittel für interne und externe Zielgruppen

1	Worin unterscheiden sich die PR-Mittel von den Werbemitteln?
2	Wie lassen sich die PR-Mittel grob strukturieren? (identisch für interne und externe PR-Zielgruppen)
3	Nennen Sie mindestens sechs typische PR-Mittel, mit denen eine Werbekampagne begleitet bzw. unterstützt werden kann.
4	Welche PR-Mittel eignen sich besonders für Product PR?
5	In welchen PR-Mitteln würden Sie auch Produkte/Produkt-sortimente usw. vorstellen?

Antworten → Seite 261

Fragen: Wahl und Einsatz von PR-Mitteln

1 Angenommen, ein Gerücht beeinflusst den Verkauf eines Produktes negativ. Was unternehmen Sie in einem solchen Fall konkret? Zeigen Sie Möglichkeiten auf, wie Sie mit Hilfe von PR-Massnahmen dieses Problem lösen würden.

2 Nehmen wir an, Sie stellen in Ihrem Unternehmen fest, dass Produkt-Innovationen (Neuheiten) bisher ausschliesslich mit Werbekampagnen bekanntgemacht wurden. Sie wissen, dass es nebst der Werbung noch weitere Möglichkeiten gibt, mit PR-Mitteln die Einführung von Produkt-Neuheiten zu unterstützen. Nennen Sie mögliche PR-Massnahmen und die entsprechenden PR-Zielgruppen.

3 Welche Gründe sehen Sie, weshalb interne Zielgruppen, z. B. über Neuheiten, Kundenaufträge usw. zu informieren sind?

4 Angenommen, ein Unternehmen hat ein spezielles Recycling-Verfahren zur Wiederverwendung/Wiederverwertung von Bau- und Brandschutt entwickelt. Sie will dies der Öffentlichkeit, den Behörden sowie den Abbruch- und Bauunternehmen bekanntmachen. Welche PR-Mittel/Massnahmen würden Sie vorschlagen?

5 Angenommen, Ihr Unternehmen wurde aufgrund einer Fernsehsendung in den Medien negativ dargestellt. Wie reagieren Sie darauf, falls die Darstellung nicht den Tatsachen entsprach? Wie reagieren Sie darauf, falls die Darstellung den Tatsachen entsprach?

6 Welches sind mögliche Gründe für die Entstehung von Gerüchten?

7 Welches könnten die Gründe sein und welches die möglichen PR-Massnahmen
a) bei einem schlechten Absatzergebnis?
b) bei einem schlechten Betriebsklima?
c) bei einem unbefriedigenden Medienecho nach einer Medienkonferenz über eine Neuheit?
d) wenn Kunden über Ihr Unternehmen, Ihre Produkte/Dienstleistungen schlecht informiert sind?

8 Welche Ereignisse würden Sie als Krisenereignisse bezeichnen, die besondere (PR-)Massnahmen erfordern?

Antworten → Seite 262

Fragen: Erfolgskontrolle der PR-Tätigkeit

1 Wovon ist in einem Unternehmen der Erfolg von PR-Massnahmen abhängig?
Begründen Sie Ihre Antwort.

2 Was verstehen Sie unter einem Soll-Ist-Vergleich in der Erfolgskontrolle?
Erläutern Sie Ihre Antwort anhand eines Beispiels.

3 Welche drei Kontrollmöglichkeiten von PR-Massnahmen kennen Sie?
Nennen Sie daraus mindestens je zwei Beispiele.

4 Es gibt quantitative und qualitative Kontrollmöglichkeiten.
a) Was verstehen Sie darunter?
b) Zählen Sie mindestens je drei Beispiele auf.

5 Weshalb kann eine Erfolgskontrolle sinnvoll und notwendig sein?

Antworten → Seite 266

Fragen: Wissens- und Informationsmanagement

1	Wie entsteht Wissen?
2	Was unterscheidet das Informationsmanagement von Wissensmanagement?
3	Informationen sind für PR-Schaffende «lebensnotwendig». Es ist wichtig, dass die richtige Information zur richtigen Zeit am richtigen Ort verfügbar ist. Aus welchen drei Stufen besteht das Informationsmanagement?
4	Nennen Sie Möglichkeiten, wie Sie zu Informationen zum Beispiel über die Medienberichterstattung kommen.
5	Bleiben wir beim Beispiel der Medienberichterstattung: Nennen Sie Möglichkeiten, wie veröffentlichte Medieninformationen weiterbearbeitet, ausgewertet und archiviert werden können.
6	Nach welchen Kriterien entscheiden Sie, wem Sie welche Informationen weiterleiten (zum Beispiel Medieninformationen)?

Antworten → Seite 268

Fragen: Zusammenarbeit mit internen und/oder externen PR-Fachleuten/Das Briefing

1 In welchen Fällen würden Sie interne oder externe PR-Fachleute beiziehen? Nennen Sie mindestens drei Gründe.

2 a) Welches sind die zwei gebräuchlichsten juristischen Formen der Zusammenarbeit mit einer Kommunikationsagentur?
b) Wie beendigen Sie die Zusammenarbeit bei diesen beiden Auftragsformen?

3 Welche Vertragsformen wenden Sie in folgenden zwei Beispielen an?
a) Auftrag für die Herstellung einer Kundenbroschüre (Kundeninformation)
b) Beratungstätigkeit für die Produkte-PR einer Grossbank (inklusive Medienarbeit)

4 Nennen Sie mindestens drei Kriterien, die bei der Evaluation einer PR-Agentur eine Rolle spielen können.

5 Angenommen, Sie müssen die Qualität einer PR-Agentur beurteilen. Worauf achten sie besonders? Nennen Sie zwei Kriterien und begründen Sie deren Bedeutung.

6 Wie würden sie vorgehen, wenn Sie eine PR-Agentur evaluieren müssten?

7 Was ist ein Briefing? Wann ist ein Briefing notwendig?

8 Was muss in einem Briefing an PR-Fachleute enthalten sein, wenn Sie zum Beispiel ein neues Produkt lancieren wollen?

9 In welchen Fällen könnte ein mündliches Briefing genügen? Was ist dabei zu empfehlen?

10 Bei welchen Institutionen können Sie sich über Zusammenarbeits-, Beratungs- und Honorargrundsätze von Kommunikationsagenturen informieren (PR und Werbung)?

Antworten → Seite 270

Fragen: Umgang mit den Medien

1 a) Wie definieren Sie Ihr Verhältnis zu den Medien?
b) Worin sehen Sie den Sinn und Zweck der Zusammenarbeit mit den Medien?

2 In welchen Fällen entscheiden Sie sich für eine Medienkonferenz und wann für ein Mediencommuniqué (Pressemitteilung)? Nennen Sie je ein Beispiel und begründen Sie Ihre Antwort.

3 Wie reagieren Sie in folgenden Situationen?
a) «Ein Insertionsauftrag wird nur erteilt, wenn ein redaktioneller Beitrag publiziert wird.»
b) «Ein redaktioneller Beitrag wird nur publiziert, wenn ein Insertionsauftrag erteilt wird.»

4 Welche Möglichkeiten kennen Sie, um die Medien zu informieren?

5 Es gibt zwei Hauptkategorien von Medien. Welche, und worin liegen die Unterschiede? Nennen Sie die wichtigsten Mediengruppen innerhalb dieser Kategorien.

6 Nennen Sie mindestens drei Arten von Medienveranstaltungen und ihr Hauptzweck.

7 Erklären Sie Inhalt und Aufbau von Medien-Communiqués. Worauf ist dabei zu achten?

8 Was verstehen Sie unter «medienkonform» und «presseorgan-gerecht»?

9 Jede journalistische Arbeit, die sich auf Fakten stützt, muss mindestens sechs Fragen beantworten: Die sechs «W». Wie lauten diese Fragen?

10 Was kann beispielsweise in einer Pressemappe enthalten sein?

11 Worauf ist bei Aufbau/Pflege von Medienbeziehungen zu achten?

12 Erklären Sie, einem logischen Ablauf folgend, wie Sie eine Medienveranstaltung planen, vorbereiten, durchführen und deren Erfolg kontrollieren.

13 Welche Möglichkeiten kennen Sie, um sich gegen (Ihrer Ansicht nach) ungerechtfertigte Angriffe in den Medien zu wehren?

Antworten → Seite 274

Fragen: Sponsoring

1 Wie heissen die vier Hauptformen des Sponsorings?

2 Worauf muss im Sponsoring besonders geachtet werden?

3 Woran orientiert sich Sponsoring?

4 Worauf basiert Sponsoring?

Antworten → Seite 279

Fragen: Internet-PR

1 Was bezweckt Internet-PR?
Bezweckt Internet-PR den Aufbau und die Pflege von Bekanntheit, Vertrauen, Goodwill und Image sowie die Bindung der Besucher an das Unternehmen?

2 Was zeichnet eine gute Website aus?

Antworten → Seite 279

Antworten: Grundlagen der PR

Geschichte der PR

1 Ende des 19. Jahrhunderts in den USA. Rasantes Wachstum von Industrie, Verkehr, Städtebau. Dadurch struktureller und gesellschaftlicher Wandel (Verdoppelung der Bevölkerung zwischen 1875 und 1900. Missstände wurden durch Schriftsteller und Journalisten in den Medien publiziert.

2 Neutralisierung der «muckrakers» (nestbeschmutzende Journalisten und Publizisten) durch positive Berichte über Leistungen der Unternehmen, Eisenbahngesellschaften, Banken, Kohlegruben usw.

3 Ivy Lee war der erste PR-Manager der Pennsylvania Railroad.

4 Ivy Lee bekannte sich zu wahrer, rascher und umfassender Information (weg von der defensiven, beschönigenden zur aktiven, offensiven Informationspolitik). Er hat dadurch unbestreitbar eine Wende in der Geschichte der PR herbeigeführt und wird deshalb als «Urvater» der Public Relations bezeichnet.

5 PR kamen nach dem Zweiten Weltkrieg durch die amerikanischen Truppen (bzw. der im Krieg beschäftigten amerikanischen PR-Fachleute) nach Europa.

6 PR dienten damals zur Unterstützung des Übergangs von der Kriegs- zur Friedenswirtschaft.

7 Begünstigt wurde der Siegeszug der PR in Europa durch den Marshallplan (das für den Wiederaufbau 1948 in Kraft getretene Dollar-Milliarden-Programm der wirtschaftlichen USA-Hilfe an Westeuropa). Diese Wiederaufbauhilfe brachte eine enge Verflechtung zwischen der amerikanischen und europäischen Wirtschaft. PR mussten damals mithelfen, die internationalen Beziehungsprobleme zu lösen (Abbau der Feindbilder).

8 Die erste PR-Organisation entstand 1953, eigentliche PR-Abteilungen in den grossen Unternehmen entstanden oft erst in den Achtzigerjahren. Weshalb so spät? Gründe können sein:

1. Wenig Missstände
2. Hochkonjunktur mit relativ hohem Wohlstand
3. Wenig Druck seitens der öffentlichen Meinung.

Nach dem Zweiten Weltkrieg bis zur «Erdölkrise» (1973) boomte die Wirtschaft. Erst danach entstanden einschneidende wirtschaftliche, soziale und ökologische Probleme, die es zunehmend mittels Kommunikation zu lösen galt. Auch fehlte es bis Ende der Sechzigerjahre an der entsprechenden PR-Aus- und Weiterbildung (erst ab 1969). Diplom-PR-Berufe erst seit 1979 (PR-Berater), 1984 (PR-Assistent/in).

9 Ja. Die Kommunikationsberatung hat auch bei der öffentlichen Hand Einzug gehalten. Zum Beispiel: In den Gemeinden, Abt. Umweltfragen: Abfallentsorgung, Aktivitäten der Feuerwehr. Bei Kanton und Bund: Abstimmungsvorlagen, Informationsunterlagen der Verwaltung.
Das NPM (New Public Management = wirkungsorientierte Verwaltungsführung) dürfte dieser Entwicklung weiteren Auftrieb geben.

10 Der Kommunikation bei der öffentlichen Hand sind gewisse Grenzen gesetzt, vor allem dort, wo die Gefahr der Beeinflussung politischer Entscheidungsprozesse vermutet werden kann.
Aus diesem Grund ist es oft nicht einfach, von dieser Seite Meinungsbildungsprozesse mit der notwendigen Information zu begleiten. Für die Gegner ist es meist einfacher.

Fragen → Seite 225

PR-Berufsorganisationen in der Schweiz und international

1
- SPRG (Schweizerische Public Relations Gesellschaft), gegründet 1953
- SPRI (Schweizerisches Public Relations Institut), gegründet 1969
- BPRA (Bund der Public Relations Agenturen der Schweiz), gegründet 1978

2 Die SPRG setzt sich als Branchenverband für die Förderung der Public Relations und die Aus- und Weiterbildung im Bereich Kommunikation ein. Mitglieder der SPRG sind die (sieben) Regionalgesellschaften, keine Einzelmitglieder.

3 Zur Zeit gibt es sieben Regionalgesellschaften der SPRG (Nordwestschweiz, Ostschweiz/Liechtenstein, Zentralschweiz, Suisse romande, Tessin, Zürich, Bern)

4 Es kann Mitglied einer PR-Regionalgesellschaft werden, wer haupt- oder nebenberuflich mit PR zu tun hat; auch Firmenmitgliedschaften sind möglich.

5 Das SPRI (Schweizerisches Public Relations Institut) sorgt für die Aus- und Weiterbildung von PR-Fachleuten aller Stufen (gegründet 1969, 1980 in eine Stiftung umgewandelt).

6 Die Berufsregister-Kommission sorgt (als eigene Organisation innerhalb des PR-Dachverbandes SPRG) für die fachliche Kompetenz der im Berufsregister (BR) eingetragenen Mitglieder, das heisst sie trägt mit speziellen Fachveranstaltungen aktiv zur Weiterbildung ihrer Mitglieder bei.

7 Von einer BPRA-Agentur darf eine seriöse, professionelle und kontinuierliche PR-Dienstleistung erwartet werden. Diese wird jederzeit garantiert durch eine mindestens fünfjährige Tätigkeit und einem Personalbestand von mindestens fünf vollamtlichen Mitarbeitern.

8 Der Dachverband der europäischen PR-Verbände heisst CERP (Confédération Européenne des Relations Publiques), Brüssel (gegründet 1959)

9 Zwecke dieses Dachverbandes (CERP) sind:

- Fördern des PR Berufes und seiner Entwicklung im europäischen Raum
- Harmonisieren der Standesregeln durch die Zusammenarbeit der nationalen PR-Verbände.

10 Die ICCO (International Communications Consultancy Organisation) ist die internationale Dachorganisation der Agenturorganisationen und bezweckt, ihren Mitgliedern weltweit die grenzüberschreitende Marktbearbeitung zu erleichtern.

Fragen → Seite 225

PR-Aufgaben und PR-Berufe

1 Das Umfeld und das Beziehungsnetz von Unternehmen und Institutionen kann sehr komplex sein. Stichwort «Globalisierung der Märkte». Immer rascher muss auf gewisse Ereignisse und Situationen reagiert werden können. Information und Kommunikation sind deshalb bereits heute ein entscheidender Wettbewerbsfaktor.

2 PR haben die (anspruchsvolle) Aufgabe, mittels Kommunikation, das Image (eines Unternehmens, einer Institution) zu gestalten und zu pflegen, und zwar sowohl nach innen (interne PR) wie nach aussen (externe PR).

3 Jener Teil der PR-Aufgaben, der unmittelbar den Absatzerfolg unterstützen will, nennt man Product PR (PPR). Er ist mit der (Gesamt)Unternehmens-PR zu koordinieren (Synergie).

4 PR wollen mittels Kommunikation den Corporate-Identity-Prozess beeinflussen und gestalten helfen, das heisst das Zusammenspiel und Zusammenwirken von Unternehmenskommunikation (Corporate Communications), Verhaltensweisen (Corporate Behaviour) und Erscheinungsbild (Corporate Design).

5 Aus den PR-Aktivitäten soll ein gutes Image resultieren. Es erhöht die Attraktivität im Absatz-, im Beschaffungsmarkt und im übrigen Umfeld eines Unternehmens und hier (im Unternehmensumfeld) als Arbeitgeber für bestehende und potentielle Mitarbeiter.

6 Das heisst, dass PR (wie jede andere strategische Führungsaufgabe) ins Pflichtenheft jedes Unternehmensverantwortlichen und jeder Führungskraft gehören.

7 In der Schweiz mögliche berufsbegleitende PR-Aus- und Weiterbildungen:
- Eidg. dipl. PR-Berater
- PR-Assistent
- PR-Redaktor

8 Grundaufgaben eines PR-Assistenten:
- Unterstützung des Leiters einer PR-Abteilung in allen Belangen seiner Tätigkeit

- Konzeptionelle, administrative, organisatorische und redaktionelle Mitarbeit
- Leitung der Produktion von PR-Mitteln, Disposition und Überwachung von Aufträgen
- Planungs- und Kontroll-Aufgaben
- Info-Beschaffung und Unterhalt von Dokumentationen und Registraturen

9 Ein/eine PR-Berater/in ist in der Regel Leiter/in einer PR-Abteilung in einem Unternehmen oder Leiter/in einer PR-Agentur oder Beratungsgruppenleiter/in in einer (grösseren) PR-Agentur.

10 Ein/eine PR-Redaktor/in ist vorwiegend journalistisch tätig, das heisst er/sie ist Redaktionsleiter/in von Firmenpublikationen (Personal-/Kundenzeitschriften) und Verfasser/in von PR- und Firmenpublikationen (Image-Broschüren), schriftlichen Verlautbarungen (Communiqués) usw.
Ein/eine Pressesprecher/in vertritt die Unternehmung gegenüber den Medien, gestaltet die Beziehungen zwischen Unternehmen und Medien und organisiert die direkten Kontakte zwischen Unternehmensleitung und Medienvertretern.

Fragen → Seite 226

Ethik in den PR

1 Unter «Berufsethik» sind Verhaltensnormen und Wertvorstellungen bei der Ausübung der beruflichen Tätigkeit zu verstehen (Standesregeln). Diese sollen ordnend wirken, menschliches Handeln regulieren und Konflikte vermeiden oder lösen helfen.

2 Angelpunkt alles Ethischen ist das menschliche Gewissen.

3 Ethische Gewissenskonflikte im beruflichen Wirkungskreis können zum Beispiel sein:

- Mobbying am Arbeitsplatz durch Vorgesetzte oder Kollegen
- Täuschung von Kunden oder Lieferanten durch bewusste Falschinformationen
- Ausnützen der Hilf-/Wehrlosigkeit bestimmter Zielgruppen (zum Beispiel älterer Personen)
- Verschweigen oder beschönigen von Tatsachen (Betriebsunfälle, Materialentsorgung)

4	Als ethische Verhaltensregeln in der SPRG gelten die Kodizes von Athen und Lissabon.
5	Die Arbeitsgrundsätze im Bund der PR-Agenturen der Schweiz (BPRA) sind im ICCO-Kodex formuliert (ICCO = International Committee of Public Relations Consultancy Association). Darin sind hauptsächlich die Arbeitsgrundsätze und das Verhalten der BPRA-Mitglieder gegenüber ihren Auftraggebern und der Öffentlichkeit definiert.
6	Der Kodex von Athen beinhaltet internationale Grundsätze für die Öffentlichkeitsarbeit. Er setzt hohe geistige und moralische Massstäbe für die Berufsausübung, so unter anderem die Respektierung der Menschenrechte und der Menschenwürde.
7	Bei diesem Kodex handelt es sich um den Kodex von Lissabon. (Dieser wurde 1978 an der CERP-Generalversammlung angenommen und ist seither Bestandteil der ethischen Richtlinien der SPRG.)
8	PR-Schaffende sind Vermittler zwischen Auftraggeber und der Öffentlichkeit. Sie tragen in ihrer Rolle eine grosse Verantwortung sowohl gegenüber ihrem Auftrag-/Arbeitgeber als auch gegenüber Staat und Gesellschaft. Um diese Verantwortung wahrzunehmen, sollen berufsethische Grundsätze (Standesregeln) für die Einhaltung ethischer und beruflicher Normen garantieren und zum Selbstverständnis des PR-Berufsstandes beitragen.
9	Das Einhalten der ethischen und der Verhaltensnormen wird vom Zentralvorstand der SPRG überwacht. Falls notwendig kann der Ehrenrat der SPRG beigezogen werden. Mit Disziplinarmassnahmen (zum Beispiel Ausschluss aus der SPRG) können Verstösse geahndet werden.
10	Standesregeln kennen auch Berufe wie Ärzte, Rechtsanwälte, Architekten, Bankiers.

Fragen → Seite 227

Grundsätze für das Informationsverhalten einer Körperschaft

1	Der wichtigste Grundsatz im Informationsverhalten einer Unternehmung ist der Grundsatz der Kontinuität. Nur wenn ein Unternehmen kontinuierlich (permanent, dauernd) mit ihrem Umfeld kommuniziert, bzw. PR betreibt, ist ihr Wirken, ihre Integration in ihrem Umfeld auf Dauer erfolgreich.
2	Kontinuität bedeutet auf Dauer ausgerichtet (langfristig) und daraus ergibt sich ein Unterschied zur rein absatzorientierten Werbung, die eher den aktionsmässigen, kurzfristigen Absatzerfolg anstrebt.
3	Wie sich aus dem Grundsatz der Kontinuität ergibt, informiert ein Unternehmen, wenn es auf Dauer erfolgreich sein will, offen, ehrlich, vollständig und sachlich.
4	Für das Erreichen der PR-Zielsetzungen müssen die Beziehungen zu allen relevanten internen und externen Zielgruppen bewusst, geplant und kontinuierlich gepflegt werden. Dazu gehört auch eine enge Zusammenarbeit zwischen PR und Marketing, Marketing und PR sowie eine mit der Unternehmenskommunikation koordinierte Product PR.
5	Wie beurteilen Sie das Informationsverhalten Ihres Unternehmens? (Wie steht es mit dem Grundsatz der Kontinuität? Ist das Informationsverhalten offen, ehrlich, vollständig, sachlich? Erfolgt die Beziehungspflege zu allen Zielgruppen bewusst, geplant, permanent? Funktioniert die gegenseitige Zusammenarbeit zwischen PR und Marketing auf dem Gebiet der Marketingkommunikation?)
6	Das Gegenteil von offensiv ist defensiv und von aktiv reaktiv. Wer offensiv, aktiv kommuniziert, gibt die Führung nicht aus der Hand, ist meistens einen Schritt voraus, wirkt (selbst bei negativen Ereignissen) vertrauenswürdig. Beispiel: Das Verhalten der Garaventa AG nach dem Seilbahn-Unglück 1996 auf der Riederalp.
7	Aus einer defensiven Haltung ist nur eine reaktive Kommunikation möglich. Wer bedrängt wird, kann nicht mehr offensiv handeln. Meistens ist es zu spät, um noch rechtzeitig zu reagieren.

Dies führt zwangsläufig in eine verteidigende, in der Regel schwache Position.
Beispiel: Das Verhalten der Schweiz auf die Vorwürfe zu den nachrichtenlosen Vermögen und das Verhalten der Schweiz nach dem Zweiten Weltkrieg.

8
- Welches (PR-) Ziel/welche (PR-) Ziele sollen erreicht werden?
- Wie wurde bisher informiert? (Kontinuität)
- Rechtfertigt das Produkt umfassende Kommunikationsmassnahmen? (Innovationsgehalt)
- Sind diese Massnahmen mit den Zielen der Unternehmens--PR koordiniert? (Synergien)
- *Wann* (Zeitpunkt) soll *welche* Information (Inhalt, Botschaft) *wo* (Ort) *wie* (Stil, Tonalität) *womit* (Kommunikationsmittel) *wem* (Zielgruppen) weitergeleitet werden («6 W»).

Fragen → Seite 227

Antworten: Definition PR

Definition PR und Abgrenzungen	
1	a) und b) Was in Ihrer Beschreibung bzw. Umschreibung sinngemäss nicht fehlen darf: ■ Pflege der Beziehungen ■ Imagepflege ■ Kommunikationsmanagement ■ Aufbau/Pflege eines Vertrauensverhältnisses zwischen Unternehmen und Öffentlichkeit (interne und externe Zielgruppen) mittels Kommunikation/Kontinuität
2	Die SPRG definiert Public Relations kurz als «Management von Kommunikationsprozessen für Organisationen mit deren Bezugsgruppen».
3	■ Vertrauensverhältnis zwischen Unternehmen und Kunden ist wegen der Produktionsverlegung nach Osteuropa gestört (Wiederherstellung des Vertrauens, Imagepflege) ■ Das Unternehmen ist allgemein zu wenig bekannt (Aufbau, Förderung Bekanntheitsgrad) ■ Das Dienstleistungsunternehmen hat wegen zweifelhaften Verhaltens und wegen ungeeigneter Kommunikationsstrategie im Zusammenhang mit Archivdokumenten grossen Imageschaden erlitten (neue Kommunikationsstrategie, Imagewiederaufbau)
4	Zwischen interner und externer PR wird unterschieden, um gezielter und differenzierter auf die entsprechenden Zielpublika eingehen zu können; Priorität hat das interne Zielpublikum.
5	Gute Beziehungen zwischen Unternehmen und Mitarbeiter wirken auch positiv nach aussen (gut informierte Mitarbeiterinnen und Mitarbeiter sind motivierter). Interne Information kommt vor der externen Information (besser die Informationen vom Chef, statt aus der Zeitung!)
6	Unternehmens-PR gehören auf Stufe Unternehmensleitung (in grösseren Unternehmen zum Beispiel als Stabsstelle).

Grund: direkter Zugang zur Führungsspitze und zu den wichtigen Informationen, bessere Koordinationsmöglichkeit und Überwachung aller Kommunikationsaktivitäten. Product PR (PPR) kann bei entsprechender Unternehmensgrösse sinnvollerweise im Bereich Marketing eingegliedert sein. Grund: Nähe zu den Marketing-Verantwortlichen.

7 Unterschiede:

- *Zielsetzung*
  Unternehmens-PR: Image/Akzeptanzförderung
  Werbung: Absatzförderung
- *Funktion*
  Unternehmens-PR: umfeldbezogen
  Werbung: marktbezogen
- *Zielpublikum*
  Unternehmens-PR: interne und externe Interessensgruppen (nicht primär kundenbezogen)
  Werbung: bestehende und potentielle Kunden und Absatzbeeinflusser (primär absatzbezogen)
- *Dauer*
  Unternehmens-PR: kontinuierlich, langfristig
  Werbung: aktionsmässig, kurzfristig
- *Medienzugang*
  Unternehmens-PR: über redaktionellen Beitrag
  Werbung: über gekauften (Inserate)raum

8

- Sowohl PR wie Werbung wollen den guten Ruf des Unternehmens fördern (Image).
- Gute Unternehmens-PR (Vertrauensbildung) fördern den Absatz der Produkte und Dienstleistungen genauso wie gute Produkte und Dienstleistungen vertrauensbildend wirken.
- Sowohl PR wie Werbung können dieselben Kommunikationsmittel einsetzen (Inserate, Plakate, usw.).

Fragen → Seite 229

Begriffe der PR und verwandter Gebiete

1 Die Corporate Identity (CI) oder Unternehmensidentität ist das «Eigenbild», die eigene Unternehmenspersönlichkeit: So möchten wir nach aussen wirken, bzw. von aussen gesehen und empfunden werden. Die CI besteht aus den drei Elementen CB, CC und CD:

- CB für Corporate Behaviour, das heisst aus dem Verhalten des Unternehmens nach innen (Personal) und nach aussen (Umfeld, Öffentlichkeit).
- CC für Corporate Communications, das heisst aus der Unternehmenskommunikation, die sämtliche, aufeinander abgestimmten Kommunikationsaktivitäten umfasst und
- CD für Corporate Design, das heisst aus dem visuellen (sichtbaren) Erscheinungsbild wie Signet/Logo, Geschäftsdrucksachen, Beschriftungen (Gebäude, Fahrzeuge), Produktdesign, Architektur usw. und der damit verbundenen (Image-)Wirkung.

2 Image ist das Gegenstück zur Corporate Identity, d.h. es ist jenes Bild, das sich das Umfeld, die Öffentlichkeit von einem Unternehmen macht (Fremdbild): So stelle ich mir das Unternehmen vor, so ist das Unternehmen, so wirkt das Unternehmen auf mich.

3 Durch Analysen, Meinungsumfragen, Imagestudien, bzw. durch Vergleiche zwischen dem Eigenbild der Unternehmung (CI) und dem Fremdbild (Image). Je nach Grösse der Abweichung (credibility gap) kann ein Handlungsbedarf für eine Imagekorrektur bestehen.

4 Unter der «öffentlichen Meinung» ist die Gesamtheit einer in einem bestimmten Zeitpunkt von einer Mehrheit einer Bevölkerungsgruppe zu einer Frage oder zu einem Thema geäusserten Meinung zu verstehen.
Unter der «veröffentlichten Meinung» ist jene Meinung zu verstehen, die in einem bestimmten Zeitpunkt zu einer Frage oder zu einem Thema in den Medien (TV, Radio, Printmedien) publiziert (veröffentlicht) wurde. Die veröffentlichte Meinung muss nicht unbedingt der öffentlichen Meinung entsprechen. Nicht selten wird die in den Medien veröffentlichte Meinung oft als den Tatsachen entsprechend hingenommen.

5	Information wird als Einweg-Kommunikation (Monolog) bezeichnet (Übermittlung einer Botschaft von einem Sender zu einem Empfänger); Kommunikation wird als Zweiweg-Kommunikation (Dialog) bezeichnet (wechselseitiger Austausch von Botschaften zwischen Sender und Empfänger).
6	Ein Leitbild ist die Kurzform der Unternehmenspolitik und der Corporate Identity. Es beinhaltet Unternehmenszweck, -ziele und Verhaltensgrundsätze der Führungskräfte gegenüber dem internen und externen Umfeld. Nur ein «von oben» (vor)gelebtes Leitbild hat Erfolg.
7	Product PR (PPR) ist die gezielte Information im Rahmen der Marketingstrategie über Produkte, Dienstleistungen, Innovationen usw. PPR bezwecken die Unterstützung der Marketing-, Verkaufs- und Werbemassnahmen mit Mitteln der PR.
8	PPR unterstützen bzw. ergänzen die Werbung durch gegenseitiges Abstimmen bzw. Koordinieren sämtlicher Marketing-Kommunikationsmassnahmen und -mittel.
9	PPR liegen eher näher bei der Werbung, weil sie vorwiegend absatzorientiert sind. Hingegen unterstützen sie (sofern koordiniert) die Bemühungen der Unternehmens-PR.
10	Sponsoring ist ein Kommunikationsinstrument, beruht auf (geldwerter) Leistung und Gegenleistung. Längerfristiges (!) Engagement (Zusammenarbeit zwischen Unternehmen und Personen/Organisationen im Bereich Sport, Kultur, Gesellschaft, Ökologie.
11	Der Bereich Public Affairs bezweckt unter anderem Folgendes: ■ Einflussnahme auf Entscheidfindungsprozesse ■ Einflussnahme auf Gesetzesvorlagen ■ Meinungsbildung durch argumentative Überzeugung zu politischen Themen und Vorlagen ■ Konfliktprävention

Fragen → Seite 229

Antworten: Ziel/Zweck, Aufgabe/Funktion, Möglichkeiten und Grenzen der Public Relations

1 Das Hauptziel der PR ist die Imagepflege.
PR sind Werbung um öffentliches Vertrauen.

2
- auf Dauer ausgerichtete Beziehungen aufbauen, pflegen, erhalten
- zwischen einem Unternehmen und «seiner Öffentlichkeit» Akzeptanz, Vertrauen, Verständnis, Goodwill, Anerkennung für seine Leistungen und Aktivitäten erreichen und erhalten
- Positives Image schaffen als Arbeitgeber (erleichtert die Personalbeschaffung)

3
- Aufbau, Pflege, Erhalt von Vertrauen zwischen Unternehmensführung und den internen Zielgruppen
- Schaffen eines positiven Betriebs- und Innovationsklimas
- Förderung der Motivation, des Zusammengehörigkeitsgefühls

4
- Aufbau, Pflege, Erhalt von Vertrauen zwischen Unternehmensführung und den externen Zielgruppen
- Vorbereitung, Begleitung und Unterstützung der Marketing-Anstrengungen
- offensive Informationspolitik, insbesondere im Umgang mit den Medien

5 Absatzförderung durch Unterstützung der Marketing-, Verkaufs- und Werbemassnahmen (bedingt optimale Koordination zwischen Unternehmens- und Product PR).

6 Langfristig optimale Voraussetzungen für das Erreichen von Unternehmenszielen sind zum Beispiel:
- ein gutes Arbeitsklima (steigert Motivation)
- ein intaktes Vertrauensverhältnis zwischen Unternehmensleitung und Umfeld (beugt Gerüchten vor, fördert das Verständnis bei unumgänglichen Massnahmen)
- ein gelebtes Leitbild («Führung durch Vorbild»)

7 PR- und Marketing-Strategien sollten optimal aufeinander abgestimmt sein, um die notwendigen Synergien zu schaffen (koordinierte Kommunikationsziele und -terminpläne).

8	PPR haben die Aufgabe, nebst der Absatzförderung auch einen Beitrag an die Imagepflege bei allen relevanten (internen und externen) Zielgruppen zu leisten.
9	Gute PR (Öffentlichkeitsarbeit) bedeutet auch gute Beziehungspflege zum relevanten Umfeld. Durch die Pflege der Beziehungen kann Vertrauen und Verständnis gebildet werden. Wird einer Person/einem Unternehmen Vertrauen entgegengebracht, sind Absatzziele leichter zu erreichen, und zudem wird es in schwierigen Situationen leichter sein, Verständnis für gewisse Entscheide, Ereignisse und Massnahmen zu erhalten.
10	Die Grenzen der Öffentlichkeitsarbeit liegen im Handeln und im Verhalten der Personen bzw. Unternehmen (auch mit guten PR wird zum Beispiel ein schlechtes Produkt oder ein unsoziales Verhalten nicht besser). PR darf nicht dazu dienen, unethisches Handeln und Tun zu beschönigen oder zu rechtfertigen.

Fragen → Seite 231

Antworten: PR-Methodik

1 Ein Konzept kann grob in vier Phasen strukturiert werden:

- Analyse-Phase
- Diagnose- oder Strategie-Phase
- Aktions- oder Umsetzungs-Phase
- Überprüfungs-/Kontroll- oder Evaluations-Phase

2 In der Regel enthält ein Konzept folgende Elemente und Inhalte:

- *Analyse-Phase*
  Ausgangslage, Situationsanalyse:
  – Wie *ist* die aktuelle Situation?
  – Wo liegt die Diskrepanz zum gewünschten *Soll*-Zustand?

- *Diagnose- oder Strategie-Phase*
  Folgerungen aus der Situationsanalyse:
  – Wo liegen die Hauptprobleme?
  – Was geschieht, wenn nichts geschieht?
  Zielsetzungen:
  – Was wollen wir kurz-, mittel- oder langfristig erreichen? *(Soll)*
  – Wie setzen wir die Schwerpunkte?

- *Aktions- oder Umsetzungs-Phase*
  Massnahmenplan:
  – Wem (Zielgruppen) wollen wir
  – Was (Botschaft),
  – Womit (Mittel),
  – Wozu (Zweck, Effekt), mitteilen?
  Termine:
  – Wann (Zeitplan)?
  Organisation:
  – Wer (Verantwortung) macht was, wo und wie?
  Kosten:
  – Wie viel (Budget) steht zur Verfügung?

- *Überprüfungs-/Kontroll- oder Evaluations-Phase*
  Erfolgskontrolle (Feedback):
  – Wie wirksam waren die Massnahmen?
  – Schlussfolgerungen, Korrekturen

3
- Sowohl bei der Information nach innen wie nach aussen spielt die Zielsetzung eine wichtige Rolle, das heisst, welche Ziele sollen bei der internen und bei der externen Kommunikation erreicht werden (Information, Motivation usw.)
- In welcher Reihenfolge (nach welchem Ablaufplan) sollen die internen und die externen Zielgruppen informiert werden? (Wer informiert wen, wann, wie, womit?)
- Ist die Information wichtig genug, um zum Beispiel eine mündliche Personalorientierung durchzuführen oder genügt das schwarze Brett (interne Information), bzw. ist die Information wichtig genug, um die Medien einzuladen (externe Information)?

4 Mit PR-Aktionen (zum Beispiel bei der Einführung neuer Produkte) sollen die Marketing-, Werbe-, Verkaufsanstrengungen optimal ergänzt werden. Durch eine ideale Kombination der Werbe- und PR-Mittel entstehen Synergien. Der Nutzen für das Marketing besteht u. a. durch die Wechselwirkung von Imagebildung und Absatzförderung.

5 PR-Aktionen (im Sinne von PPR) bringen wenig bis gar nichts, wenn die Produkte bzw. Dienstleistungen mangelhaft oder nicht wirklich innovativ sind.
PR-Aktionen bleiben ebenfalls ohne Erfolg, wenn eine Neuheit für die Medien und die Öffentlichkeit nicht interessant bzw. nur von geringem Nutzen sind.

Fragen → Seite 232

Antworten: PR-Zielgruppen, Beziehungsumfeld

1 Weil PR hauptsächlich imageorientiert sind, umfassen die PR-Zielgruppen das gesamte interne und externe Umfeld (Öffentlichkeit). Werbung hingegen ist primär absatzorientiert, deren Zielgruppen sind deshalb vor allem bestehende und potentielle Kunden und Absatzmittler.
(Die Zielgruppen der Werbung sind ebenfalls ein wichtiger Teil der PR-Zielgruppen.)

2 Der Unterschied ergibt sich aus der Differenziertheit der Zielgruppen. Eine zielgruppenkonforme Kommunikation sollte die elementaren Unterschiede bei der Ansprache, hauptsächlich bezüglich Zeit, Inhalt, Form sowie den einzusetzenden Mitteln, berücksichtigen.
Grundsätzlich sind beide sehr wichtig. Wegen ihrer Bedeutung als «PR-Botschafter» wird den internen Zielgruppen jedoch bezüglich Information grössere Priorität eingeräumt als den externen Zielgruppen («PR begin at home!»).

3
- *das unmittelbare Umfeld*
  (Mitarbeiter, Geldgeber, Nachbarn)
- *das wirtschaftliche Umfeld*
  (Kunden, Branchenverbände, Geldgeber)
- *das soziale Umfeld*
  (Arbeitnehmer-/Arbeitgeberorganisationen, Sozialversicherungswerke, Schulen)
- *das politische Umfeld*
  (Politiker, Behörden, Parteien)
- *das juristische Umfeld*
  (Gesetzgebende Behörden, Verbände mit ihren Richtlinien, Versicherungen mit ihren Bedingungen)
- *das technologische Umfeld*
  (Universitäten, HTL, Berufsschulen, Forschungsanstalten)
- *das kulturelle Umfeld*
  (Organe und Vereinigungen der Kulturszene, Theater, Museen)
- *die Medien, bzw. das Medien-Umfeld*
  (Printmedien, Radio, Fernsehen)
- *die gesamte Öffentlichkeit*
  (breite Bevölkerung)

4 Primäres Publikum ■ kooperierendes Publikum ▲ beeinflussendes Publikum ▮ störendes Publikum ◆ irrelevantes Publikum ▼

5/6 Beispiel: Gebäudeversicherung Bern

- *Unmittelbares Umfeld* ■▲▮
  Verwaltungsrat, Mitarbeiter, Angehörige, Pensionierte, nebenamtliche Mitarbeiter (Schätzungsexperten, Brandschutz-experten) Feuerwehr-Inspektoren/-Instruktoren, Kaminfeger
- *Politisches Umfeld* ▲◆
  Berner National- und Ständeräte, Grossräte, Regierungsstatthalter, Gemeindebehörden
- *Wirtschaftliches Umfeld* ■▲▮◆
  Kunden (Hauseigentümer), Grosskunden, Liegenschaftsverwaltungen, Versicherungsbroker, Hauseigentümerverbände, Privatassekuranz, Europäische Union (Versicherungsabkommen CH-EU)
- *Soziales Umfeld* ▲▮
  Lehrer, Schulen, Sozialversicherungswerke, Arbeitgeber-/Arbeitnehmerorganisationen
- *Juristisches Umfeld* ▮◆
  Feuerschutz- und Feuerwehrgesetz mit Verordnung, Gesetz und Verordnung über die Gebäudeversicherung
- *Technologisches Umfeld* ▮◆
  Stahlbau-/Holzbauorganisationen, Brandschutzrichtlinien der Vereinigung Kantonaler Feuerversicherungen (VKF)
- *Kulturelles Umfeld* ▼
  Kulturelle Organisationen und Institutionen
- *Medien-Umfeld* ▲▮◆
  Lokale, regionale Tagespresse, Wochenzeitungen, Radio, Fernsehen, Hauseigentümer-Zeitschriften, Feuerwehrorgane
- *Öffentlichkeit* ■▲▮◆
  Bevölkerung, Mieter, potentielle Hauseigentümer

7/8 Grafik zu den Antworten 7 und 8

Zielgruppen a) bis d) aus Aufgabe 7	a) Kindernahrung	b) Abfallentsorgung	c) Fahrradfabrik	d) Pharma-Produzent	Umfeld	1) beeinflussend	2) störend
Interne Zielgruppen:							
■ Mitarbeiter und Angehörige, Pensionierte [alle]	■	■	■	■	unmittelbares	■	
Externe Zielgruppen:							
■ Kommerzielle Partner, Händler, Branchenorganisationen [alle],	■	■	■	■	wirtschaftliches	■	
■ Geldgeber [[1]=Steuerzahler]	■	■[1]	■	■		■	
■ Konkurrenten [vor allem a), c) und d)]	■	■	■	■			■
■ Printmedien, Radio, TV [alle]	■	■	■	■	Medien	■	■
■ Politiker, Behörden, Parteien [alle, vor allem b)]	■	■	■	■	politisches	■	■
■ Interessenverbände (Umwelt) [vor allem b) und d)]		■		■			■
■ Forschung/Entwicklung, Uni, HTL, Berufsschulen [vor allem a), d) und c)]	■		■	■	technologisches	■	
■ Gesetzgebende Behörden [alle, vor allem b) und d)]	■	■	■	■	juristisches	■	■
■ Gewerkschaften [alle]	■	■	■	■	soziales		■

Allen vier Branchen gemeinsam sind die internen Zielgruppen. Bei den externen Zielgruppen dürfte die Gewichtung der jeweiligen Umfelder je nach Branche unterschiedlich sein. Bei allen aufgeführten Branchen wichtig sind *das wirtschaftliche Umfeld* (die kommerziellen Partner, Geldgeber bzw. bei b die Steuerzahler, das *Medien-Umfeld* mit Tages- und Wirtschaftspresse,

Publikumsmedien, Fachpresse, Radio, Fernsehen sowie das *politische Umfeld* mit Politikern, Behörden, Parteien); bei a, c und d unmittelbar gefolgt vom *technologischen Umfeld* (Forschung und Entwicklung). Ein starkes Gewicht bei b und d hat auch das *juristische Umfeld* (die gesetzgebenden Behörden).

9 Folgende Besuchergruppen könnten für Betriebsbesichtigungen in Frage kommen:

- Mitarbeiter mit Angehörigen
- Pensionierte
- Medien
- Nachbarn
- lokale Behörden
- Schulen
- Kunden
- Lieferanten
- Geldgeber
- lokale oder regionale Bevölkerung

usw.

10 Wichtigste Zielgruppe in der Kategorie

a) der internen PR:
zum Beispiel die Mitarbeiterinnen und Mitarbeiter, der Verwaltungsrat.

b) der externen PR:
zum Beispiel die Medien, die gesetzgebenden Behörden, die Meinungsführer in der Politik (Parlamentarier, Lobbyisten), die Gewerkschaften (Arbeitnehmervertreter).

Je nach Unternehmen, je nach Branche, je nach ökologischer und/oder ökonomischer Situation kann die Gewichtung variieren.

Fragen → Seite 233

Antworten: PR-Mittel für interne und externe Zielgruppen

1 PR-Mittel unterscheiden sich weniger durch die Form (Art) als durch Inhalte, Ziele, Funktion, Stil der Botschaften.

▪ Inhalt	*PR-Mittel:* Information, Hintergründe *Werbemittel:* Absatz, Verkaufsförderung
▪ (Haupt-)Ziel	*PR-Mittel:* Image *Werbemittel:* Verkauf (Umsatz)
▪ Funktion	*PR-Mittel:* umfeldbezogen *Werbemittel:* absatzbezogen
▪ Art der Mittel	*PR-Mittel:* zum Teil identisch (zusätzlich PR-Artikel) *Werbemittel:* zum Teil identisch
▪ Stil	*PR-Mittel:* «sachlich», «informativ» *Werbemittel:* «werblich», «plakativ»

2 Die PR-Mittel lassen sich zum Beispiel grob in mündliche, schriftliche, akustische/visuelle/audiovisuelle, elektronische Mittel sowie Veranstaltungen strukturieren.

3 Als typische PR-Mittel, mit denen eine Werbekampagne begleitet bzw. unterstützt werden kann, gelten zum Beispiel: Mediencommuniqué, Medienkonferenz, Imagebroschüre, Artikel für die interne Information (Mitarbeiterinformation, Anschlagbrett), Kundenzeitschrift, Publireportage, Sponsoring, Fachartikel, Messeteilnahme, Tag der offenen Tür.

4 Für Product PR eignen sich besonders folgende PR-Mittel: Mediencommuniqué (Einführung eines neuen Produktes), Medienkonferenz, Fachartikel, Sponsoring, PR-Inserate, Publireportage, Artikel für Kundenzeitschrift.

5 Zum Vorstellen von Produkten/Produktesortimenten eignen sich zum Beispiel folgende PR-Mittel:
Kundenzeitschriften, Imagebroschüren, (Fach-)Messen, Fachartikel in Fachmedien, Tagungen, Seminarien und Kongresse (eventuell mit Fachausstellungen), Sponsoring, CD-ROM, DVD usw.

Fragen → Seite 234

Antworten: Wahl und Einsatz von PR-Mitteln

1 Mögliches Vorgehen:

1. *Woher kommt das Gerücht?*
   Gibt es berechtigte Gründe für das Aufkommen des Gerüchtes?
   – Wenn möglich Quelle eruieren
   – Wo liegen die Probleme?
2. *Falls Gerücht berechtigt: Wer ist betroffen (Zielpublikum)?*
   – Zielgruppen bestimmen
   Falls Gerücht nicht berechtigt:
   – Wenn Image schädigend: androhen bzw. einleiten von juristischen Massnahmen
3. *Welche Schlüsse sind zu ziehen?*
   – Was führte zur Entstehung des Gerüchts, zum Beispiel: plötzliches Qualitätsproblem, ungenügende Information?
4. *Was wollen wir (kurzfristig) erreichen? (Zielsetzung)*
   – Ziel(e) setzen
   – Qualitäts- und Informationsverbesserung
5. *Was muss unternommen werden (Massnahmen)?*
   – Sind Sofortmassnahmen notwendig?
6. *Braucht es Koordination mit der laufenden PR-Strategie?*
   – Vermeiden von kontraproduktiven Effekten (eventuell Stoppen der Image-Kampagne)
7. *Welche Massnahmen sind zu treffen?*
   – Wahl der geeigneten Massnahmen
8. *Wie ist der Erfolg der Massnahmen zu kontrollieren?*
   – Wahl der geeigneten Kontrollmittel

2 Folgende PR-Massnahmen könnten für folgende PR-Zielgruppen (zusätzlich zur Werbung) eingeplant werden:

Interne Information:

- Mitarbeiterbrief, Personalzeitung, Tag der offenen Tür, Anschlagbrett, E-Mail auf PC-Netz usw.
  Zielgruppen:
  – Mitarbeiter/innen,
  – Angehörige der Mitarbeiter/innen
  – pensionierte Mitarbeiter/innen

Externe Information:

- Mediencommuniqué, Medienkonferenz usw.
  Zielgruppe: Medien (Tages- und Fachpresse, TV, Radio)
- Publireportage
  Zielgruppe: entsprechendes Publikum (Öffentlichkeit)
- PR-Inserate
  Zielgruppe: entsprechendes Zielpublikum
- Fachartikel in Fachmedien
  Zielgruppe: Fachpublikum (bestehende/potentielle Kunden)
- Artikel in Kundenzeitung
  Zielgruppe: bestehende und potentielle Kunden
- Sponsoring
  Zielgruppe: entsprechendes Zielpublikum
- Lobbying
  Zielgruppen:
  – (Wirtschafts-/Branchen-)Verbände
  – Parlament
  – politische Parteien und Kommissionen

---

3 Interne Zielgruppen zählen zu den wichtigsten Zielgruppen. Gut informierte Mitarbeiter/innen sind motivierte Mitarbeiter/innen (Arbeitsklima, Identifikation). Auch Mitarbeiter/innen haben ihr persönliches Umfeld; sie sind dort wichtige «PR-Botschafter/innen».

---

4 Speziell geeignet wären zum Beispiel eine Einladung an die Medien (Medienorientierung) mit Abgabe eine Pressedokumentation, eine Einladung für die lokalen und kantonalen Behörden sowie ein Tag der offenen Tür (TofT) für die Öffentlichkeit. Selbstverständlich sollte auch eine Einladung an die Kunden (Abbruch- und Bauunternehmen) nicht fehlen. Entsprechend geschickt gestaffelt, können die Einladungen koordiniert, d. h. im Rahmen eines TofT, durchgeführt werden.

---

5 Falls die Darstellung nicht den Tatsachen entsprach: Sofern Ihr Unternehmen in imageschädigender (ehrverletzender) Art und Weise dargestellt wurde, kann vom Recht auf Gegendarstellung Gebrauch gemacht werden. Weitere Möglichkeiten: Gespräch suchen mit Ressortleitung und Autor (Ziel: Berichtigung), eventuell Leserbriefe.
Falls die Darstellung den Tatsachen entsprach: Nichts beschönigen, zur Tatsache stehen, für sofortige Lösung des Problems sorgen, eventuell Betroffenen sofortige Schadenbehebung oder

Schadenersatz anbieten, Medien in geeigneten Abständen über den Stand der Dinge informieren (Gutes Beispiel: Informationspolitik und Sofortmassnahmen der Garaventa AG anlässlich Seilbahnunglück Riederalp von 1996.

6 Gerüchte entstehen meistens wegen fehlender, zu später oder ungenügender, unvollständiger Information.
Seltener sind gezielt bzw. bewusst verbreitete Gerüchte, um einem Unternehmen Schaden zuzufügen (Störmanöver).

7 a) schlechtes Absatzergebnis

- *Gründe/Ursachen:*
  Image, Vertrauen, Bekanntheit, Qualität
- *Mögliche PR-Massnahmen:*
  vertrauensbildende Massnahmen wie Imagekampagne, Verbesserung der Information, Product PR, Betriebsbesichtigungen usw.

b) schlechtes Betriebsklima

- *Gründe/Ursachen:*
  ungenügende Information der Mitarbeiter über Absichten und Ziele der Unternehmensleitung, Führungsstil
- *Mögliche PR-Massnahmen:*
  Verbesserung der internen Information (regelmässige Information, Personalzeitung, Anschlagbrett, Weihnachtsessen, Ausflüge), Förderung von Sportclubs, Vorschlagswesen usw.

c) unbefriedigendes Medienecho

- *Gründe/Ursachen:*
  wenig attraktive Neuheit, vernachlässigte Medienbeziehungen, schlechte Vorbereitung, ungenügende Pressedokumentation usw.
- *Mögliche PR-Massnahmen:*
  Medienkonferenz nur bei Top-News, Aufbau der Medienkontakte, gute Vorbereitung, umfassende, klare Inhalte und Botschaften

d) schlecht informierte Kunden

- *Gründe/Ursachen:*
  ungenügende Information, keine oder wenig attraktive Kundenzeitung, vernachlässigte Kundenkontakte

- *Mögliche PR-Massnahmen:*
  Verbesserung der Kundeninformation,
  zum Beispiel durch Professionalisierung der Kundenzeitung, Intensivierung der Kundenpflege (regelmässige Information)

8 Als Krisenereignisse mit anspruchsvollen Kommunikationsanforderungen können zum Beispiel bezeichnet werden:

- Lebensmittel enthält Rückstände eines Reinigungsmittels (Rückruf und Vernichtung nötig)
- Bereits angekündigte und beworbene Neuwagen bestehen «Elch-Test» nicht (technische Verbesserungen nötig)
- Unternehmensfusionen mit Verlust von Arbeitsplätzen (Abwehrreflex der Kunden wegen «Privatisierung der Gewinne, Sozialisierung der Verluste»)
- Unfälle, Pannen, Betriebsschliessungen, das heisst jedes Negativereignis erfordert besondere Kommunikationsmassnahmen (Krisenszenario), welche periodisch überprüft und den aktuellen Gegebenheiten angepasst werden müssen.

Fragen → Seite 235

Antworten: Erfolgskontrolle der PR-Tätigkeit

1 Der Erfolg von PR-Massnahmen ist in entscheidendem Ausmass vom Vertrauen abhängig, das einem Unternehmen entgegengebracht wird. Vertrauen entsteht aus der Glaubwürdigkeit des unternehmerischen Denkens, Verhaltens und Auftritts. Sofern ein Unternehmen – speziell in Krisensituationen – mit einer offensiven Informationspolitik und einem glaubwürdigen Verhalten an die Betroffenen und an die Öffentlichkeit gelangt, kann ein Imageschaden eher in Grenzen gehalten werden.
(Beispiele: Mercedes nach Elch-Test der A-Klasse)

2 Die vor einer Aktion festgelegten PR-Ziele entsprechen den *Soll*-Werten. Das Ergebnis der realisierten PR-Massnahmen wird als *Ist*-Wert definiert. Aus dem Vergleich dieser beiden Werte (*Soll* und *Ist*) widerspiegelt sich der Erfolg der PR-Massnahmen.

Beispiel: Einführung von Rauchmeldern für den Wohnbereich im Kanton Bern durch die Gebäudeversicherung.

- *PR-Ziele (Soll):*
  Personenschutz, Sensibilisierung der Bevölkerung für die Personengefährdung im Wohnbereich, Verkauf von 40'000 Rauchmeldern in den ersten sechs Monaten nach Einführung, mit durchschnittlich mindestens fünf Rauchmeldern pro Bestellung.
- *Resultat (Ist):*
  Verkaufszahlen bereits nach vier Monaten erreicht,
  Nachfrage weiterhin ungebrochen,
  Durchschnitt pro Bestellung bei ca. 5,9 Geräten.

3 Die drei Kontrollmöglichkeiten von PR-Massnahmen:

- *Signale im täglichen Leben (Geschehen) des Unternehmens*
  – Anfragen und Bestellungen von Info-Material
  – Schriftliche und telefonische Reaktionen auf PR-Massnahmen (positive und negative)
  – Statistiken (zum Beispiel Entwicklung der Verkaufszahlen, Anzahl Reklamationen usw.)

- *Beobachtung der Medienberichterstattung*
  – Resultat aus Gesprächen mit Medienschaffenden
  – Durchsicht der publizierten, ausgestrahlten Informationen in Presse, Radio, TV

- Auswertung der Medienberichte (zum Beispiel durch Medienbeobachtungsunternehmen) und Zusammenfassung der Resultate in einem internen Pressespiegel

- *Befragungen, Meinungsumfragen*
  - Telefonische oder schriftliche Interviews
  - Befragungen mündlich, schriftlich (Fragebogen)
  - Imageanalysen und Meinungsumfragen (eventuell durch spezialisiertes Unternehmen)

---

4 *a) und b)*
Um den Erfolg der eingesetzten PR-Instrumente zu messen, gibt es quantitative und qualitative Kontrollmöglichkeiten (zum Beispiel bei der Auswertung der Medienberichterstattung).

- *Quantitativ*
  anzahl- oder mengenmässig
  (zum Beispiel Anzahl erschienene Presseberichte, ausgestrahlte Sendeminuten, positive/negative Stimmen/Reaktionen, Anfragen nach Info-Material)

- *Qualitativ*
  Qualität des Inhalts der Berichterstattung, der Aussagen (zum Beispiel Fragen nach der Plazierung des Berichtes im Presseorgan oder Sendegefäss, nach Art und Aufmachung, nach Grösse und Umfang des Artikels, aber auch Fragen nach den Verhaltens- oder Einstellungsveränderungen bei den Zielgruppen)

---

5 Die PR-Erfolgskontrolle beantwortet die Frage nach dem Sinn und Zweck der PR-Arbeit im Unternehmen. Kontinuierlich betrieben und unter Berücksichtigung eines vernünftigen Kosten-Nutzen-Verhältnisses bildet die PR-Kontrolle die Basis für die künftige PR-Arbeit, aber auch für die Legitimation von (professioneller) PR im Unternehmen.

Fragen → Seite 236

Antworten: Wissens- und Informationsmanagement

1 Wissen entsteht aus der Vernetzung von Daten und Informationen.

2 Informationsmanagement ist die Vorstufe von Wissensmanagement und umschreibt den Umgang mit Informationen. Wissensmanagement umfasst den Umgang mit dem Wissen als Produkt der vernetzten Daten und Informationen.

3 Informationsmanagement besteht aus folgenden drei Stufen:

- Informationsbeschaffung
- Informationsauswertung
- Informationsweiterleitung

4 Informationen über die Medienberichterstattung können wie folgt beschafft werden:

- Eigenes Sammeln und Auswerten der Belege/Zeitungsausschnitte (je nach Umfang sehr zeitaufwändig)
- Abonnieren eines Presseausschnittdienstes für Printmedien, TV, Radio
- Als Vertragspartner zum Beispiel der Schweizerischen Depeschenagentur (SDA), Zugriff via Internet auf Datenbankarchive, zum Beispiel der SDA sowie der bedeutenden Tages- und Wirtschaftszeitungen

5 Veröffentlichte Medieninformationen lassen sich wie folgt weiterbearbeiten, auswerten und archivieren:

- *Auswertung (zum Beispiel nach qualitativen Merkmalen):* Alle Medieninformationen lassen sich generell anhand formaler und inhaltlicher Kriterien erfassen und analysieren. Bei der Auswertung geht es hauptsächlich um qualitative Merkmale (Grösse, Plazierung, Gewichtung usw.).

- *Weiterbearbeitung (zum Beispiel Übernahme zur Publikation in einen Kunden- oder Personalzeitung oder Weiterleitung an bestimmte interne Empfänger):*
  - Originalbelege oder Fotokopien (Achtung: Urheberrechte!) von Medieninformationen: manuelle oder elektronische Texterfassung

- Elektronisch empfangene und gespeicherte Medieninformationen ab Datenbank: Ausdruck oder Weiterleitung über internes PC-Netz an bestimmte Empfänger
- Archivierung: Ablage von Presseausschnitte in einfachen Klassifikationssystemen wie Ordner, Hängeregister usw.; elektronisch gespeicherte Medieninformationen in PC-Files.

6 Grundsätzlich gelten folgende Kriterien:
Der Empfänger muss die Informationen *weiterbearbeiten* oder *zur Kenntnis nehmen* oder *archivieren.*
Als weiteres nützliches Entscheidungsprinzip für die Weiterleitung von Informationen kann die folgende Formel dienen:
«Need to know» (Notwendig/wichtig zu wissen)
oder «Nice to know» (nett zu kennen).

Fragen → Seite 237

Antworten: Zusammenarbeit mit internen und/oder externen PR-Fachleuten/Das Briefing

1 Der Beizug interner oder externer PR-Fachleute kann zum Beispiel in folgenden Fällen sinnvoll und notwendig sein:
- Know-how oder professionelle Erfahrung fehlt (vor allem bei komplexer Aufgabenstellung)
- eigene personelle Kapazität fehlt (zum Beispiel für Sofortmassnahmen)
- effizienteres, zeitsparenderes Erreichen der Zielsetzungen
- länderspezifische Problemlösung notwendig (Kooperation mit internationalem Agentur-Network)
- zusätzliches Nutzen von Beziehungspotential (Lobbying, Medienarbeit)

2 *a)* Die zwei gebräuchlichsten juristischen Formen der Zusammenarbeit mit einer Kommunikationsagentur sind:
- der *Werkvertrag* (Herstellung eines Werkes mit einem klar definierten Resultat, zum Beispiel Werbe-/PR-Mittel wie Broschüre, Prospekt, Inserat, usw.)
- der «*(einfache) Auftrag*», zur Ausübung einer Mandatstätigkeit (Agenturvertrag); häufige Form: Zusammenarbeitsvertrag Agentur (Auftragnehmer) und Unternehmen (Auftraggeber), mit einer festgelegten Dauer und Kündigungsfrist

2 *b)* Das Vertragsverhältnis kann wie folgt beendet werden:
- Werkvertrag: Solange das Werk unvollendet ist, kann der Auftraggeber (Besteller) gegen Vergütung der bereits geleisteten Arbeit und gegen volle Schadloshaltung des Unternehmers jederzeit vom Vertrag zurücktreten
- Auftrag: Der Auftrag kann von jedem Vertragspartner jederzeit widerrufen oder gekündigt werden;
  erfolgt dies jedoch zur Unzeit, ist der zurücktretende Partner zum Ersatz des dem anderen verursachten Schadens verpflichtet, zum Beispiel: entgangener Gewinn, Zusatzkosten Infrastruktur.

3 *a)* Da es sich um die Herstellung eines Werks (Kundenbroschüre) handelt: Werkvertrag

3 *b)* Bei einer Beratungstätigkeit für die Produkte-PR einer Grossbank inklusive Medienarbeit liegt das Schwergewicht in der Beratungsleistung und zwar nach Auftragsrecht (einfacher Auftrag). Diese Leistungen können in einem Agenturvertrag klar geregelt werden. Daneben liesse sich die Herstellung einer Produkt-Broschüre auch nach Werkvertragsrecht abwickeln.

4 Bei der Evaluation einer PR-Agentur könnten folgende Kriterien eine Rolle spielen:
- Agenturkapazität (Werbe- und PR-Beratung)
- Grösse der Agentur (Arbeitskapazität)
- Bisherige Branchenerfahrung
- Angebotene Dienstleistungen (zum Beispiel Beratung, Grafik, Text, Media usw.)
- Bekanntheitsgrad, fachlicher Ruf
- BSW-, ASW- und/oder BPRA-Mitgliedschaft

5 Bei der Beurteilung der Qualität einer PR-Agentur können zum Beispiel folgende Punkte besonders wichtig sein:
- Persönlichkeit des Mandatsleiters (Kann ich mir eine Zusammenarbeit mit ihm vorstellen? «50 Prozent ist Chemie» – diese muss stimmen!)
- Anzahl und Dauer der Mandate (Diese geben Anhaltspunkte über das längerfristige Vertrauensverhältnis zwischen Kunde und Agentur)

6 Ein mögliches Vorgehen bei der Evaluation einer PR-Agentur kann zum Beispiel sein:
1) Vorselektion: Eigene Beobachtungen. Man merkt sich Kampagnen, die sich bezüglich Stil und Haltung/Einstellung für das eigene Unternehmen eignen könnten. Erste Kontaktnahme mit solchen Agenturen.
2) Bilden eines kleinen Entscheidungsteams mit kompetenten Personen, zum Beispiel aus Geschäftsleitung, Marketing, Kommunikation.
3) Erstellen eines Fragenkataloges/Briefings für die zu evaluierenden Agenturen. Darin sind zum Beispiel enthalten: Problemstellung, Zielgruppen, Termine, eventuell Budget, Kontaktpersonen/Verantwortlichkeiten sowie Angaben, was Sie von der Agentur erwarten.

4) Erstes Gespräch mit den zu evaluierenden Agenturen, mit Vorteil beim Auftraggeber. Ziel: Die Agentur soll sich ein Bild über den Auftraggeber und die Problemstellung machen können. Dabei soll sich die Agentur spontan äussern können, wie sie die gestellte Problemstellung anzugehen gedenkt.
5) Erste Auswahl (Vorentscheid). Vielleicht ergibt sich aus dem Resultat des ersten Gesprächs bereits eine erste Selektion.
6) Zweites Gespräch mit den verbliebenen Agenturen, mit Vorteil bei der Agentur. Ziel: Kennenlernen der Agentur, der möglichen Kontaktpersonen. Die Agentur soll ihre Leistungsfähigkeit unter Beweis stellen, ihre Gedanken zur Problemstellung konkretisieren und Lösungsansätze darlegen. Besprechung der Zusammenarbeitsform und Honorarordnung.
7) Entscheid/Endauswahl. Ein Polaritätsprofil der menschlichen und fachlichen Qualitäten kann als Beurteilungshilfe dienen. Absagen an Agenturen schriftlich begründen.

---

7 Ein Briefing ist ein Auftrag. Darin werden Inhalt und Umfang eines Auftrages formuliert. Ob in schriftlicher oder mündlicher Form (Briefinggespräch), ein Briefing ist immer dann notwendig, wenn ein Auftragnehmer (zum Beispiel Agentur) in eine Problemstellung eingeführt werden soll. Es gilt der Grundsatz, je komplexer der Auftrag, desto umfassender das Briefing.

---

8 In einem Briefing an PR-Fachleute müssen für die Lancierung eines neuen Produktes folgende Punkte enthalten sein:

- *Situationsanalyse:*
  Beschrieb der aktuellen Situation vor der Lancierung (Bekanntheit, Marktübersicht, Stärken/Schwächen der heutigen Situation, bisherige Tests, Umfragen, Chancen/Gefahren bei der Einführung, Vorstellungen über die Einführung, usw.)
- *Zielformulierung:*
  Was soll mit dem neuen Produkt erreicht werden?
  Welche qualitativen Merkmale soll das neue Produkt erfüllen (Produkt-/Dienstleistungsnutzen)?
- *Zielgruppen, Randbedingungen:*
  Welche Zielgruppen sind zu involvieren?
  Welche Randbedingung sind gegeben (Unternehmens-/Kommunikations-/Marketingpolitik, Termine, Budget, Personalbedarf usw.)?

- *Verrantwortlichkeiten, Auftrag:*
  Regelung der Verantwortlichkeiten (Ansprechpartner).
  Formulierung des Auftrages an die Agentur
  (mit Terminvorgaben).

---

9 Mündliche Briefings können genügen:

- wenn bereits bekannte allgemeine Vorgaben (Situationsanalyse, Zielsetzung, Verantwortlichkeit usw.) lediglich gewisse Modifikationen erfahren,
  zum Beispiel: generelle Strategie bleibt bestehen,
  Schwerpunkte werden anders gesetzt
  (Konzentration auf Produktlinie X statt bisher Z)
- bei der Vergabe eines Auftrages für einen neuen Prospekt, eine neue Broschüre, ein Inserat usw.

In allen Fällen empfiehlt es sich, die wesentlichen Inhalte und Vereinbarungen zum Beispiel in einem Kontaktrapport vom Auftragnehmer schriftlich bestätigen zu lassen.

---

10 Sowohl der BPRA (Bund Schweizerischer PR-Agenturen als auch der BSW (Bund Schweizerischer Werbeagenturen) und die ASW (Allianz Schweizer Werbeagenturen) verfügen über eine Dokumentation über die Zusammenarbeits-, Beratungs- und Honorargrundsätze.

Fragen → Seite 238

Antworten: Umgang mit den Medien

1 a) Eine Antwort könnte zum Beispiel lauten: «Die Medien sind weder Feinde noch Freunde. Sie sind Partner. Mein Verhältnis zu den Medien basiert deshalb auf der Pflege einer partnerschaftlichen Beziehung.»

1 b) Der Sinn und Zweck der Zusammenarbeit mit den Medien liegt in der Rolle der Medien als Informationsvermittler. Ziel ist das Erreichen von gegenseitigem Vertrauen und Verständnis (wichtig vor allem in Krisenzeiten). Dies erfordert eine kontinuierliche Pflege des Dialoges mit den Medienvertretern.

2 Jedes Ereignis, welches für die Medien und die Öffentlichkeit wirklich interessant ist, zum Beispiel Top-Neuheiten, -Innovationen wie das Kleinfahrzeug «SMART» von Hayek rechtfertigen die Durchführung einer Medienkonferenz. Hingegen ist für jede Information, die ebenso gut mittels Mediencommuniqué übermittelt werden kann, das Communiqué vorzuziehen, zum Beispiel eine erste Stellungnahme, welche Modifikationen das Unternehmen gegen das Umkippen des Fahrzeugs vorsieht. Es gilt der Grundsatz: Nie die Medien unnötig zu Veranstaltungen aufbieten – lieber eine Veranstaltung zu wenig als eine zuviel!

3 Bei einer als fair geltenden Partnerschaft Unternehmen/Medien bzw. Medien/Unternehmen sollte auf jegliche Verknüpfung zwischen Insertionsaufträgen und redaktionellen Beiträgen verzichtet werden. Auf Dauer sind solche Druckversuche kontraproduktiv. Leider gehören sie immer wieder zur Tagesordnung, besonders in Zeiten rauherer wirtschaftlicher Bedingungen und zunehmenden Konkurrenzdrucks.

a) Versuchen Sie im Interesse Ihrer Glaubwürdigkeit bei den Medien, Ihren Auftraggeber von solchen Bedingungen abzuhalten.

b) Verzichten Sie auf die Publikation des redaktionellen Beitrages sowie auf den Insertionsauftrag und informieren Sie wenn nötig die Lauterkeitskommission oder einen der Branchenverbände (zum Beispiel die SPRG).

4 Möglichkeiten, Medien zu informieren sind zum Beispiel:
- die Medienkonferenz
- das Mediencommuniqué
- der Medienapéro
- das Mediengespräch
- das Medieninterview
- das Medienseminar usw.

5 Hauptkategorien:

- *Printmedien (die gedruckte Presse)*
  - Tageszeitungen
  - Zeitschriften
  - Fachmedien
  - Verbands-, Kunden, Personalzeitschriften

  Unterschiede: Arbeitsweise, Informationen in (schriftlicher) gedruckter Form

- *Elektronische Medien*
  - Nachrichtenagenturen
  - Radios, Lokalradios
  - Fernsehen, Regionalfernsehen
  - Teletext

  Unterschiede: Arbeitsweise, Informationen in audiovisueller Form (Bild und Ton)

6
- *Die Medienkonferenz*
  Hauptzweck: Die formelle Art der Informationsweitergabe aus wichtigem Anlass
- *Das Mediengespräch oder der Medienapéro*
  Hauptzweck: Die informelle Art der Kontaktpflege zu ausgewählten Medienvertretern
- *Die Medienreise*
  Hauptzweck: formelle Art, Reise kann zu (Vor-)Informationen genutzt werden; Wahl dieser Art der Informationsweitergabe aus Gründen der Orts-, Produkte-, Produktionsgebundenheit, zum Beispiel Inbetriebnahme eines neuen Werks, einer speziellen Produktionsanlage
- *Das Medieninterview*
  Hauptzweck: Personenbezogene Art der Informationsübermittlung, zum Beispiel Exklusiv-Interview mit Konzernchef

7 *Inhalt und Aufbau von Medien-Communiqués*

- *Inhalt*
  - Neuigkeiten
  - Aktualitäten
  - die «sechs W»: *Wer* hat *Was, Wo, Wann, Wie, Weshalb* erfunden, produziert, herausgegeben, auf den Markt gebracht?

  Darauf ist zu achten:
  - keine werblichen Formulierungen
  - Achtung vor Superlativen
  - Zielgruppengerechte und medienkonforme Formulierung
  - sparsame Verwendung von Firmen- und Produktenamen
  - einfache Sprache (vor allem bei kompliziertem Sachverhalt)
  - einwandfreie Manuskripte

- *Aufbau*
  - eventuell Sperrfrist
  - Titel
  - Einleitung (Lead)
  - Text (kurz, sachbezogen)
  - Datum
  - Ansprechpartner und Firmenadresse mit Telefonnummer und E-Mail-Adresse
  - Beilage(n): zum Beispiel Fotos und Grafiken mit Legenden, weitere Informationen wie Reden, Firmenprospekt

  Darauf ist zu achten:
  - eventuell Sperrfrist am Anfang
  - Wichtigste Botschaft bereits in Titel und Lead
  - Wichtigste Fakten am Anfang, weniger wichtige in abnehmender Reihenfolge, Details am Schluss
  - Datumsangabe
  - Kontaktperson und -adresse für eventuell Rückfragen (mit Telefonnummer und E-Mail-Adresse)

8 Ein Mediencommuniqué ist medienkonform, wenn es aus Sicht der Redaktion, bzw. des Medienvertreters, geschrieben wird. Werden Illustrationen beigelegt, sollten diese attraktiv sein – keine reinen Produktaufnahmen, sondern immer in der Anwendung (mit Personen).

Ein Mediencommuniqué ist presseorgan-gerecht, wenn es den unterschiedlichen Bedürfnissen der Print-, Fach- und elektronischen Medien Rechnung trägt (Aufbau, Inhalt, Stil).

9 Die «sechs W»: *Wer, Was, Wo, Wann, Wie, Womit, (Warum).* Ein Beispiel: Ein Journalist (*wer*) wurde gestern (*wann*) auf dem Werkgelände (*wo*) beim Elch-Test (*wie*) mit dem neuen Kleinwagen (*womit*) leicht verletzt (*was*), als dieser umkippte und auf dem Dach zum Stillstand kam (*warum*).

10 Eine Pressemappe kann Folgendes enthalten:

- Teilnehmerliste sowie Programm/Ablauf der Medienkonferenz
- Mediencommuniqué (Kurz- und/oder Langfassung), mit Kontaktperson und -adresse
- eventuell schriftliche Fassung der Referate, Angaben über Referenten (Titel, Namen, Funktion)
- Technische Einzelheiten des Produkts (eventuell Forschungsberichte)
- Fotos, Grafiken mit Legenden
- eventuell Produktprospekt, Firmenbroschüre/Firmenporträt

11 Wichtig beim Aufbau und der Pflege von Medienbeziehungen sind:

- der persönliche Kontakt
- die Kontinuität
- Ehrlichkeit und Offenheit, gegenseitiges Vertrauensverhältnis
- vollumfängliche Informationen, Transparenz
- professionelles Arbeiten (Hilfsbereitschaft, Termintreue, medienkonformes, presseorgan-gerechtes Material)

12 Der Erfolg jede Medienveranstaltung hängt von einer guten Planung und Vorbereitung ab.
Idealerweise geschieht dies in folgenden Phasen:

a) *Analyse-Phase*
Überlegungen zum Ziel der Veranstaltung, zum Thema, zur Wahl Referenten, der einzuladenden Medien, zum Durchführungsort, -datum, -zeitpunkt usw.

b) *Vorbereitungs-Phase*
Bestimmen der Referenten, des Moderators, Saal-Rekognoszierung und -Reservation, Verfassen des Communiqués, Erstellen der Pressedokumentation, Bereitstellen Logistik

(Transporte, Infrastruktur für Medien), Organisation Presseausschnittdienst, Namensschilder, Fotograf, kleines Präsent, Reservation Apéro, Imbiss), Einladung der Medienvertreter mit Anmeldetalon, Nachfassen nach Ablauf des Anmeldetermins, Vorbereiten der Konferenz, Durchführen einer Generalprobe, rechtzeitige (Vor-)Information der internen Mitarbeiter.

c) *Durchführungs-Phase*
Empfang, Registrierung der Medienvertreter,
Abgabe der Pressemappe (immer vor Beginn des Anlasses!),
Begrüssung der Medienvertreter und Gäste, Vorstellen der Referenten, Referate, Diskussion (Fragen/Antworten),
Dank an Teilnehmer, evtl. Rahmenprogramm, Besichtigungen, Spezial-Interviews, Einladung zum Apéro und Imbiss.

d) *Phase nach der Veranstaltung (Follow-up)*
Versand der Pressedokumentation an fehlende Medienvertreter, Manöverkritik, Sammeln und Auswerten der Medienberichterstattung (Pressespiegel), Schlussbericht (Erfolgskontrolle), Folgerungen und Empfehlungen für künftige Anlässe.

---

13 Es bestehen grundsätzlich drei Möglichkeiten:

- *Die Berichtigung*
  Einfachste, schnellste Möglichkeit, eine Berichterstattung zu korrigieren. Beruhen die Angriffe auf einem Missverständnis oder einer offensichtlichen Fehlinformation, wird jede Redaktion auf eine Berichtigung eingehen.

- *Die Gegendarstellung*
  Bei Tatsachenbehauptungen (nicht bei Wertungen eines Journalisten) können direkt oder persönlich Betroffene vom Recht zur Gegendarstellung Gebrauch gemacht werden (gemäss Art. 28 ZGB).

- *Der Leserbrief*
  Hier sind Meinungsäusserungen und Kommentare zu Wertungen gestattet. Auch nicht unmittelbar Betroffene können sich äussern.

Fragen → Seite 239

Antworten: Sponsoring

1	Sport-Sponsoring, Kultur-Sponsoring, Sozio-Sponsoring, Öko-Sponsoring
2	Ein Sponsoring-Engagement macht nur Sinn, wenn das Gesponserte mit der Philosophie und dem Angebot des Sponsors im Einklang steht.
3	An der Corporate Identity als auch an den Marketingzielen des Geldgebers
4	Sponsoring basiert auf einer klar definierten, vertraglich geregelten Leistung und Gegenleistung zwischen Sponsor und Sponsornehmer.

Fragen → Seite 240

Antworten: Internet-PR

1	Internet-PR bezweckt den Aufbau und die Pflege von Bekanntheit, Vertrauen, Goodwill und Image sowie die Bindung der Besucher an das Unternehmen.
2	Eine gute Website ist ■ aktuell und unterhaltend ■ benutzerfreundlich ■ übersichtlich, mit einfacher Navigation ■ nutzbringend, Mehrwert schaffend ■ kürzeste Aufstartzeiten ■ ins Kommunikationskonzept eingebunden

Fragen → Seite 240

Aufgaben und Lösungsbeispiele

Aufgabe: Briefing – Sie suchen eine Kommunikationsagentur

Angenommen, Sie arbeiten in der Marketingabteilung eines grossen Pharma- und Kosmetik-Konzerns. Für die Lancierung und Etablierung einer neuen, hochwirksamen Sonnenschutz-Produktelinie soll die Zusammenarbeit mit einer Kommunikationsagentur gesucht werden (PR und Werbung). Nebst Ihrer Hausagentur sollen für diesen Auftrag weitere drei bis vier Agenturen angefragt werden.

Um diese Agenturen über ihre Aufgabe zu informieren, muss ein Briefing erstellt werden.

a) Listen Sie die einzelnen Briefing-Positionen auf und
b) beschreiben Sie in wenigen Stichworten den Inhalt der einzelnen Positionen.

Lösungsmöglichkeit

a) *Briefing-Positionen*	b) *Inhalte*
1. Ausgangslage	Allgemeine Situation (Unternehmen, Umfeld, Konkurrenz, Kommunikation)
2. Aufgabenstellung	Definition, Beschrieb des Auftrages/der Aufträge, zum Beispiel Marktpositionierung/Imagepflege, Hauptziele, eventuell vorgesehene Massnahmen, Zeitpläne, Vorstellungen bezüglich interne und externe Kommunikation usw.)
3. Zielsetzungen	Übergeordnete Zielsetzungen: Bekanntheit des Unternehmens, Image, Positionierung der Produktelinie im Markt usw. für interne Zielgruppen

	(Information, Motivation) für externe Zielgruppen (Bekanntheitsgrad, Imagetransfer usw.)
4. Kommunikationsstrategie	Gewünschter Auftritt: je nach Produktepositionierung zum Beispiel jung, modern, dynamisch, aktiv, positiv
5. Zielgruppen	intern, extern
6. Vorgehen, Timing, erste Massnahmen	Gespräche, Vorschläge, Entscheid Agenturwahl, Start erster Umsetzungen und Massnahmen usw. Zeitplan und Massnahmen bezüglich Vorgehensschritte
7. Zeitlicher Rahmen	Grobplan der Kommunikationsmassnahmen
8. Budget	Kostenrahmen
9. Diverses	Erwartungen bezüglich Zusammenarbeit, Honorarregelung, Erfahrungen mit ähnlichen Aufträgen usw.

Aufgabe Medienarbeit

In Deutschland wurde «IFEX 3000», ein sensationelles Feuerlöschgerät, entwickelt. Mit dieser neuartigen Löschpistole genügen wenige Liter Wasser (statt der bisherigen 600 bis 1000 Litern), um einen Zimmer-Vollbrand oder ein brennendes Auto zu löschen.

In der Schweiz wird dieses Gerät durch die Feuerex AG angeboten. Es soll nun durch eine gezielte Marketing- und PR-Strategie bekanntgemacht werden, u. a. auch durch Medienarbeit.

a) Welche Arten von Medienveranstaltungen würden Sie vorschlagen? Warum?
b) Bitte beschreiben Sie in Stichworten Planung, Vorbereitung und Durchführung einer Medienveranstaltung?

Lösungsbeispiel

a) Medienkonferenz mit Demonstration des Gerätes (Grund: Neuheit mit Innovationscharakter, Vorteile für Feuerwehren und Versicherung, relativ breites öffentliches Interesse vorhanden)

b) *Analyse*
- Ziel der Veranstaltung festlegen (Bekanntmachung Innovation)
- Thema/Aufhänger: Löschdemonstration
- Auflisten der einzuladenden Journalisten
- Bestimmen von Datum/Zeit/Ort

Vorbereitung
- Reservationen (Durchführungsort, zum Beispiel Ausbildungszentrum, Räumlichkeiten)
- eventuell Bewilligungen einholen (Umweltschutzbestimmungen)
- Redner bestimmen und bestätigen (Zusammenarbeit Feuerwehr)
- Voreinladungen (Terminreservation)
- Einladungen, telefonisch Nachfassen
- Logistik organisieren (Transporte, Infrastruktur, Demo-Objekte, Sicherheitsdienst)
- Mediendokumentation aufbereiten (Inhalt Pressemappe)

	■ Vorbereitung des Anlasses (Rekognoszieren) ■ Generalprobe (nichts dem Zufall überlassen!) ■ Interne Information ■ Auch an Kleinigkeiten denken (Namensschilder, kleines Präsent)
Durchführung	■ Empfang, Registrierung der Medienvertreter und Gäste (Abgabe der Pressemappe) ■ Pünktlicher Beginn/Begrüssung, Vorstellen der Redner ■ Vorträge ■ Fragen/Antworten/Diskussion ■ Dank an Teilnehmer ■ Löschdemonstration Autobrand, Zimmerbrand ■ Redner zur Verfügung für Spezialinterviews ■ Apéro, Imbiss
Follow-up	■ Versand der Mediendokumentation an abwesende Journalisten ■ Durchführen einer Manöverkritik ■ Auswertungen/Erfolgskontrolle: Echo zum Anlass, Presseausschnitte sammeln, Pressespiegel erstellen ■ Auswertung der Medienberichterstattung (qualitativ/quantitativ) ■ Schlussbericht, Folgerungen, Empfehlungen für künftige Anlässe

Projekt «Wiederaufbau Christoffelturm»

Eines der Wahrzeichen von Bern, der Christoffelturm (auch Oberspitalturm), Teil der mittelalterlichen Stadtbefestigung, wurde um 1864 abgebrochen. Er stand auf dem Bubenbergplatz auf der Höhe zwischen Burgerspital und Heiliggeistkirche und stellte mit seinen 55 Metern Höhe einen besonderen städtebaulichen Akzent dar. Mit dem Aufkommen der modernen Verkehrsmittel wie Eisen- und Strassenbahn musste der durch eine Stimme beschlossene Abbruch des Christoffelturms realisiert werden. Damit verlor Bern eines seiner markantesten Bauwerke. Der beschlossene und ausgeführte Abbruch wird heute als städtebaulicher Fehler anerkannt.

Angenommen, Sie arbeiten als Marketingplaner/in in der Touristikzentrale der Stadt Bern. Zusammen mit Gleichgesinnten haben Sie sich zum Ziel gesetzt, diesen historischen Sündenfall zu korrigieren und den Christoffelturm wieder aufbauen zu lassen.

Mit diesem Vorhaben lassen sich einerseits wichtige touristische (Marketing-)Ziele verbinden, andererseits stellen sie eine sinnvolle Ergänzung zum Masterplan dar: Umlagerung des Verkehrs (Stichwort Schanzentunnel), Attraktivierung der oberen Altstadt (Stichwort: Fussgängerzone Bubenbergplatz/Bahnhofplatz).

Aufgabe:

- Sie haben die Aufgabe, das «Produkt» Christoffelturm, für die Bernerinnen und Berner neu zu lancieren.
- Zeigen Sie anhand eines Grobkonzepts den Weg dazu auf (Konzeptpunkte und Inhalte)

Mögliches Vorgehen

Stufe 1 *Analyse/Vorbereitungsphase (Basisarbeit)*

1. Zusammentragen des Grundlagenmaterials: Historie, Hintergründe, Zusammenhänge, erste Machbarkeitsüberlegungen usw.
2. Zielsetzung: Wiederaufbau des Berner Christoffelturms
3. Suchen von Verbündeten (Achtung auf Vertraulichkeit)

4. Bilden einer Projektgruppe
5. Finanzierungskonzept (Christoffelturm) erarbeiten
6. Zielgruppenüberlegungen und -definition
   für die Kommunikation der Idee
   und der Finanzierung
7. Erarbeiten des Zeitplans für die Einführung
   der Idee Wiederaufbau
   (Wann mobilisieren wir die Öffentlichkeit?)

Stufe 2 *Diagnose-/Strategiephase*

1. Entscheiden über das weitere Vorgehen
2. Bildung eines Patronatskomitees,
   Einbezug des Stadtplaners
3. Lancierung Idee «Christoffel-Club» zur Finanzierung
   des Wiederaufbaus des Christoffelturmes,
   «Verewigung» der Sponsoren und Donatoren

Stufe 3 *Aktionsphase*

1. Erarbeiten Detailkonzept
2. Zielgruppen
   Parteien, Behörden, Firmen, Bauunternehmen,
   Bevölkerung von Bern und Agglomeration
3. Massnahmen
   Ausarbeiten von Dokumentationsmaterial,
   mündliche und schriftliche Beziehungspflege
   zu allen relevanten Zielgruppen,
   Kommunikationsaktivitäten, Medienarbeit
4. Mittel
   Gespräche, Dokumentation,
   Medienkonferenz usw.
5. Verantwortliche
   Projektteam, Mitglieder Patronat und
   «Christoffel-Club», usw.
6. Terminplanung
   Lancierung der Idee Wiederaufbau
7. Budget

Stufe 4 *Überprüfungs/Kontrollphase*

1. Erfassen und Auswerten der Reaktionen
2. Kontrollieren, Anpassen, Verbessern

Aufgabe «Tag der offenen Tür»

Organisation Tag der offenen Tür

Sie möchten einen Tag der offenen Tür (TofT) für Ihre Feuerwehr durchführen und stellen dazu erste, grundsätzliche Überlegungen an. Erstellen Sie die Inhalte zu folgendem Grobkonzept in Stichworten:

1. *Grund/Gründe für die Durchführung?*
2. *Welche Ziele sollen erreicht werden?*
3. *Welche Schwerpunkte setzen Sie?*
   (Alarmübungsdemonstration, Fahrzeugausstellung, Löschdemo für die Bevölkerung, usw.)
4. *Welche Massnahmen schlagen Sie vor?*
   (Zielgruppen, Botschaft, Mittel, Zweck)
5. *Wann, wo und wie soll der TofT durchgeführt werden?*
6. *Wer macht was?*
   (Organisation)
7. *Kosten*
   (Budget)
8. *Erfolgskontrolle*
   Manöverkritik: Was kann das nächste Mal verbessert werden?

Lösungsbeispiel

1. *Grund/Gründe für die Durchführung eines TofT*
   - Neues Tanklöschfahrzeug (TLF), Einsatzfahrzeug, Drehleiter, neue Ausrüstung
   - Stärkung des Wir-Gefühls im Feuerwehrkorps
   - Einweihung eines neuen Feuerwehrmagazins
   - Schon lange keinen TofT mehr durchgeführt/Jubiläum

2. *Welche Ziele sollen erreicht werden?*
   - Sensibilisierung der Bevölkerung
     (Interesse wecken für die Arbeit und Aufgaben der Feuerwehr)
   - Schaffen von Vertrauen und Sympathie (Imagepflege), Blick hinter die Kulissen der Feuerwehr

- Langfristige Nachwuchssicherung/ stärkerer Einbezug von Frauen
- Interesse wecken für die Arbeit, bzw. die Aufgaben der Feuerwehr
- Gewinnen der Bevölkerung für bestimmte Anliegen der Feuerwehr (Anschaffungen)
- Sensibilisierung der Bevölkerung für die Schadenverhütung (permanentes, langfristiges Ziel)

3. *Welche Schwerpunkte setzen Sie?*
Von Zielsetzung abhängig: Wird zum Beispiel das Interesse der breiten Bevölkerung für die Arbeit der Feuerwehr gesucht, stehen Löschdemonstrationen mit Übungsmöglichkeiten für die Bevölkerung im Vordergrund (Die Feuerwehr zum Anfassen!). Bei Zielsetzung Schadenverhütung: zum Beispiel Arbeit mit Schulen, Brandverhütung im Haushalt

4. *Welche Massnahmen schlagen Sie vor?*

Nach Entscheid zur Durchführung eines TofT:
- Interne Info
- Gründen einer Projektorganisation

Zielgruppen
- Bevölkerung, Nachbarn
- Schulen (Lehrer, Schüler – Kinder sind begeisterungsfähig!)
- Gemeindebehörden
- lokales Gewerbe
- Medien usw.

Botschaft
- «Ihre Feuerwehr zum Anfassen»
- «Unsere Freizeit für Ihre Sicherheit»

Mittel
- Vorbereitung
  - Flugblatt, Poster für Einladung (vielleicht findet sich ein Sponsor, der das Drucken/Kopieren übernimmt?
  - Veranstaltungsecke in Lokalzeitung (gratis)
  - redaktioneller Hinweis in Lokalzeitung (gratis) Wichtig: Guter Kontakt zu Medien!
  - Gewinnen der Lehrerschaft zur Arbeit mit den Schülern (Thema Brandverhütung und Feuerwehr)

- Durchführung
  - Fahrzeug-Präsentation
  - Rundfahrten mit dem TLF/Alarmübungsdemo
  - Löschdemo und -übungsgelegenheiten für die Bevölkerung
  - Wettbewerbe (Sponsoring)
  - Feuerwehr-Parcours für Kinder
  - Festbetrieb (Einbezug des lokalen Gewerbes und der Sportvereine)

  Achtung: Auch an Notfalldienste (Sanität usw.) denken!

5. *Zeitpunkt, Ort, Art der Durchführung*
   Zeitpunkt, Veranstaltungsort(e) bestimmen, Samstag (Morgen Schulen, Nachmittag Eltern, Bevölkerung), Sommermonate. Gleichzeitige oder getrennte Durchführung mit anderen lokalen Veranstaltungen (Gewerbeausstellung, Dorffest usw.). Achtung auf Terminkollisionen mit regionalen und überregionalen Veranstaltungen (Turnfeste, Musikveranstaltungen usw.)

6. *Organisation*
   Projektorganisation bilden (Wer macht was?), Pflichtenheft

7. *Kosten*
   Budget erstellen, Sponsoring (siehe oben), Festwirtschaft, Tombola, Wettbewerb usw.

8. *Erfolgskontrolle*
   Pflichtenheft erfüllt? «Manöverkritik» des Projektteams (Auswertung und Besprechung des Erfolges aufgrund der Reaktionen). Wichtig für spätere Anlässe!

4 Checklisten

Checklisten

Die nachfolgenden Checklisten wurden uns freundlicherweise von der Dr. Peter P. Knobel AG, Public Relations Consultants BPRA, Zug zur Verfügung gestellt. Die 1987 gegründete Agentur ist Exclusive Swiss Associate von Hill & Knowlton.

Gesamtübersicht siehe *Stichwortverzeichnis*, S. 349 ff.

Checkliste Geschäftsbericht

1	Wie wird der bisherige Geschäftsbericht von Finanzanalysten und Wirtschaftsmedien bewertet?
2	Soll der Geschäftsbericht zusätzliche Aufgaben erfüllen?
3	Welche Zielgruppen werden angesprochen?
4	Sind einzelne Zielgruppen an einem separaten Finanzteil oder an einer Zusammenfassung (Leporello) interessiert?
5	Nimmt der Inhalt genügend Bezug auf die strategischen Geschäftseinheiten?
6	Wiederspiegelt und unterstützt die Gestaltung den Auftritt des Unternehmens in moderner Art und Weise?
7	Stehen die Kosten in einem sinnvollen Verhältnis zur Auflage der einzelnen Sprachversionen?
8	Weisen hohe Aufwendungen für Autorkorrekturen und Übersetzungen darauf hin, dass die Abläufe optimiert werden können?
9	Sind alle Beteiligten zur Geheimhaltung und zur Währung des Insidergesetzes verpflichtet?
10	Kann durch Outsourcing eine sinnvolle Entlastung der internen Kapazitäten sowie eine Professionalisierung erzielt werden?

Checkliste Imagebroschüre

1	Welche Aufgaben soll die Imagebroschüre erfüllen?
2	Welche Zielgruppen werden angesprochen?
3	Bestehen Vorgaben bezüglich Leitbild, Corporate Identity und Corporate Design?
4	Vermittelt die Imagebroschüre ein glaubwürdiges Bild des Unternehmens?
5	Werden alle massgebenden internen Instanzen involviert, damit das Projekt breit getragen wird und keine nachträglichen Anpassungen nötig sind?
6	Ergänzt die Broschüre bestehende Publikationen in geeigneter Form?
7	Sind alle anstehenden Änderungen von Personen, Funktionen, Positionen, Namen und Organigrammen berücksichtigt?
8	Werden neue Produkte, Dienstleistungen oder Marken eingeführt, die erwähnt werden sollten?
9	Steht eine strategische Neuausrichtung bevor, welche den Inhalt der Broschüre in Frage stellen könnte?
10	Welchen Zeitraum soll die Imagebroschüre abdecken?

Checkliste Information in ausserordentlichen Lagen

1	Wie reagieren Sie auf Gerüchte von unternehmerischer Tragweite?
2	Sind Sie sich bewusst, wie Ihre eigenen Mitarbeiter auf Medieninformationen in ausserordentlichen Lagen reagieren?
3	Wie machen Sie unausweichliche geschäftsstrategische Entscheide der Öffentlichkeit einsichtig?
4	Überlassen Sie die Schlussfolgerungen den Medien oder liefern Sie diese den Medieninformationen mit?
5	Was lassen Sie sich von den Medien gefallen? Was nicht?
6	Nach welchen Kriterien wählen Sie die Person aus, die in einer ausserordentlichen Lage vor laufenden TV-Kameras informieren soll?
7	Welchen Stellenwert hat Betroffenheit in Ihrer Kommunikationstaktik?
8	Zu welchem Zeitpunkt geben Sie Antwort auf die Fragen nach dem Wie und Warum des Vorfalls?
9	Haben Sie sichergestellt, dass niemand für das Unternehmen vorschnell die Aussage macht: Wir übernehmen die Verantwortung?
10	Haben Sie ein kurzes, leicht verständliches Ernstfall-Dispositiv, das Ihnen und Ihrem Unternehmen Sicherheit beim Kommunizieren in ausserordentlichen Lagen gibt?

Checkliste Informationskampagne

1	Welche Ziele werden verfolgt und welche nicht? Wie werden Streuverluste vermieden?
2	Welche Response-Möglichkeiten können im Voraus bestimmt werden?
3	Welche zeitlichen bzw. saisonalen Aspekte müssen bei der Konzeption von Informationskampagnen berücksichtigt werden?
4	Wie hoch darf der Einzelpreis für die erzielten Kontakte sein?
5	Gibt es mögliche Partner (Verbände, Berufsorganisationen, Interessengemeinschaften usw.), welche sich aktiv in die Informationskampagne einbinden lassen?
6	Welche Medienkategorien können die Informationskampagne in welchem Umfang redaktionell mittragen bzw. unterstützen?
7	Welche Medien mit ausgeprägter Breitenwirkung (zum Beispiel TV, Plakate, Tagespresse mit kombinierten Reichweiten, Verbandspublikationen usw.) eignen sich für die Informationskampagne?
8	Wie kann ich den Erfolg der Informationskampagne periodisch kontrollieren?
9	Wie lässt sich eine Informationskampagne auf zwei, drei oder mehrere Jahre und ohne wesentlichen Mehraufwand erfolgreich ausweiten?
10	Auf welche Art und wie oft informiere ich meine Mitarbeiterinnen und Mitarbeiter, damit diese zu einem integrierenden Bestandteil der Informationskampagne werden?

Checkliste Kongress

1	Welche Ziele haben Priorität?
2	Welche Zielgruppen werden direkt und indirekt angesprochen?
3	Welche Issues erregen bei den Zielgruppen höchste Aufmerksamkeit?
4	Wie können die Interessen der Veranstalter, Sponsoren und Teilnehmer am besten unter einen Hut gebracht worden?
5	Welche Opinion Leader eignen sich als Vorsitzender, Referenten, Moderatoren und Podiumsteilnehmer?
6	Wie sollen Informationen, Diskussionen, Socializing und Erholung gewichtet werden?
7	Sind keine anderen ähnlich orientierten Veranstaltungen geplant?
8	Welcher Tagungsort und welches Datum versprechen die grösste Akzeptanz und Teilnehmerzahl?
9	Welche Medien sind an den Issues interessiert, welche Stellung nehmen sie dazu ein und wie wird ihnen begegnet?
10	Welche Arbeiten können sinnvollerweise an eine PR-Agentur vergeben werden, um die internen Kapazitäten zu entlasten?

Checkliste Periodika

1	Welche Aufgaben und Ziele werden mit Periodika verfolgt?
2	Wer soll in welcher Tonalität angesprochen werden?
3	Hat die gewünschte Leserschaft genügend Zeit und Motivation, um die neue Publikation regelmässig zu lesen?
4	Welche Issues lösen beim Zielpublikum Interesse, Neugier und Betroffenheit aus?
5	In welcher Periodizität soll das Medium erscheinen, damit pro Ausgabe ein Optimum an Aktualität, Inhalt und Umfang geboten werden kann?
6	Welche Personen werden bei der Leserschaft als kompetente Autoren akzeptiert?
7	Wird der Name der Publikation frühzeitig auf Publikumswirksamkeit, Unmissverständlichkeit und Einzigartigkeit überprüft und geschätzt?
8	Welche Gestaltungsform spiegelt am besten Corporate Identity, Unternehmenskultur und Corporate Design der Organisation?
9	Ist gewährleistet, dass möglichst wenige Personen in das Vernehmlassungsverfahren einbezogen werden?
10	Kommen als Alternative oder Ergänzung zu den Printmedien auch andere Informationsträger wie Video, E-Mail, Homepage oder CD-ROM in Frage?

Checkliste Mediencommuniqué

1	Hat das Thema des geplanten Communiqués genügend Informationsgehalt, Aktualität und Brisanz, um eine Medienresonanz auszulösen?
2	Wann ist der optimale Zeitpunkt für den Versand? Soll der Versand auf bestimmte Ereignisse (Lancierungen, Werbeschaltungen) oder auf die Escheinungsweise bestimmter Medien abgestimmt werden?
3	Kann die Information bis zur Veröffentlichung geheim gehalten werden (Einhaltung des Insidergesetzes, Wahrung des News-Gehaltes)?
4	Sofern das Unternehmen Aktien oder Obligationen kotiert hat: Soll der Börsenhandel ausgesetzt werden?
5	Stehen bei der Veröffentlichung des Communiqués gut gebriefte und geschulte Auskunftspersonen für Anfragen und Interviews zur Verfügung?
6	Besteht ein Argumentarium zur Beantwortung von kritischen Fragen?
7	Ist das Medienmonitoring (Presseclippings) organisiert?
8	Sind alle Beteiligten mit den Botschaften und Formulierungen des Communiqués sowie dem Argumentarium einverstanden?
9	Ist gewährleistet, dass die Mitarbeiter bei brisanten Mitteilungen vor oder zumindest zeitgleich mit den Medien informiert werden?
10	Müssen neben den relevanten Medien weitere Zielgruppen wie Kunden, Lieferanten, Parlamentarier oder Gewerkschaften speziell (per Brief) informiert werden?

5 Anhang

Glossar: Begriffe der PR und verwandter Gebiete

Agenda-Setting Setzen, bestimmen, herausspüren von aktuellen Themen durch die Medien. Durch die Reduzierung der Themenvielfalt konstruieren die Medien eine «öffentliche Agenda», welche die Wahrnehmung der Realität beeinflusst. Dabei entspricht die Medienwirklichkeit nicht unbedingt der eigentlichen Realität.

Ambush-Marketing Werbung von Unternehmen, die nicht als Sponsor einer Veranstaltung auftreten, diese jedoch trotzdem als Plattform für Werbezwecke gebrauchen.

Benchmarking Massstab für den Vergleich von Leistungen und Leistungszielen mit Mitbewerbern. Im Unternehmensvergleich von den Besten lernen und die Erkenntnis in die eigene Institution einfliessen lassen.

Billboard Kurzfilm mit dem Hinweis auf den Sponsor einer TV- oder Radiosendung. Wird in der Dauer von wenigen Sekunden (in der Schweiz 4 bis 8 Sekunden) unmittelbar vor und nach der gesponserten Sendung ausgestrahlt.

Brand → *Corporate Brand, Marke*

Briefing «Briefing»: (engl. to brief = beauftragen, informieren). Das Briefing definiert Inhalt und Umfang eines Auftrags, welche in der Regel in einem Briefinggespräch zwischen Auftraggeber (zum Beispiel Kunde) und Auftragnehmer (PR-Agentur) erläutert werden.
→ *Debriefing*

Campaigning Zielorientierter Veränderungsprozess zur Problemlösung unter koordiniertem Einsatz aller verfügbaren Kommunikationsdisziplinen. Campaign: engl. Bezeichnung für «(Werbe-)Feldzug»

CEO Chief Executive Officer (Operationeller Chef, Geschäftsführer)

CFO Chief Financial Officer (Finanzchef)

Change-Management-Prozess Als Change Management wird ein Prozess bezeichnet, der im Rahmen eines Organisationswandels in einem Unternehmen notwendig wird. Das Change Management hat zum Ziel, Veränderungen in den drei Bereichen Organisation und Menschen, Prozess und Informations-Technologie zielgerichtet und koordiniert zu planen, zu organisieren und durchzuführen.

Clippings Presseausschnitte zur Erfolgskontrolle der Medien- bzw. PR-Arbeit.

Clipping-Dienst Clipping-Dienst bezeichnet einen Dienstleister, der sich auf die Medienbeobachtung spezialisiert hat. Dabei werden Medienbeiträge nach zuvor festgelegten Suchbegriffen gesammelt, mit Angaben zum Publikationsorgan, Erscheinungsdatum, Auflage etc. versehen und gegen Gebühr versandt. Sowohl die Presseabteilungen von Unternehmen als auch PR-Agenturen beauftragen für ihre Kunden Clipping-Dienste, um das mediale Bild des eigenen Unternehmens oder des kompetitiven Umfelds zu beobachten.[114]

Corporate… Der Begriff «Corporate» bedeutet in Englisch körperschaftlich, vereinigt.[115] Die Wurzeln zur neuen Wortkombination mit Begriffen aus der Unternehmenskommunikation finden sich in den Achtzigerjahren. Das Wortteil Corporate ist verschiedenen Elementen vorangestellt und deutet darauf hin, dass diese unter der Corporate Identity Bestandteil eines Ganzen sind.

Corporate Behaviour (CB) Verhalten der Körperschaft nach innen (Personal) und aussen (Umfeld)

Corporate Brand Die Unternehmensmarke, der Name, das Markenzeichen. In der heutigen Welt des rasanten Wandels, der Globalisierung und der gesättigten Märkte wirkt letztlich nur noch der Corporate Brand als unverwechselbar und imagebildend. Eine Marke wird für gewisse Zielgruppen Ausdruck ihrer eigenen Identität.

Corporate Citizenship Bewusstes, geplantes, nach einheitlichen Strategien festgelegtes Engagement einer Unternehmung im Gemeinwesen ihres Umfeldes zur Festigung der Stellung in der Gesellschaft.

114 Quelle: Ahrens Behrent, www.pr-glossar.de
115 *Langenscheidts Handwörterbuch*, Englisch – Deutsch

Corporate Communications (CC) Strategisch langfristig angelegte Unternehmenskommunikation als Prozess, der sämtliche aufeinander abgestimmte Kommunikationsaktivitäten einer Körperschaft zur Imagepflege und Einstellungsveränderung umfasst. Basiert in der Regel auf einem schriftlichen CC-Konzept.

Corporate Credibility Glaubwürdigkeit, guter Ruf einer Unternehmung gegen innen und aussen

Corporate Culture (→ auch *Unternehmenskultur*) Vereinfacht: Die bewusst gelebten, historisch gewachsenen und gepflegten Werte und Normen einer Körperschaft. Sie prägen die körperschaftliche Identität und das Denken und Verhalten der Mitarbeiter. Massstab: zum Beispiel das Betriebsklima.

Corporate Design (CD) Visuelles Erscheinungsbild einer Körperschaft (Visual Identity – der visuelle Ausdruck der «Corporate Identity»). Die Gesamtheit aller klar definierten sichtbaren Elemente wie Signet/Logo, Geschäftsdrucksachen, Gebäude-, Fahrzeug-Beschriftungen und ihre Umsetzung in Hausschrift und Hausfarbe usw.

Corporate Governance Verantwortungsbewusstes Denken und Handeln des Verwaltungsrates einer Unternehmung in enger Zusammenarbeit mit dem CEO

Corporate Identity (CI) Die persönliche Identität, die sich eine Körperschaft selbst geben will. Eigenbild; so möchten wir nach aussen wirken, bzw. so wollen wir sein. Die CI entsteht durch das Zusammenwirken von Kommunikation (*Corporate Communications*), visuellem Erscheinungsbild (*Corporate Design/Visual Identity*) und Verhalten (*Corporate Behaviour*), (CI = CC + CD + CB) und ist als Prozess stetiger Entwicklung und Veränderung zu verstehen. Die Corporate Identity (CI) ist nicht zu verwechseln mit dem Unternehmenserscheinungsbild, dem Corporate Design bzw. der Visual Identity!

Corporate Image Bild, wie das Unternehmen oder eine Person von aussen wahrgenommen wird; Fremdbild. Das Image als solches ergibt sich aus der Summe aller Einzelbilder, die das Umfeld einer Unternehmung wahrnimmt. Es beeinflusst dessen Ruf (die «Corporate Reputation»). Bereits in den Fünfzigerjahren erwachte das Bewusstsein nach dem Bild, das sich Dritte von einem Unternehmen machen. «Imagekampagnen verfolgen seither das Ziel, ein festgelegtes Markenbild oder Firmenbild beim Verbraucher zu erzeugen und zu gestalten – dies soll Anonymität beseitigen und eine möglichst dauerhafte emotionale Bindung herstellen.»[116]

Corporate Imagery Corporate Imagery ist das systematische Entwickeln und langfristige Gestalten von Bilderwelten für Unternehmen. Als Ergebnis professioneller Bilderwelten entwickeln die internen und externen Bezugsgruppen starke innere Bilder, die enorm verhaltenswirksam sein können (Prof. Dieter Herbst, 2003).

Corporate Publishing Unternehmenspublizistik, welche in erzählender Form Inhalte zum eigenen Unternehmen herstellt und verbreitet.

Corporate Reputation Der gute Ruf eines Unternehmens. Nur mit permanent guten, auf ethischen Grundsätzen basierenden Leistungen, auf allen Ebenen der Unternehmensführung und Unternehmenskommunikation zu erreichen und zu erhalten.

Corporate Wording Unternehmenssprache, festgelegte sprachliche Grundsätze einer Unternehmung

Credibility Gap Die Abweichung (Differenz) zwischen *Corporate Identity* (Eigenbild) und *Corporate Image* (Fremdbild); feststellbar durch Umfragen.

CRM, Customer Relationship Management CRM ist die strategische, aktive und umfassende Gestaltung von Kundenbeziehungen, unter Berücksichtigung eines ausgewogenen Zusammenspiels der drei Faktoren Mensch, Organisation und Technik, innerhalb eines vorgegebenen Rahmens. Dieser Rahmen wird durch die externen Einflussgrössen Markt, vorhandene Technologien, allgemeine Umwelt und verfügbare Ressourcen bestimmt.[117]

Dark Site Vorbereitete Website, die im Krisenfall unverzüglich aufgeschaltet werden können und relevante Hintergrundinformationen über das Unternehmen vermitteln. Synonym: *Stealth Site.*

116 Dieter Herbst, www.ideereich.de, 1998

117 Quelle: PIDAS Aktiengesellschaft, *My Guide to Customer Relationship Management. Kundenbeziehungen erfolgreicher leben – Theorie, Praxisbeispiele, Tipps und Werkzeuge für eine erhöhte Kundengunst,* 1. Auflage Juni 2000

Debriefing Rückblick, Besprechung eines abgeschlossenen Projekts zwecks Erfolgskontrolle und als Input für darauf folgende Arbeiten und Aufgaben.
In Krisensituationen: Rückblick von Betroffenen zusammen mit den unterstützenden und begleitenden Fachpersonen wie Psychologen und Seelsorgern usw. zur Verarbeitung von schwer zu bewältigenden Ereignissen.

Externe Public Relations Die Beziehungspflege einer Institution zu deren externen Bezugsgruppen (vgl. Ziel-, Dialog- und Bezugsgruppen) wie Medien, Nachbarn, Behörden, Geldgeber, Kunden, usw. wird unter dem Begriff «Externe PR» zusammengefasst.

Extranet → *Intranet*

FAQ engl.: Frequently Asked Questions; franz.: Foire Aux Questions; dt.: häufig gestellte Fragen

Feedback Rückmeldung

Financial Relations → *Investor Relations*

Flyer Faltblatt als Werbe- und/oder Informationsmittel

Fundraising Beschaffung finanzieller Mittel; Fundraising wird insbesondere von sozialen Institutionen professionell betrieben. Eines der vielen effizienten Mittel dazu bieten beispielsweise Wohltätigkeitsveranstaltungen. Durch die Straffung der öffentlichen Gelder greift vermehrt auch die Kulturbranche auf Fundraising zurück.

Give-aways Kleine Streugeschenke mit Logoaufdruck, der sich durch das Betrachten einprägt (Remindereffekt – Erinnerung)

Government Relations → *Public Affairs*

Head(-line) Titel, Überschrift eines Presseartikels. Ein guter Titel erregt durch seine Prägnanz die Aufmerksamkeit der Leser.

Human Relations Bereich der PR, der sich mit dem Dialogpartner in seiner Rolle als Individuum auseinandersetzt. Der Begriff wird auch zur Bezeichnung der gesamten internen PR und Personalführung verwendet. Wörtlich übersetzt: Beziehung von Mensch zu Mensch.

IABC International Association of Business Communicators

ICCO International Communications Consultancy Organization

Image Fremdbild; → *Corporate Image*

Imagetransfer Übertragung des bestehenden Image auf neue Zielgruppen. Zum Beispiel Lacoste: früher vor allem bei älteren Zielgruppen, heute auch bei den Jungen eine beliebte Marke.

Incentives Leistungsprämie; Leistungsanreiz

Information Vermittlung von Botschaften / Inhalten eines Senders zum Empfänger (Einwegkommunikation)

Informationsmanagement (1) Informationen sind vielfach nicht nur ein entscheidender Wettbewerbsfaktor, sondern für manche Unternehmen inzwischen (über)lebensnotwendig. Wie geht man mit der heutigen Informationsflut um? Informationsmanagement befasst sich mit der Informationsbeschaffung, der -auswertung/-verarbeitung und der -weiterleitung/-archivierung.
(2) Technikgestützte Systeme zur Beschaffung, Verarbeitung, Übertragung, Speicherung und Präsentation von Informationen (IV-Systeme) finden sich heute in nahezu allen Bereiche des gesellschaftlichen, wirtschaftlichen Lebens und zunehmend auch im privaten Bereich. Sie haben die Arbeitsprozesse tiefgreifend verändert, erfordern neue Mitarbeiterqualifikationen und haben zu neuen Organisationsformen geführt. Effizienter und sozialverträglicher Einsatz von IV-Systemen setzt nicht nur Fähigkeiten zum Umgang mit den neuen Technologien voraus, sondern verlangt auch ein Informationsmanagement. Dieses Informationsmanagement ist für die Planung, Steuerung, Koordination und Kontrolle der Informationsversorgung in einem Unternehmen, einer Behörde oder einer anderen Art von Organisation sowie alle damit in Zusammenhang stehenden Aufgaben verantwortlich.

Insolvenz-PR Bereich der Krisen-PR. Öffentlichkeitsarbeit für konkursite Unternehmen mit dem Ziel, trotz Insolvenzerklärung das Vertrauen in der Öffentlichkeit und bei den relevanten Zielgruppen zu erhalten.

Integrierte Kommunikation Gegenseitige Abstimmung aller Kommunikationsdisziplinen in sämtlichen Unternehmensbereichen zur Effizienzsteigerung der körperschaftlichen Kommunikation durch die Schaffung und Nutzung von Synergien.

Interne Public Relations Interne PR umfasst die Beziehungspflege zwischen einer Unternehmung und ihren internen Bezugsgruppen wie den Mitarbeitern und Lehrlingen, dem Verwaltungs- oder Stiftungsrat sowie den Pensionierten, Ehemaligen und Angehörigen der Mitarbeiter. Die Interne PR erfolgt nicht nur durch die Information der Arbeitnehmer seitens der Geschäftsleitung, sondern hat auch die Aufgabe, den Informationsfluss von oben nach unten als auch von unten nach oben sicherzustellen.

Internet Abkürzung für Interconnected Networks (miteinander verbundene Netzwerke); weltweites Computernetz, bestehend aus einer Vielzahl von Teilnetzen. Auf dem Internet läuft das globale, verteilte Informationssystem *World Wide Web* (WWW, weltweites Netz), basierend auf untereinander verknüpften, multimedialen Dokumenten.

Intranet Der Begriff Intranet steht für ein internes, unternehmensweites Netz, welches auf den vorhandenen *World Wide Web*-Technologien aufbaut. *Extranet:* Intranet für geschlossene Benutzer-Gruppen (closed user groups)

Investor Relations (IR) IR umfassen die professionelle Kommunikation eines Unternehmens mit allen finanz- und kapitalmarktrelevanten Zielgruppen, vor allem Investoren, Analysten und Medien. «Professionell» heisst, dass neben den einschlägigen Gesetzen, Vorschriften und Corporate-Governance-Regeln allgemein die Standards wie Transparenz, Ehrlichkeit, Verständlichkeit, Glaubwürdigkeit und Kontinuität einzuhalten sind.

Issues Management Beobachtung, Analyse und Umgang mit gesellschaftlichen und politischen Veränderungen und Themen, die für das Unternehmen Konfliktpotenzial aufweisen oder allgemein relevant sein können. Issues Management soll vor Überraschungen schützen, indem mögliche Gefahren und Chancen frühzeitig erkannt und in unternehmensstrategische Entscheide einbezogen werden (siehe auch Perception Management).

Issues Monitoring	Beobachtung von unternehmensrelevanten Trends und Entwicklungen
IT	engl. *Information Technologies*, Informationstechnologie oder Informatik, früher EDV oder Elektronische Datenverarbeitung
Kommunikation	Austausch von Informationen zwischen mindestens zwei Partnern (Zweiweg-Kommunikation / Dialog)
Kommunikations-aktivitäten	Einsatz der Massnahmen und Mittel in den Bereichen Unternehmens-PR, Werbung, Product Publicity, Sponsoring
Kommunikations-psychologie	Analyse von Verhaltens- und Reaktionsweisen der an einem Kommunikationsprozess beteiligten Personen um zur richtigen Ansprache zu finden.
Konzept	→ *PR-Konzept*
Krisen-kommunikation	Krisenkommunikation umfasst alle kommunikativen Aktivitäten, die in Zusammenhang mit einem sozial relevanten Störfall von einem Unternehmen oder einer Organisation durchgeführt werden. Dieses Segment der *Öffentlichkeitsarbeit* soll negative Konsequenzen wie Vertrauensverlust oder Imageeinbussen bei Krisen und Konflikten verhindern oder zumindest begrenzen. In der Praxis bedeutet Krisenkommunikation die klare Zuordnung von Zuständigkeiten und Verantwortlichkeiten zu Personen in der Unternehmensführung sowie eine klare Kommunikationslinie für ein inhaltlich und argumentativ einheitliches Auftreten.[118]
Krisen- / Konflikt-PR	Krisen-PR (auch Emergency-PR) ist jener Teil der PR-Arbeit, der sich mit der Bewältigung von Konflikt- und Krisensituationen auseinandersetzt. Richtiges Verhalten in vorhersehbaren und unvorhersehbaren Krisensituationen muss in «Friedenszeiten» frühzeitig geplant, permanent überdacht und regelmässig geprobt werden. Ziel ist die Erhaltung der Glaubwürdigkeit und des Vertrauens auch in Problemsituationen durch rasches und zweckmässiges Handeln. Beispiele, die Krisen- oder Konfliktsituationen verursachen können: Unfälle, Produktionseinstellungen oder -verlagerungen, Entlassun-

118 Ahrens & Bimboese, Frankfurt; www.pr-glossar.de oder www.a-b.de

gen, Gerüchte, Angriffe oder Proteste betreffend Umweltschutz, Streiks, Demonstrationen. Besonders gefährdete Bereiche: Nahrungsmittel- und Getränke-Industrie, Chemie, Kosmetik, Energieförderung und -produktion, Informationstechnologie.

Labour Relations Pflege der Beziehungen der Arbeitsnehmer-Vertretungen zu Arbeitnehmer und Führungsgremien eines Betriebes

Lead Fett oder kursiv gedruckter Einführungstext eines Presseartikels. Ein guter Lead beantwortet die sechs Ws und animiert zum Weiterlesen. → *Ws (die sechs)*

Leitbild[119] Die komprimierte Formulierung der Unternehmenspolitik und der Corporate Identity. Das Leitbild umschreibt in einfacher, leicht verständlicher Form Unternehmenszweck, -ziele und Verhaltensgrundsätze der Unternehmensführung gegenüber dem internen und externen Umfeld.
Ein Leitbild beinhaltet die Unternehmensphilosophie und bildet somit die Grundlage der Management-Denkhaltung und die Werthaltung der Führungskräfte. Es ist zugleich Spiegelbild der Unternehmenskultur und Verhaltenskodex der Unternehmensangehörigen. Leitbilder sind als Leitplanken für das Erreichen der Unternehmensziele unerlässlich und dürfen nicht als leere Ideen formuliert, sondern müssen im Unternehmensalltag gelebt werden!

Lobbying (von «Lobby», Wandelhalle) bezeichnet die Beziehungspflege zu Schlüsselpersonen, vor allem in Politik und Wirtschaft zur Interessenvertretung einzelner Branchen und Interessengruppen mit dem Ziel, den politischen Entscheidfindungsprozess positiv zu beeinflussen.

Logo Unternehmenszeichen als Bild-, Wort- oder kombinierte Marke. Bildmarken sind beispielsweise das Nike-Logo oder der Mercedes-Stern. Eine Wortmarke ist der Schriftzug einer Unternehmung (Coca-Cola). Kombinierte Marke (Wort und Bild) sind beispielsweise Adidas mit den drei Streifen oder Pierrot Lusso mit dem Herz.

119 vgl. Musterbeispiel im Kapitel *Corporate-Identity-Prozess*, S. 163

Marke (Brand)	Natürliche oder künstliche Wortprägung, Bildzeichen oder Kombinationen von Wortprägung und Bildzeichen, die zur Kennzeichnung eines Herstellers, Handels- oder Dienstleistungsunternehmens oder eines Produktes verwendet wird (→ auch unter *Corporate Brand*).[120]
Marketing	Marketing ist Planung, Koordination und Kontrolle aller auf die aktuellen und potentiellen Märkte ausgerichteten Unternehmungsaktivitäten mit dem Zweck einer dauerhaften Befriedigung der Kundenbedürfnisse einerseits und der Erfüllung der Unternehmungsziele andererseits (Heribert Meffert).
Marketing-Kommunikation	Marktbezogene Kommunikation wie Werbung, Verkaufsförderung, Merchandising zur Steigerung des Absatzes.
Marketing-Mix	Die für eine bestimmte Periode geplante oder eingesetzte Kombination der zur Verfügung stehenden Marketinginstrumente (Marktleistung, Preispolitik, Kommunikation, Distribution). Gesprochen wird in diesem Zusammenhang auch von den vier Ps: Product, Prize, Place, Promotion.
Marktforschung	Teildisziplin der empirischen Wirtschafts- und Sozialforschung. Durchleuchtung des Marktes mittels Beschaffung von Informationen. Untersuchung von Produkten und Dienstleistungen, Analyse der Käuferschaft «Was wird wann, wo, von wem, warum gekauft»
Media Relations	Beziehungspflege zu den Vertretern der Print-, elektronischen und Neuen Medien als strategisches Instrument der Unternehmens- und Marketingkommunikation.
Medien	*Printmedien:* Tages- und Wochenzeitungen, Anzeiger, Fachzeitungen und -Zeitschriften, Special Interests *Elektronische Medien:* Radio, Fernsehen lokal, regional, national *Neue Medien:* Internet, Intranet
Merchandising	Präsentation der Produkte im Verkaufslokal um bei den Konsumenten den höchstmöglichen Beachtungsgrad zu finden (Präsentation auf Augenhöhe, Kaugummis bei der Kasse usw.)
Mobbing	Missbrauch, seelische Unterdrückung, Belästigung, am Arbeitsplatz

120 Quelle: *Werbelexikon*, ofa Orell Füssli Werbe AG, Zürich 1995

Monitoring Laufendes Beobachten und Analysieren des für eine Organisation bzw. ein Unternehmen relevanten Umfeldes (Gesetzgebung, Wirtschaft, Gesellschaft, Politik). Damit sollen Veränderungen, Entwicklungen, Trends rechtzeitig erkannt und eventuell notwendige Massnahmen eingeleitet werden.

Multiplikatoreffekt Vervielfachungswirkung, welche eine Person durch ihren Bekanntheits- und Glaubwürdigkeitgrad sowie durch Sympathie oder Antipathie bei den Zielgruppen in Bezug auf eine Meinung und/oder Einstellung erzielen kann.

Neue Medien Für die Kommunikation nutzbare Kanäle, Einrichtungen und Techniken wie Kabel- oder Satellitenfernsehen, Pay-TV, CD/DVD/Video-Abspielgeräte, Multimedia, Internet, Teletext usw.

NGO Non Governmental Organizations, deutsch Nichtregierungsorganisationen (NRO). Sammelbegriff für Organisationen, welche sich als Sprachrohr der zivilgesellschaftlichen Meinung positionieren und gegenüber der Regierung bestimmte Interessen und Themen wie gemeinnützige Anliegen und bürgerrechtliche Fragen vertreten. Die Bezeichnung «NGO» entstand im Rahmen der Rio-Konferenz 1992.

NPM New Public Management: Wirtschaftsorientierte Verwaltungsführung

NPO Non Profit Organizations, nicht Gewinn orientiert, vor allem im Sozialbereich arbeitende Organisationen

Öffentliche Meinung Die Gesamtheit der in einem bestimmten Zeitpunkt von einer Mehrheit einer Bevölkerungsgruppe zu einer Frage oder zu einem Thema geäusserten Meinung. Innerhalb der Gesellschaft gibt es verschiedene öffentliche Meinungen.
Das Alltagsleben verlangt eine ständige Stellungnahme. Die «Flucht» in die öffentliche Meinung schafft Entspannung durch deren Übernahme (Konformitätsdruck) und bewirkt unter Umständen eine Anpassung (Autoritätsdruck). Die öffentliche Meinung entspricht nicht zwangsläufig der in den Medien veröffentlichten Meinung.

Öffentlichkeit (Allgemeinheit) (franz.: *Publicité*, engl.: *Publicity*) Gegensatz: Privat. Der Begriff stammt aus dem 18. Jahrhundert, findet seinen Ursprung jedoch bereits bei den Römern und Griechen, die ihre Städte in öffentliche

	und private Bereiche teilten (griech. *Polis* und *Oikos*). Ableitung: Veröffentlichung – der Öffentlichkeit bekannt machen, publizieren, Öffentlichkeitsarbeit.
Opinion Leader	Persönlichkeit, die durch ihr Denken und Handeln die Einstellung der breiten Öffentlichkeit beeinflusst.
OTS	Originaltext-Service; Dienstleistung der Nachrichtenagenturen gegen Bezahlung: zeitgleicher, sekundenschneller und nach Ressorts codierter Versand der Medienmitteilungen via Satellitennetz in die Redaktionssysteme der Medien.
Outside-Lobbying	Mitteleinsatz für exklusive Berichterstattung durch ein ausgewähltes Medium.
Perception Management	Rechtzeitige Wahrnehmung von internen und externen Signalen, die auf Veränderungen hinweisen. Teil des Frühwarnsystems in einer Unternehmung (siehe auch Issues Management).
PR, Public Relations	(→ auch *Unternehmens-PR*) Bewusste, geplante und kontinuierliche Beziehungspflege zu allen relevanten internen und externen Ziel-/Personen-/Bezugs-/Dialoggruppen. PR umfassen alle Informations- und Kommunikations-Aktivitäten einer Körperschaft in allen Bereichen, also auch die Bereiche ausserhalb des Marketings wie die Finanzen, Personalwesen usw. Die Berufsverbände im deutschsprachigen Europa definieren den Begriff PR oder Öffentlichkeitsarbeit offiziell als «Management von Kommunikationsprozessen für Organisationen mit deren Bezugsgruppen». PR ist permanentes Werben um öffentliches Vertrauen.
PR-Kampagne	Gemeinsame, zeitlich begrenzte Aktion, die im Rahmen aufeinander abgestimmter, sich ergänzender Massnahmen ein bestimmtes Thema, eine Marke ein Unternehmen oder eine Person kurzfristig in die öffentliche Diskussion und damit ins Bewusstsein der Zielgruppen bringen soll. PR-Kampagnen werden vor allem bei Markteinführungen, Aufklärungs-, beziehungsweise Informationsaufgaben, zum Beispiel im Vorfeld einer Abstimmung, lanciert.
PR-Konzept	Auf die Unternehmensziele und Zielgruppenbedürfnisse abgestimmte, systematische und umfassende Planung der (Unternehmens-) Kommunikation (auch PR-Konzeption, PR-Programm genannt)

Pro Litteris Schweizerische Urheberrechtsgesellschaft für Literatur und bildende Kunst. Gegründet 1974.

Product Placement Gezielte Platzierung von Markenprodukten als reale Requisite in der Handlung eines Spielfilms. Auch Dienstleistungen können in der Handlung integriert sein. Nebst dem visuellen kann auch ein verbales Placement erfolgen, indem zum Beispiel ein Marken- oder Produktname im Text erwähnt wird.

Product PR (auch Product Promotion, Product Publicity, Produkte-PR oder kurz PPR genannt): Gezielte Information im Rahmen der Marketingstrategie über Leistungen, Produkte, Innovationen usw. zu allen relevanten internen und externen Zielgruppen. Unter PPR wird die Unterstützung der Marketing- und Verkaufsanstrengungen mit Mitteln der PR verstanden.

Produktmanagement Planung, Organisation, Durchführung und Kontrolle sämtlicher Massnahmen, die auf die erfolgreiche Konzipierung und Vermarktung des Leistungsprogramms eines Unternehmens ausgerichtet sind. Das Leistungsprogramm umfasst neben dem Produkt an sich (Funktionalität, Marke, Farbe, Design, Verpackung usw.) auch die Rahmenbedingungen wie Garantieleistungen, Lieferbedingungen und Kundendienst.[121]

PRSA Public Relations Society of America

Public Affairs Gestaltung der betrieblichen Beziehungen zur sozialen und politischen Umwelt und die Verbreitung gesellschaftspolitisch relevanter Informationen. Public Affairs können auch als Öffentlichkeitsarbeit für das Gemeinwohl im Dienste gesellschaftspolitischer Problemlösungen bezeichnet werden. Sie zielen auf die Bestärkung oder Veränderung sozialer und gesellschaftlicher Verhaltensweisen oder Zustände und bedienen sich dabei unterschiedlicher Instrumente wie Lobbying oder klassische Public Relations.[122]

121 Quelle: PIDAS Aktiengesellschaft, *My Guide to Customer Relationship Management. Kundenbeziehungen erfolgreicher leben – Theorie, Praxisbeispiele, Tipps und Werkzeuge für eine erhöhte Kundengunst*, 1. Auflage Juni 2000

122 Ahrens Behrent, www.pr-glossar.de

Publireportage Anzeige (gekaufter Raum) in Printmedien mit redaktionellem Inhalt, zum Beispiel Firmenpräsentationen, Produktinformationen, Versicherungsinformationen zu Unfall- und Brandverhütung in Haushalten, Abstimmungsbotschaften. Die grafische Gestaltung der Publireportage unterscheidet sich kaum vom redaktionellen Teil der Zeitung und sie umfasst in der Regel mindestens eine halbe, oft auch eine ganze Seite. Die Anzeige muss als «Anzeige» oder «Publireportage» bezeichnet sein. Zweck der Publireportage ist in erster Linie die Imagepflege und nicht produkt bezogene Werbung.

Pull- und Push-Strategie Die Pull- und Push-Strategie – das Holen und Bringen einer Botschaft nach Bedarf – löst das klassische Kommunikationsmodell «Sender – Botschaft – Empfänger» bedingt durch die wachsende Informationsflut zusehends ab. Die Botschaft wird so aufbereitet, dass der Interessent sich diese zum gegebenen Zeitpunkt selbst holen kann («to pull»: ziehen). Es geht also darum, die Zielgruppen dazu zu bringen, sich die gewünschte Information selber zu beschaffen. Bei der Push-Strategie wird die Botschaft an den Empfänger herangetragen.

Qualitätsmanagement Konsequente Ausrichtung sämtlicher Unternehmensleistungen, um ein optimales Qualitätsniveau zu erreichen und die Kunden zufrieden zu stellen. Dies erfordert die Einbeziehung aller internen und externen Prozesse der Leistungserstellung und ein gelebtes Qualitätsbewusstsein der Beteiligten.[123]

Rules of Engagement Verhaltensregeln im Krisenfall (NATO-Begriff)

Social Marketing Social Marketing beinhaltet Marketingmethoden und -instrumente zur Förderung gesellschaftlich erwünschter Verhaltensweisen (Aids-Prävention, Frauenförderung, Suchtprävention, Umweltschutz usw.). Die Gesellschaft erwartet von bestimmten Gruppen oder Individuen, dass sie ihr Verhalten ändern, um ebenfalls einen Beitrag zur Lösung gesellschaftlicher Aufgaben zu leisten. Die öffentliche Hand setzt allein in der Schweiz jedes Jahr über eine Milliarde Franken ein, um gesellschaftlich erwünschte Verhaltensänderungen zu fördern.

123 Quelle: PIDAS Aktiengesellschaft, *My Guide to Customer Relationship Management. Kundenbeziehungen erfolgreicher leben – Theorie, Praxisbeispiele, Tipps und Werkzeuge für eine erhöhte Kundengunst*, 1. Auflage Juni 2000

Sozialkompetenz Sozialkompetenz umfasst die Kommunikations-, Motivations-, Kooperations- und Konfliktfähigkeit, die Fähigkeit der richtigen Einschätzung seiner selbst und der Mitmenschen sowie die Bereitschaft, Verantwortung zu übernehmen.

Sozialpsychologie Wissenschaft, welche die Erlebnis- und Verhaltensweisen der Menschen unter dem Einfluss gesellschaftlicher Faktoren untersucht.[124] Grenzgebiet zwischen Soziologie und Psychologie

Soziodemografische Merkmale Beschreibung der Bevölkerung nach sozialen und wirtschaftlichen und Kriterien wie Alter, Geschlecht, Ausbildung, Beruf, Einkommen.

Spenden Spenden sind geldwerte Leistungen an Personen oder Institutionen zur Förderung eines Projektes ohne Gegenleistung oder Erwähnung des Geldgebers. Sie erfolgen ohne werbewirksame Auswertung.
Als Synonyme werden auch Mäzen, Gönner, Förderer oder Donator verwendet.

Spensoring Mischform Spenden/Sponsoring: Basiert auf einer geldwerten Leistung ohne direkten Gegenwert. Die Umwelt erfährt davon, das heisst es entsteht ein PR-wirksamer Nutzen wie die Nennung am Radio im Rahmen der Glückskette oder der Aktion Ferien für behinderte Kinder.

Sperrfrist Festgelegtes Datum mit Uhrzeit für die früheste Veröffentlichung von Medienmitteilungen, die aus triftigen, unternehmensrelevanten Gründen nicht vorher publiziert werden dürfen. Börsenrelevante Fakten werden jedoch von vielen Journalisten häufig ungeachtet der Sperrfristen veröffentlicht.

Sponsoring Sponsoring ist die auf Finanz-, Sachwert- oder Dienstleistung und Gegenleistung beruhende (längerfristige) vertraglich geregelte Zusammenarbeit zwischen Wirtschaftsunternehmen und Personen oder Organisationen aus dem sportlichen (Sport-Sponsoring), kulturellen (Kultur-Sponsoring) oder sozialen Bereich (Sozio-Sponsoring). Es bezweckt auf der Sponsorenseite die Erreichung von Kommunikations- und Marketingzielen (Steigerung des Bekannt-

124 *Werbelexikon*, ofa Orell Füssli Werbe AG, Zürich 1995

heitsgrades/Imagebildung/Absatzförderung), auf der gesponserten Seite die Finanzierung der erbrachten Leistungen.
Da Sponsoring interdisziplinär betrieben wird, kann es nicht eindeutig den PR oder dem Marketing zugeordnet werden. Es muss sich am Leitbild einer Unternehmung orientieren und in der Gesamtkommunikationsstrategie eingebunden sein.

Stakeholders Alle an einer Organisation oder einem Unternehmen in irgend einer Form beteiligten und interessierten Personen

Standort-PR In Anlehnung an den Begriff *Corporate Citizenship* umfasst die Standort-PR das bewusste, geplante nach einheitlichen Strategien festgelegte Engagement einer Unternehmung um sich als Nutzen bringender Faktor der eigenen Gemeinde zu positionieren.

Stealth Site → *Dark Site*

Strategie Weg zum Ziel, allgemeine Stossrichtung, Wahl des Vorgehens wie beispielsweise der Entscheid, klar, offen, transparent zu kommunizieren oder die Festlegung der Art des Kommunikationseinsatzes zum Beispiel kurzfristig gebündelt oder langfristig und stetig, der Einbezug eines Patronatgebers, Medienpartners usw.

SUISA Privatrechtliche schweizerische Genossenschaft der Komponisten, Textautoren und Musikverleger. Verwaltet deren Urheberrechte in der Schweiz und im Fürstentum Liechtenstein. Gegründet 1923.

SWOT-Analyse Die SWOT-Analyse deckt die Stärken und Schwächen (Strength/Weaknesses) im internen Bereich auf, und ortet die Chancen und Gefahren (Opportunities/Threats), die in der Regel extern orientiert sind. Die Resultate, welche in einem Fazit zusammengefasst werden, dienen als wichtige Entscheidgrundlage zum Festlegen von Kommunikationsstrategien. Darstellung mit Fadenkreuz-Grafik erleichtert die Übersicht.

TofT Tag der offenen Tür; Einladung der breiten Öffentlichkeit zur Unternehmensbesichtigung. Meist mit Unterhaltung verbunden.

TCC, Total Customer Care Entwicklung von Methoden und Lösungen, damit ein Unternehmen prozessorientierte Kundenbeziehungen aufbauen kann, um die Kundenbedürfnisse optimal zu befriedigen. Grundlage dafür ist ein konsequentes Vertrauensmanagement, sowohl intern, zwischen Vorgesetzten und Mitarbeitern oder zwischen einzelnen Abteilungen, wie auch extern zwischen Unternehmen und Kunde.[125]

TQM, Total Quality Management Führungsmethode, die darauf abzielt, alle Mitarbeiter einer Organisation der Qualität zu verpflichten. TQM basiert vor allem auf einer fundierten Qualitätskontrolle für Produkte und Serviceleistungen und der Messung von Kundenzufriedenheit zu deren regelmässiger Verbesserung.[126]

Unternehmenskultur Grundgesamtheit gemeinsamer Werte- und Normenvorstellungen sowie geteilter Denk- und Verhaltensmuster für Mitarbeiter. Speziell in Dienstleistungsunternehmen hängt das Leistungsergebnis oft stark von der Qualität der eingebrachten internen Ressourcen ab, weshalb der Unternehmenskultur eine wichtige Bedeutung zukommt.[127]

Unternehmensleitbild → *Leitbild*

Unternehmensphilosophie Innere Einstellung und Haltung eines Unternehmens gegenüber den Mitarbeitern, dem Markt, der Umwelt. Die Unternehmensphilosophie findet ihre Niederschrift im Unternehmensleitbild und «bringt den marktgerichteten Zweck (business mission) und die gesellschaftsorientierte Ausrichtung des Unternehmens zum Ausdruck.»[128]

Unternehmens-PR (engl. *Corporate Communications*) Die Unternehmens-PR wiederspiegeln Denken, Auftreten und Handeln einer Körperschaft und

125 Quelle: PIDAS Aktiengesellschaft, *My Guide to Customer Relationship Management. Kundenbeziehungen erfolgreicher leben – Theorie, Praxisbeispiele, Tipps und Werkzeuge für eine erhöhte Kundengunst*, 1. Auflage Juni 2000

126 Ahrens Behrent, www.pr-glossar.de

127 Ahrens Behrent, www.pr-glossar.de

128 Meffert, H./Buhrmann, C.: *Identitätsorientierte Markenführung – Grundlagen für das Management von Markenportfolios*, Arbeitspapier Nr. 100. Wissenschaftliche Gesellschaft für Marketing und Unternehmensführung e.V. 1996

umfassen damit die Gesamtheit aller Kommunikationsaktivitäten einer Institution. Um den direkten Zugang zu den relevanten Führungsgremien sicherzustellen, finden sich die Unternehmens-PR organisatorisch auf Stufe der Geschäftsleitung.

Verkaufsförderung Instrument der Corporate Communications. Personelle, sachliche oder organisatorische Unterstützung des Handels und der Wiederkäufer am Verkaufspunkt (Point of sale, POS) zur Absatzsteigerung eines Produktes. Ziel: Auslösen von Spontankäufen durch kaufstimulierende Massnahmen (vor allem durch Werbung beim Produkt, Preisaktionen, Preisausschreiben, Prämien, Wettbewerbe usw.).

Werbung Instrument des Marketings im Rahmen der Corporate Communications. Werbung bezweckt die Erhöhung des Bekanntheitsgrads, den Imageaufbau sowie das Vermitteln von Wissen, um bei den Konsumenten letztendlich den Kaufentscheid auszulösen. Sie orientiert sich am Produkt oder an der Dienstleistung und ist markt- oder umsatzbezogen.

Wissensmanagement Wissensmanagement ist systematische Generierung, Speicherung, Transfer, Anwendung und Controlling von Wissen durch den Arbeitgeber um den Mitarbeitern durch stetige Zugriffsmöglichkeit die Arbeit zu erleichtern und so deren Effizienz zu erhöhen.

Ws (die sechs) Die sechs Ws *was*, *wer* (Absender/Zielgruppen), *wann* (Termin), *wo*, *womit* (Massnahmen/Mittel) und *wie* (Tonalität/Stil) bilden das Basis-Gerüst zur ganzheitlichen Konzeptarbeit. Als siebentes W wird oft auch das *wieviel* (Budget) bezeichnet. In der Medienarbeit ergänzen sich die sechs Ws mit dem W *warum* (Begründung).

Zielgruppen Das für die PR-Botschaft relevante Publikum/Umfeld. Synonym für Ansprech-, Anspruchs-, Bezugs-, Beziehungs-, Personen-, Dialoggruppe, Stakeholders.

PR-Kodizes

Athener Kodex

Internationale Grundsätze für Öffentlichkeitsarbeit

Angesichts der Tatsache, daß alle Mitgliedsstaaten der Vereinten Nationen deren Charta respektieren, die den «Glauben an die Menschenrechte und an die Würde und den Wert der menschlichen Person» proklamieren und daß die Public-Relations-Fachleute deshalb, wie auch aus den Bedingungen ihres Berufes heraus, diese Charta kennen und ihre Grundsätze beherzigen sollten;

angesichts der Tatsache, daß der Mensch neben seinen Grundrechten Bedürfnisse nicht nur physischer oder materieller Art, sondern auch geistiger, moralischer oder sozialer Art hat und dass der Mensch seine Rechte nur in dem Ausmaß wirklich ausüben kann, in dem diese Bedürfnisse erfüllt werden;

angesichts der Tatsache, daß die auf dem Gebiet der Öffentlichkeitsarbeit tätigen Personen dazu beitragen können, die geistigen, moralischen und sozialen Grundbedürfnisse des Menschen zu befriedigen;

eingedenk schließlich des Umstandes, daß die Benützung der Kommunikationsmittel, die den gleichzeitigen Kontakt mit Millionen ermöglichen, den Public-Relations-Fachleuten ein Machtmittel in die Hand gibt, dessen Anwendung strengen ethischen Beschränkungen unterliegen muß;

aus all diesen Gründen erklären die unterzeichnenden Public-Relations-Verbände, daß sie sich den nachstehenden Kodex zur Maxime ihres Handelns machen und daß jede bewiesene Übertretung seitens eines ihrer Mitglieder als Verstoß betrachtet wird, der eine entsprechende Ahndung nach sich zieht.

Deshalb soll jedes Mitglied dieser Verbände im Rahmen seiner Berufsausübung

- zur Verwirklichung von geistigen und moralischen Grundbedingungen beitragen, die es dem Menschen erlauben, seine unveräußerlichen Rechte auszuüben, die ihm durch die weltweite «Erklärung der Menschenrechte» zugesichert sind;
- die Schaffung von Kommunikationsformen und -mitteln fördern, die es durch Ermöglichung des freien Informationsflusses dem Einzelnen erlauben, sich unterrichtet, angesprochen und mitverantwortlich zu fühlen;
- sich bei den jeweils gegebenen Umständen so zu verhalten, daß es das Vertrauen all derer erwirbt, mit denen es in Kontakt kommt;
- die Tatsache berücksichtigen, daß durch die enge Verbindung zur Öffentlichkeit in diesem Beruf vom Verhalten des Einzelnen auf den ganzen Berufsstand geschlossen wird;
- in der Ausübung seines Berufes die allgemeine Erklärung der Menschenrechte akzeptieren;
- die individuelle Würde der Person und das Recht der eigenen Meinungsbildung achten;
- die geistigen und psychologischen Voraussetzungen für einen echten Meinungsaustausch schaffen und den Partnern die Möglichkeit geben, ihren eigenen Standpunkt zu vertreten;
- in jedem Fall so zu handeln, daß den Interessen beider Seiten – des Auftraggebers und der angesprochenen Öffentlichkeit – Rechnung getragen wird;
- seinen Versprechungen und Verpflichtungen nachkommen, die unzweideutig festgelegt werden müssen und bei jeder Gelegenheit loyal handeln, um das Vertrauen der Auftraggeber, aber auch des jeweiligen Publikums zu bewahren.

Dagegen soll jedes Mitglied dieser Verbände unterlassen,

- die Wahrheit anderen Ansprüchen unterzuordnen;
- Informationen aus unkontrollierten oder unkontrollierbaren Quellen zu verbreiten;

- sich für Aktionen oder Vorhaben einzusetzen, die gegen die Moral verstoßen, die Menschenwürde verletzen, oder in den Bereich der Persönlichkeit eingreifen;
- irgendwelche Methoden oder Mittel anzuwenden, mit deren Hilfe das menschliche Unterbewußtsein manipuliert wird, wodurch der Einzelne seiner Urteilsfähigkeit und der Verantwortlichkeit für sein Handeln beraubt werden könnte.

Kodex von Lissabon

(genehmigt an der Generalversammlung vom 12. Juni 1989 als Verhaltensnormen der SPRG)

Teil 1: Kriterien für Personen, die diesem Kodex unterstehen

- *Artikel 1*
  Alle Mitglieder der Schweizerischen Public Relations Gesellschaft, die gemäss den Statuten der Gesellschaft aufgenommen wurden, gelten als Public-Relations-Fachleute im Sinne dieses Kodexes. Sie haben die im Kodex enthaltenen Verhaltensgrundsätze zu befolgen.

Teil 2: Allgemeine berufliche Verhaltensregeln

- *Artikel 2*
  In der Ausübung ihres Berufsstandes respektieren die Public-Relations-Fachleute die Grundsätze der Allgemeinen Erklärung der Menschenrechte, insbesondere die Grundsätze Freiheit der Meinungsäusserung und Unabhängigkeit der Medien, welche auch das Recht des Individuums auf Informationen festhalten. Sie handeln in Übereinstimmung mit den Interessen der Allgemeinheit und unternehmen nichts, was die Würde und Integrität des Individuums verletzen würde.
- *Artikel 3*
  In der Ausübung ihres Berufes beweisen die Public-Relations-Fachleute Aufrichtigkeit, moralische Integrität und Loyalität. Insbesondere dürfen sie keine Äusserungen und Informatio-

nen verwenden, die nach ihrem Wissen oder Erachten falsch oder irreführend sind. Im gleichen Sinn müssen sie vermeiden, dass sie – wenn auch unbeabsichtigt – Praktiken oder Mittel gebrauchen, die mit diesem Kodex unvereinbar sind.

- *Artikel 4*
  Public-Relations-Aktivitäten müssen offen durchgeführt werden. Sie müssen leicht als solche erkennbar sein, eine klare Quellenbezeichnung tragen und dürfen Dritte nicht irreführen.

- *Artikel 5*
  In ihren Beziehungen zu anderen Berufsständen und zu anderen Bereichen der sozialen Kommunikation respektieren Public-Relations-Fachleute die dort geltenden Regeln und Praktiken, sofern diese mit den ethischen Grundsätzen ihres Berufsstandes vereinbar sind. Public-Relations-Fachleute respektieren die nationalen Berufskodizes und die geltenden Gesetze in allen Ländern, in denen sie tätig sind. Public-Relations-Fachleute sind zurückhaltend in ihrer Eigenwerbung.

Teil 3: Spezifische Verhaltensnormen

Gegenüber Auftrag- oder Arbeitgebern:

- *Artikel 6*
  Public-Relations-Fachleute dürfen ohne ausdrückliche Zustimmung der betroffenen Auftrag- oder Arbeitgeber keine sich widersprechenden oder miteinander konkurrierenden Interessen vertreten.

- *Artikel 7*
  Bei der Ausübung ihres Berufes bewahren Public-Relations-Fachleute absolute Diskretion. Sie respektieren gewissenhaft das Berufsgeheimnis und geben insbesondere keine vertraulichen Informationen weiter, die sie von früheren, gegenwärtigen oder potentiellen Auftrag- oder Arbeitgebern erhalten haben. Die Weitergabe solcher Informationen ist nur mit ausdrücklicher Zustimmung der betreffenden Auftrag- oder Arbeitgeber zulässig.

- *Artikel 8*
  Vertreten Public-Relations-Fachleute Interessen, die denjenigen ihres Auftrag- oder Arbeitgebers zuwiderlaufen könnten, so müssen sie ihn zum frühest möglichen Zeitpunkt darüber unterrichten.

- *Artikel 9*
  Public-Relations-Fachleute dürfen ihrem Auftrag- oder Arbeitgeber die Dienste einer Gesellschaft oder Organisation, an der sie ein finanzielles, geschäftliches oder anderes Interesse haben, nur dann empfehlen, wenn sie diese Interessen vorher offengelegt haben.

- *Artikel 10*
  Public-Relations-Fachleute dürfen keine vertraglichen Vereinbarungen eingehen, in denen sie ihrem Auftrag- oder Arbeitgeber messbare Erfolgsgarantien abgeben.

- *Artikel 11*
  Public-Relations-Fachleute dürfen die Vergütung für ihre Dienstleistungen nur in Form eines Honorars oder Gehaltes entgegennehmen.
  Sie dürfen auf keinen Fall eine Bezahlung oder eine sonstige Gegenleistung akzeptieren, deren Höhe sich nach dem messbaren Erfolg der erbrachten Dienstleistungen richtet.

- *Artikel 12*
  In der Ausführung von Dienstleistungen dürfen Public-Relations-Fachleute ohne Zustimmung des jeweiligen Auftrag- oder Arbeitgebers kein Entgelt wie Rabatte, Provisionen oder Sachleistungen von Dritten entgegennehmen.

- *Artikel 13*
  Falls die Ausführung eines Public-Relations-Mandates nach aller Voraussicht ein gravierendes Fehlverhalten und eine den Grundsätzen dieses Kodexes widersprechende Vorgehensweise bedingen würde, müssen Public-Relations-Fachleute ihren Auftrag- oder Arbeitgeber unverzüglich unterrichten und ihm mit allen gebührenden Mitteln zu einer Respektierung der

Grundsätze im Kodex veranlassen. Selbst wenn der Auftrag- oder Arbeitgeber weiter an seinem Vorsatz festhält, sind Public-Relations-Fachleute ohne Rücksicht auf persönliche Konsequenzen verpflichtet, gemäss dem Kodex zu handeln.

Gegenüber der öffentlichen Meinung
und den Informationsmedien:

- *Artikel 14*
  Die in diesem Kodex – insbesondere in den Artikeln 2, 3, 4 und 5 – festgehaltene Geisteshaltung beinhaltet die ständige Respektierung des Rechts auf Information durch die Public-Relations-Fachleute sowie die Pflicht zur Bereitstellung von Informationen, soweit es die Wahrung des Berufsgeheimnisses zulässt. Sie umfasst ferner die Respektierung der Rechte und der Unabhängigkeit der Informationsmedien.

- *Artikel 15*
  Jeder Versuch, die Öffentlichkeit oder ihre Repräsentanten zu täuschen, ist nicht zulässig. Informationen müssen unentgeltlich und ohne irgendeine verdeckte Belohnung zur Verwendung oder Veröffentlichung bereitgestellt werden.

- *Artikel 16*
  Falls es unter Beachtung der Grundsätze in diesem Kodex erforderlich sein sollte, zur Wahrung der Initiative oder Kontrolle über die Verbreitung von Informationen Anzeigenraum oder Sendezeit zu kaufen, können dies Public-Relations-Fachleute in Übereinstimmung mit den jeweils geltenden Regeln, Praktiken und Gepflogenheiten tun.

Gegenüber Berufskollegen:

- *Artikel 17*
  Public-Relations-Fachleute haben jeden unlauteren Wettbewerb mit Berufskollegen zu unterlassen. Unter Vorbehalt der im Artikel 19b enthaltenen Verpflichtung haben sie sich jeder Handlung oder Äusserung zu enthalten, die dem Ansehen oder der Arbeit eines Berufskollegen schaden könnte.

Gegenüber dem Berufsstand:

- *Artikel 18*
  Public-Relations-Fachleute haben sich jeder Verhaltensweise zu enthalten, die dem Ansehen ihres Berufsstandes schaden könnte. Insbesondere dürfen sie der Schweizerischen Public Relations Gesellschaft, ihrer Arbeit und ihrem Ansehen keinen Schaden zufügen, sei es durch böswillige Angriffe oder durch Verstösse gegen ihre Statuten und Reglemente.

- *Artikel 19*
  Die Wahrung des Ansehens des Berufsstandes ist ein Pflichtgebot für alle Public-Relations-Fachleute. Sie sind nicht nur verpflichtet, den Kodex selbst einzuhalten, sondern auch:
  a) beizutragen, dass der Kodex möglichst weit verbreitet sowie besser bekannt und verstanden wird;
  b) alle Verstösse oder mutmasslichen Verstösse gegen den Kodex, die ihnen bekannt werden, der zuständigen Disziplinarstelle zu melden und
  c) alles in ihrer Macht Stehende zu unternehmen, um sicherzustellen, dass die Entscheidungen dieser Disziplinarstelle über die Anwendung des Kodex befolgt und dass verhängte Sanktionen durchgesetzt werden.

Public-Relations-Fachleute, die einen Verstoss gegen den Kodex zulassen, verstossen dadurch selbst gegen den Kodex.

PR-Berufsorganisationen

Schweiz

- **SPRG Schweizerische Public Relations Gesellschaft**
  Gegründet: 1954
  Tätigkeit, Ziele, Zweck, Aufgaben:
  Dachverband der zurzeit sieben Regionalgesellschaften; setzt sich als Branchenverband für die Förderung der PR sowie die Aus- und Weiterbildung ein.
  Mitglieder: Sieben Regionalgesellschaften: ZPRG, BPRG, SRRP, ZPRG, PROL, NPRG, STRP; zusammen vereinen sie rund 1500 PR-Schaffende in der Schweiz.
  Kontakt: www.sprg.ch
  Weitere wichtige Organisationen:
  PR-Gesellschaften in Zürich und Bern (seit 1959), Westschweiz (1961), Zentralschweiz (1965), Ostschweiz (1975), Nordwestschweiz (1979) und im Tessin (1981)

- **BR Berufsregisterkommission**
  Gegründet: 1963
  Tätigkeit, Ziele, Zweck, Aufgaben:
  Berufsgruppe innerhalb der SPRG; der einzige nationale und öffentlich anerkannte Verbund von nachweislich professionell arbeitenden PR-Fachleuten (BR/SPRG).
  Mitglieder: rund 250
  Kontakt: via www.sprg.ch

- **SPRI Schweizerisches Public Relations Institut**
  Gegründet: 1969 durch SPRG,
  1980 in eine Stiftung umgewandelt
  Tätigkeit, Ziele, Zweck, Aufgaben:
  Bietet PR-Schaffenden praktische Aus- und Weiterbildung an; Ziele: Hebung der Qualität der PR-Praxis in der

Schweiz, Verbreitung und Vertiefung der Kenntnisse der Öffentlichkeit über Public Relations.

Kontakt: www.spri.ch
www.swisspr.ch

Weitere wichtige Organisationen:
CERP Education & Research (European Association for Education and Research in Public Relations)
www.cerp-er.org

- **BPRA Bund der Public Relations Agenturen der Schweiz**

Gegründet: 1978

Tätigkeit, Ziele, Zweck, Aufgaben:
Dachorganisation mittlerer und grosser PR-Agenturen in der Schweiz; Ziel: Markttransparenz durch gemeinsame Normen und Richtlinien, Arbeits- und Honorargrundsätze.

Mitglieder: zurzeit 24 PR-Agenturen

Kontakt: www.bpra.ch

Weitere wichtige Organisationen:
ICCO The International Communications Consultancy Organization (Internationale Dachorganisation der PR-Agenturverbände)
www.iccopr.com

- **GIRAS Gesellschaft der Investor-Relations-Agenturen der Schweiz**

(Giras repräsentiert führende professionelle Anbieter von umfassenden Dienstleistungen auf dem Gebiet der Investor Relations in der Schweiz)

Gegründet: 2001

Tätigkeit, Ziele, Zweck, Aufgaben:
Setzen eines hohen Qualitätsstandards für IR-Leistungen;
Erhöhen der Markttransparenz;
Fördern der Entwicklung der noch jungen Branche.

Mitglieder: 6

Kontakt: www.giras.ch

- **HarbourClub – 50 Corporate Communications Officers**
  (Vereinigung der fünfzig führenden Branchenprofis)
  Gegründet: August 2000
  Tätigkeit, Ziele, Zweck, Aufgaben:
  Professionalisierung und Strukturierung der Corporate-Communications-Branche, dadurch Verbesserung der Transparenz. Öffentlichkeitsarbeit, persönlicher Erfahrungsaustausch unter führenden Branchenprofis, Auseinandersetzung mit neuen und zukünftigen Herausforderungen im Bereich Corporate Communications und die Förderung informeller Kontakte unter Berufskolleginnen und -kollegen (deshalb Mitgliederkreis auf fünfzig aktive Corporate Communications Officers beschränkt).
  Mitglieder: 50
  Kontakt: www.corporate-communications.ch
  www.harbourclub.ch

- **SIRV Schweizerische Investor Relations Vereinigung**
  (Vereinigung von Investor Relations Officers mit Kommunikationsverantwortung in Management-, Investment- und Finanzbelangen)
  Gegründet: 1991
  Tätigkeit, Ziele, Zweck, Aufgaben:
  Förderung der Beziehungspflege zwischen Mitgliedern und Investoren, Fondsmanagern und Analysten in der Schweiz und international, hoch halten von ethischen und beruflichen Standards für Investor Relations.
  Mitglieder: zurzeit rund 40
  Kontakt: www.sirv.ch

- **SPAG Schweizerische Public Affairs Gesellschaft**
  (Beruflicher Interessenverband von Lobbyisten und anderen Spezialisten der Kommunikationsbranche zur Verbesserung der politischen Willensbildung)
  Gegründet: 1999

Tätigkeit, Ziele, Zweck, Aufgaben:
Sensibilisierung von Behörden und Öffentlichkeit für Sinn und Wert des politischen, wirtschaftlichen und kulturellen Lobbyings und dessen Bedeutung im demokratischen Entscheidungsprozess. Förderung der beruflichen und ethischen Verlässlichkeit ihrer Mitglieder und damit des Ansehens des Berufsstandes.
Mitglieder: zurzeit rund 130
Kontakt: www.spag.ch

Deutschland

- **DPRG Deutsche Public Relations Gesellschaft e.V.**
  (Branchenverband der PR-Fachleute)
  Tätigkeit, Ziele, Zweck, Aufgaben:
  Berufsverband der PR-Fachleute; Fortbildung von PR-Fachleuten und Ausbildung des Nachwuchses; internationale Beziehungspflege.
  Mitglieder: 1855 ordentliche, Junioren-, korrespondierende, fördernde, Firmen- und Studien-Mitglieder
  Kontakt: www.dprg.de
  Weitere wichtige Organisationen:
  DAPR Deutsche Akademie für Public Relations GmbH
  www.dapr.de

- **GPRA Gesellschaft der Public Relations Agenturen e.V.**
  (Wirtschaftsverband der PR-Agenturen in Deutschland)
  Gegründet: 1973
  Tätigkeit, Ziele, Zweck, Aufgaben:
  Externe Profilierung Verband und Mitgliedsagenturen; interner Know-how-Transfer; internationaler Austausch.
  Mitglieder: 30 Mitgliedsagenturen, landesweit rund 80 Büros
  Kontakt: www.gpra.de
  www.pr-guide.de

- **DAPR Deutsche Akademie für Public Relations GmbH**
  Gegründet: 1991 durch die DPRG und die GPRA;
  1995 Übertrag der DPRG-Anteile an die GPRA

Tätigkeit, Ziele, Zweck, Aufgaben:
Definition eines Qualitätsstandards für PR-Berufsleute und Führungskräfte;
Systematisierung der PR-Aus- und Weiterbildung.
Mitglieder: 45 Gesellschafter (Persönlichkeiten, Unternehmen und Institutionen aus dem Kommunikationsbereich)
Kontakt: www.dapr.de

- **DIPR Deutsches Institut für Public Relations e.V.**
  Gegründet: 1971 von Mitgliedern des Berufsverbandes der DPRG
  Tätigkeit, Ziele, Zweck, Aufgaben:
  Gemeinnütziger Verein für die Qualifizierung des PR-Berufsstandes; älteste deutsche Berufsbildungseinrichtung für den Berufsstand Öffentlichkeitsarbeit.
  Kontakt: www.dipr.de

- **DRPR Deutscher Rat für Public Relations**
  Tätigkeit, Ziele, Zweck, Aufgaben:
  Organ der freiwilligen Selbstkontrolle der in Deutschland tätigen PR-Fachleute.
  Mitglieder: Träger sind die Deutsche Public Relations-Gesellschaft e.V. (DPRG) und die Gesellschaft Public Relations Agenturen e.V. (GPRA)
  Kontakt: www.drpr.de

Österreich

- **Public Relations Verband Austria (PRVA)**
  Gegründet: 1975 als PRCA (Public Relations Club Austria), 1980 in PRVA umbenannt
  Tätigkeit, Ziele, Zweck, Aufgaben:
  Freiwillige Standesvertretung der PR-Fachleute;
  vertritt die Interessen seiner Mitglieder;
  versteht sich als Plattform und Sprachrohr der Branche.
  Förderung der Mitglieder, Weiterbildung, wissenschaftliche Auseinandersetzung mit Public Relations.

Mitglieder: 295 Einzelmitglieder, 51 Agenturen,
15 fördernde Mitglieder aus Agenturen, Unternehmen, Institutionen, Kultur und Politik

Kontakt: www.prva.at
prva.office@netway.at

Weitere wichtige Organisationen:
PR Group Austria;
Wirtschaftskammer Österreich;
Fachverband für Werbung und Marktkommunikation

Europa

- **CERP, Conféderation Européenne des Relations Publiques – European Public Relations Confederation**

(Europäischer Dachverband der PR-Experten und -Berufsverbände)

Gegründet: 1959

Tätigkeit, Ziele, Zweck, Aufgaben:
Dachverband der europäischen PR-Verbände. Vertritt im europäischen Raum die Belange des PR-Berufes, fördert seine Entwicklung. Harmonisierung der Standesregeln durch Zusammenarbeit der nationalen Verbände. CERP hat Beraterstatus beim Europarat und bei der UNESCO. Von der EG-Kommission und dem Europäischen Parlament als offizielle Sprecherin für den Berufsstand in Europa anerkannt.

Mitglieder: Ca. 25 Organisationen aus 17 Staaten;
seit 1989 reine Konföderation der nationalen Verbände;
CERP vertritt rund 22'000 PR-Berufsleute, Berater, Lehrkräfte und Studenten

Weitere wichtige Organisationen:
CERP Education (www.cerp-er.org);
CERP Students (www.cerpstudents.net)

USA

- **PRSA Public Relations Society of America**
  (Weltgrösste Organisation von PR-Fachleuten)
  Gegründet: 1947 entstanden aus dem Zusammenschluss des American Council on Public Relations mit der National Association of Public Relations Council; 1961 fusionierte auch die American Public Relations Association mit der PRSA.
  Tätigkeit, Ziele, Zweck, Aufgaben:
  Dach- und Interessensverband der amerikanischen PR-Fachleute; fördert die Belange des PR-Berufes sowie die Ausbildung und Forschung.
  Mitglieder: rund 20'000
  Kontakt: www.prsa.org

International

- **Global Alliance for Public Relations and Communication Management**
  (Internationaler Verbund von PR-Branchenverbänden)
  Gegründet: 2000
  Tätigkeit, Ziele, Zweck, Aufgaben:
  Förderung der weltweiten Zusammenarbeit der PR Branchenverbände und der darin vertretenen über 100'000 PR-Schaffenden.
  Mitglieder: ca. 35 auf allen fünf Kontinenten
  Kontakt: www.globalpr.org

- **ICA International Communications Association**
  (Internationale Vereinigung für Studenten, die an allen Aspekten der zwischenmenschlichen und medialen Kommunikation interessiert sind.)
  Gegründet: 1950 in den USA
  Tätigkeit, Ziele, Zweck, Aufgaben:
  Förderung der Kommunikationsforschung weltweit durch Publikationen, Konferenzen, Auszeichnungen, Mitgliedschaft sowie Netzwerk beruflicher Beziehungen.

Mitglieder: über 3500 in 65 Ländern
Kontakt: www.icahdq.org

- **ICCO International Communications Consultancy Organization**
  (Internationale Dachorganisation der PR-Agenturverbände)
  Gegründet: 1986 als International Committee of Public Relations Consultancy Associations (ICO) von nationalen PR-Agenturverbänden mehrerer Länder
  Tätigkeit, Ziele, Zweck, Aufgaben:
  Erleichterung der grenzüberschreitenden Marktbearbeitung für die Mitglieder.
  Mitglieder: ICCO repräsentiert weltweit über 850 Agenturen, mit über 25'000 Beschäftigten in 24 Ländern
  Kontakt: www.iccopr.com (mit Links zu den jeweiligen Landesverbänden)

- **IPRA International Public Relations Association, London**
  (Internationaler Dachverband der PR-Berufsorganisationen)
  Gegründet: 1955 in London
  Tätigkeit, Ziele, Zweck, Aufgaben:
  Förderung des internationalen Erfahrungs- und Ideenaustausches, speziell unter international tätigen PR-Praktikern; weltweite Hebung der Qualität der PR-Arbeit; Förderung von Studien und Veröffentlichungen in Bezug auf PR sowie Starthilfe für nationale PR-Verbände in Ländern, wo solche Verbände noch nicht bestehen oder erst gegründet wurden.
  Mitglieder: über 800 Einzelmitglieder in über 80 Ländern
  Kontakt: www.ipra.org
  www.ipranet.org

Mustervertrag für PR-Dienstleistungen

Leistungsvereinbarung

1 Auftragserteilung

1.1 Mit dieser Vereinbarung erteilt der Auftraggeber (nachfolgend «Kunde»)

____

____

____

____

dem Auftragnehmer (nachfolgend «Agentur»)

____

____

____

____

den Auftrag, die in diesem Vertrag vereinbarten Leistungen zu erbringen.

1.2 Abweichungen von diesem Vertrag können von den Parteien jederzeit vereinbart werden; sie bedürfen jedoch zu ihrer Gültigkeit der Schriftform.

1.3 Die Zusammenarbeit zwischen Kunde und Agentur beginnt am __________ und dauert mangels Kündigung oder anderweitiger Regelung gemäss Ziff. 7 dieses Vertrages auf unbestimmte Zeit fort.

1.4 Ansprechperson und Mandatsleiter seitens der Agentur ist:

____

Weisungsberechtigte Person seitens des Kunden ist:

____

2 Leistungen der Agentur

2.1 Die Agentur verpflichtet sich zur:

- Erstellung eines PR-Konzeptes
- Durchführung von PR-Projekten
- Laufende Beratung

2.2 Im Einzelnen sind folgende Arbeiten auszuführen:

- Siehe Beilage 1 zu diesem Vertrag
- ______________________________
  ____
  ____
  ____

2.3 Im Rahmen der ihr übertragenen Aufgaben verpflichtet sich die Agentur zur sorgfältigen und fachgerechten Ausführung. Die Agentur trägt die Gesamtverantwortung für die Erfüllung der ihr übertragenen Aufgaben. In Rücksprache mit dem Kunden kann die Agentur zur Erfüllung spezifischer Aufgaben Dritte beiziehen. Gegenüber Dritten handelt die Agentur stellvertretend im Namen und auf Rechnung des Kunden.

2.4 Während der Dauer der Zusammenarbeit übernimmt die Agentur keine Beratungsmandate, die den Interessen des Kunden zuwiderlaufen könnten. Insbesondere verpflichtet sie sich, Beratungsarbeiten für direkte Konkurrenten des Kunden oder für Widersacher des Kunden in öffentlich ausgetragenen Streitigkeiten zu unterlassen. Ausnahmen sind möglich, sofern der Kunde dem zustimmt.

2.5 Die Agentur verpflichtet sich, alle im Rahmen der Zusammenarbeit erhaltenen Informationen und Dokumente, die nicht vom Kunden ausdrücklich für eine Weitergabe an Dritte bestimmt worden sind, geheimzuhalten. Diese Geheimhaltungspflicht besteht nach Beendigung des Beratungsvertrages fort. Bei Beendigung des Beratungsvertrages sind, auf Verlangen des Kunden, sämtliche vom Kunden erhaltene Dokumente zurückzugeben. Sechs Monate nach Vertragsbeendigung erlischt die Rückgabeverpflichtung der Agentur. Von der Agentur erstellte Dokumente und andere Arbeitsprodukte verbleiben auch nach Beendigung des Vertrages bei der Agentur.
Der Kunde ist darüber informiert, dass bei der Kommunikation über E-Mail Dritte zu den übermittelten Daten Zugang haben können. Der Kunde ermächtigt die Agentur hiermit ausdrücklich

zur E-Mail-Kommunikation und er betrachtet eine solche nicht als Verletzung der Geheimhaltungspflicht.

2.6 Die Agentur verpflichtet sich, den Kunden jederzeit auf Verlangen über die bisherige Tätigkeit, über den Stand des internen Aufwandes und über die Fremdkosten zu orientieren.

2.7 Ausserordentliche Ereignisse sind von der Agentur unaufgefordert dem Kunden zu melden.

3 Leistungen des Kunden

3.1 Der Kunde stellt der Agentur alle zur Ausführung der ihr übertragenen Aufgaben erforderlichen Informationen und Dokumente zur Verfügung. Dabei bestimmt der Kunde ausdrücklich, welche Informationen und Dokumente zur Weitergabe an Dritte bestimmt sind.

3.2 Der Kunde verpflichtet sich, der Agentur ein Honorar nach Massgabe folgender Abrechnungsform zu erstatten:

- Einmalige Auftragspauschale:

  ____

- Periodische Pauschale:

  ____

- Aufwandentschädigung:

  ____

3.3 Zahlungsmodus

- Fälligkeiten:

  ____
  ____
  ____

- Akontozahlungen:

  ____
  ____
  ____

3.4 Der Kunde verpflichtet sich ferner, der Agentur sämtliche Auslagen und Aufwendungen, die diese in Ausführung der ihr übertragenen Aufgaben gemacht hat, zu ersetzen. Lieferantenrechungen, die den Betrag von CHF ________ übersteigen, werden dem Kunden zur direkten Zahlung weitergeleitet.

3.5 Der Kunde verpflichtet sich, während der Dauer dieses Vertrages keine andere Agentur zu beauftragen. Ausnahmen sind möglich, sofern die Agentur dem zustimmt.

4 Durchführung

4.1 Die Agentur ist frei in der Wahl der Mittel, um die in Ziff. 2.1 dieses Vertrages umschriebenen Aufgaben zu erfüllen.

4.2 Ohne anderslautende Vereinbarung hat die Agentur in der Ausführung der ihr übertragenen Aufgaben ihre Arbeitsprodukte dem Kunden zur Genehmigung vorzulegen, bevor diese veröffentlicht bzw. Dritten mitgeteilt werden.

5 Abrechnung

5.1 Die gemäss Ziff. 3.1, 3.2 und 3.3 dieses Vertrages geschuldeten Beträge werden

- ☐ monatlich
- ☐ vierteljährlich
- ☐ halbjährlich
- ☐ am Ende des Projektes

abgerechnet. Die Abrechung erfolgt grundsätzlich innerhalb von dreissig Tagen nach

- ☐ Monatsende
- ☐ Quartalsende
- ☐ Semesterende
- ☐ Beendigung des Projektes.

5.2 Der Agentur von Unterlieferanten ausbezahlte Provisionen und Kommissionen werden dem Kunden zur Verrechnung gutgeschrieben.

5.3 Rechnungen werden in jedem Fall innerhalb von 30 Tagen nach Präsentation zur Zahlung fällig. Für Rechnungen von Unterlieferanten, welche dem Kunden zur direkten Zahlung zugestellt werden, gelten dessen Zahlungsbedingungen.

6 Geistiges Eigentum

6.1 Sämtliche urheberrechtlichen und anderen Rechte an den Leistungen der Agentur bleiben bei der Agentur. Der Kunde erwirbt mit der Begleichung der Agenturrechnungen ein Nutzungsrecht für die Dauer der Zusammenarbeit. Die Agentur wird den Kunden informieren, wie lange und unter welchen Bedingungen Urheberrechte von beigezogenen Dritten vom Kunden genutzt werden dürfen.

6.2 Nach Beendigung der Zusammenarbeit dürfen die Leistungen der Agentur nur mit deren ausdrücklicher Zustimmung und gegen Leistung einer Entschädigung weiterverwendet werden.

7 Vertragsbeendigung

7.1 Dieser Beratungsvertrag läuft

- bis zum ______________________________
- bis zur Erledigung der in Ziff. 2 dieses Vertrages umschriebenen Angaben.

7.2 Er kann von beiden Parteien jederzeit mit einer Frist von drei Monaten auf das Ende eines Monates gekündigt werden. Der Kunde ist sich bewusst, dass die Agentur zur Erfüllung der Leistungen gemäss obiger Ziff. 2 Personal und Infrastruktur reserviert und bereitstellt. Kündigt der Kunde den Vertrag ohne Einhaltung der dreimonatigen Frist, so gilt die Kündigung als zur Unzeit erfolgt und der Kunde schuldet der Agentur eine Konventionalstrafe in der Höhe von 25% des Honorars der vorangegangenen 12 Monate zusammengezählt (bzw. bei unterjährigem Vertragsverhältnis 25% des vorgesehenen Jahreshonorars). Die Geltendmachung weitergehenden Schadens bleibt vorbehalten.

7.3 Sind werkvertragliche Leistungen (zum Beispiel die Erstellung eines Konzeptes) vereinbart, sind der Agentur bei vorzeitigem Widerruf oder Kündigung der geleistete Aufwand sowie der entgangene Gewinn zu ersetzen.

8 Anwendbares Recht

Diese Vereinbarung untersteht in jeder Hinsicht schweizerischem materiellem Recht.

9 Gerichtsstand

Der ausschliessliche Gerichtsstand befindet sich für sämtliche Streitigkeiten am Sitz der Agentur.

Ort, Datum:

____

Der Kunde:

____

Ort, Datum:

____

Die Agentur:

____

Der Beratungsvertrag für PR-Dienstleistungen des Bundes der Public Relations Agenturen der Schweiz (BPRA) wurde in verdankenswerter Weise zur Publikation in diesem Buch freigegeben. Er ist ausschliesslich für die Käuferschaft dieses Buches bestimmt und darf deshalb nicht für Dritte zugänglich gemacht werden. Die Übernahme und Verwendung des Textes unterliegt einem Copyright zugunsten des BPRA. Der BPRA-Beratungsvertrag kann gegen eine Schutzgebühr über *www.bpra.ch* bestellt werden.

Literaturverzeichnis

Avenarius, Horst: *Die ethischen Normen der Public Relations. Kodizes, Richtlinien, freiwillige Selbstkontrolle*, Luchterhand Fachbuch, 1998

Birkigt, Klaus / Stadler, Marinus / Funck, Hans-Joachim (Hg.): *Corporate-Identity: Grundlagen, Funktionen, Fallbeispiele*, Landsberg am Lech 1998

Bortoluzzi Dubach, Elisa / Frey, Hansrudolf: *Sponsoring – ein Leitfaden für die Praxis*, 3. Aufl., Verlag Haupt, Bern 2002

Bruhn, Manfred: *Sponsoring – Unternehmen als Mäzene und Sponsoren*, 2. Aufl., Frankfurt a. M. und Wiesbaden, 1991

Buser, Tom et al.: *My Guide to Customer Relationship Management. Kundenbeziehungen erfolgreicher leben. Theorie, Praxisbeispiele, Tipps und Werkzeuge für eine erhöhte Kundengunst*, Juni 2000, PIDAS Aktiengesellschaft, Zürich

Fissenewert, Renée / Schmidt, Stephanie: *Konzeptionspraxis, Eine Einführung für PR- und Kommunikationsfachleute – mit einleuchtenden Betrachtungen über den Gartenzwerg*, Frankfurt a. M., 2002

Funiok, Rüdiger: *Grundfragen der Kommunikationsethik*, UVK Medien Verlags-Ges., K.; 1995

Grunig, James E. / Hunt, Todd: *Managing Public Relations*, New York / Chicago 1986 (Der Klassiker, der den Grundstein gelegt hat für das heutige Verständnis von PR als Kommunikationsmanagement zwischen einer Organisation und deren Bezugsgruppen.)

Herbst, Dieter: *Das professionelle 1x1 Public Relations*, Berlin 1997

Herbst, Dieter: *Das professionelle 1x1 Erfolgsfaktor Wissensmanagement*, Berlin 2000

Herbst, Dieter: *Das professionelle 1x1 Corporate Identity*, Berlin 1998

Herbst, Dieter: *Interne Public Relations* (Lehrmaterial), 1999

Herbst, Dieter: *Das professionelle 1x1 Internet-PR*, Berlin 2001

Herbst, Dieter: *Das professionelle 1x1 E-Branding*, Berlin 2002

Köcher, Alfred C.: *Management von Public Relations – Ein integrales Konzept*, Dissertation der Handelshochschule St. Gallen, 1991

Köcher, Alfred C. / Birchmeier, Eliane: *Public Relations? Public Relations!* TÜV Rheinland, 1992

Kreis-Muzzulini, Angela: *Medienarbeit für soziale Projekte*, Huber, Frauenfeld 2000

Marti, Hanspeter O. / Widmer, Peter / Probst, Philippe: *Recht in Marketing und Kommunikation, Lehr- und Handbuch für die Praxis*, Neudruck 2001, Verlag Marti-Gasser, Zürich 1999 / 2001

Meffert, Heribert/Buhrmann, C.: *Identitätsorientierte Markenführung. Grundlagen für das Management von Markenportfolios*, Arbeitspapier Nr. 100, Wissenschaftliche Gesellschaft für Marketing und Unternehmensführung e.V. 1996

Pflaum, Dieter/Pieper, Wolfgang: *Lexikon der Public Relations*, Landsberg Lech, 1989

Schultz von Thun, Friedemann: «*Miteinander reden*», Rowohlt, Reinbek b. Hamburg 1981

Strasser, Hans Rudolf: Dokumentation Public Relations, 1992

Watzlawick, Paul/Beavin, Janet/Jackson, Don: *Menschliche Kommunikation. Formen, Störungen, Paradoxien*, Bern 1969

Werbelexikon, ofa Orell Füssli Werbe AG, Zürich 1995

Westebbe/Logan: *Corporate Citizenship. Unternehmen im gesellschaftlichen Dialog*, 1995

Ziegler, Albert: *Verantwortung für das Wort*, Huber, Frauenfeld 2000

Internet-Adressen

PR allgemein

- www.dieterherbst.de
  www.ideereich.de
  Onlineportal von Prof. Dr. Dieter Herbst für Marketing- und Kommunikationsthemen
  Ab 2004 zusammengefasst unter
  www.2source1.de
- www.globalpr.org
  Global Alliance for Public Relations and Communication Management
- www.icahdq.org
  International Communications Association
- www.lib.uwo.ca/business/bernays.html
  PR-Geschichte
- www.pfoertnerloge.de
  Deutsches PR-Portal
- www.prsource.co.uk
  PR Source Center

PR-Lexika

- www.business-guide.de/wirtschaftslexikon
  Gabler Wirtschafts-Lexikon
- www.pr-glossar.de/
  Ahrens Behrent PR-Glossar
- www.pr-guide.de/
  Online-Service GPRA, DPRG, PR-Forum

Krisen-PR

- www.krisennavigator.de/index2.html
  Der Krisennavigator ist ein Internet-Angebot für Krisenmanagement, Krisendiagnose, Krisenkommunikation, Issues Management, Risikomanagement, Sicherheitsmanagement und Katastrophenmanagement.

PR-Verbände

- www.bpra.ch
  Bund der Public Relations Agenturen der Schweiz
- www.cerpstudents.net
  Europäische Vereinigung von PR-Studenten
- www.dapr.de
  Akademie für Public Relations GmbH (DAPR)
- www.dprg.de
  Deutsche Public Relations Gesellschaft (DPRG)
- www.giras.ch
  GIRAS – Gesellschaft der Investor-Relations-Agenturen der Schweiz
- www.harbourclub.ch
  HarbourClub – 50 Corporate Communications Officers
- www.iabc.ch
  International Association of Business Communications (IABC)
- www.iccopr.com
  International Communications Consultancy Organization (ICCO), Internationale Dachorganisation der Verbände der PR-Agenturen
- www.ipra.org
  International PR Association IPRA
- www.prch.ch / www.sprg.ch
  Schweizerische Public Relations Gesellschaft (SPRG)
- www.prineurope.com
  Confédération Européenne des Relations Publiques (CERP)
- www.prsa.org
  Public Relations Society of America (PRSA)
- www.prva.at oder www.publicrelations.at
  PRVA Public Relations Verband Austria
- www.sirv.ch
  SIRV Schweizerische Investor Relations Vereinigung
- www.spag.ch
  Schweizerische Public Affairs Gesellschaft

PR-Ausbildung

- www.spri.ch oder www.swisspr.ch
  Schweizerisches PR-Institut
- www.ifks.ch
  Institut für Kaderschulung
- www.imw.unibe.ch
  Institut für Medienwissenschaft Universität Bern

- www.unifr.ch
  Universität Fribourg: Medien- und Kommunikationswissenschaft, Journalistik und Kommunikationswissenschaft

PR-Fachmedien

- www.prmagazin.de
  Deutschsprachiges PR-Magazin
- www.m-k.ch
  Fachzeitschrift Marketing und Kommunikation, Zürich
- www.persoenlich.com
  Das online-Portal der Schweizer Kommunikationswirtschaft

Originaltext-Service OTS

- www.newsaktuell.ch
  Die news aktuell (Schweiz) AG wurde 2000 von der sda Schweizerische Depeschenagentur AG und der news aktuell GmbH Hamburg gegründet und führt den Originaltextservice (ots) der sda weiter.
- www.pressetext.ch
  Online-Nachrichtenagentur mit verschiedenen Standorten in Europa sowie einem weltweiten Vertriebs- und Partnernetz (Nachrichtendienst, Presseverteiler, Internetfernsehen)

Medienbeobachtung

- www.argus.ch
  Argus der Presse AG, Zürich: Medienbeobachtung, Analyse und Informationsmanagement auf Basis der nationalen und internationalen Medienbeobachtung
- www.media-gate.ch
  Mediagate AG, Dällikon: Clippings, Online-Datenbank, tagesaktuelle Beobachtung nationaler und internationaler Medien, Trendanalysen
- www.zms.ch
  www.presswatch.ch
  ZMS/PMA Medienbeobachtung AG, Aettenschwil: Medienbeobachtung, Medienpräsenzanalysen, Sponsoring-Erfolgskontrolle

Recht

- www.admin.ch
  Die Bundesbehörden der Schweizerischen Eidgenossenschaft
- www.admin.ch/ch/d/sr/sr.html
  Systematische Sammlung des Bundesrechts
- www.lauterkeit.ch/
  Schweizerische Lauterkeitskommission
- www.prolitteris.ch
  Schweizerische Urheberrechtsgesellschaft für Literatur und Kunst
- www.suisa.ch
  Schweizerische Gesellschaft für die Rechte der Urheber musikalischer Werke

Weitere Adressen

- www.agenturcafe.de
  Der Branchendienst für Kommunikationsprofis
- www.asw.ch
  Allianz Schweizer Werbeagenturen ASW (Vereinigung inhabergeführter Werbe- und Kommunikationsagenturen in der Schweiz)
- www.bsw.ch
  Berufsverband Schweizer Werbe- und Kommunikationsagenturen BSW (ab Frühjahr 2005: Leading Swiss Agencies BSW)
- www.ngo.de
  Offener Austausch von Erfahrungen und Meinungen von Mitarbeitenden im bürgerrechtlichen und sozialen Dienst
- www.malik.ch
  Prof. Fredmund Malik
- www.beta45.de
  Farblehre, Farbtheorien
- www.smc-cms.ch
  Swiss Marketing (Berufsverband für Fachleute aus Marketing und Verkauf)
- www.svds.ch
  Schweizerischer Verein für die deutsche Sprache
- www.terminkalender.ch
  Kalender der wirtschaftlich relevanten Termine

Grafikverzeichnis

Teil I Grundlagen der Public Relations

Teil II Public Relations in der Praxis

Stichwortverzeichnis

Dank

Wir danken allen, die uns mit Kompetenz, Geduld und Verständnis unterstützt und damit wesentlich zur Entstehung dieses Buches beigetragen haben. Insbesondere gilt unser Merci auch folgenden Persönlichkeiten:

- Dr. Dieter Jäggi für das Verfassen des Vorworts
- Renzo Lorenzetti, Bätterkinden, für die Begleitung und Unterstützung bei der Erarbeitung von Prüfungsunterlagen, die in irgendeiner Form auch in diesem Buch Eingang fanden
- Daniel Messerli für die Visualisierung unseres Textes in übersichtliche, klar verständliche Grafiken
- Félix Teuber, Eclépens/VD, der mit den ersten PR-Grundlagen für die Marketingplanerprüfungen die Basis zur Entstehung dieses Werks gelegt hat
- Edith Weber-Halter für die sorgfältige Lektoratsarbeit und die vielen nützlichen Ergänzungen

sowie

- Dr. Ulrich Bollmann, Zürich, Past President des Bundes der Public Relations Agenturen der Schweiz, der uns den BPRA-Mustervertrag für Kunden zur Publikation in diesem Buch freigegeben hat
- Dr. Elisa Bortoluzzi Dubach, Zug, die uns mit guten Ratschlägen ermunterte
- Renée Fissenewert, Ahrens und Behrent, für die Unterstützung im Glossar
- Hans Graf, Direktor der Stiftung Siloah, Gümligen, der uns freundlicherweise das Leitbild des Pflegeheimes Muri-Gümligen zur Veröffentlichung überlassen hat
- Prof. Dr. Dieter Herbst, der mit seiner hochinformativen Website und der persönlichen Beratung wertvolle Impulse gegeben hat
- Dr. Peter P. Knobel, Zug, der uns die überaus hilfreichen Checklisten zur Verfügung stellte
- Silvia Moser-Luthiger, Schweizerische Gesellschaft der Fundraising Fachleute (SGFF), für die Inputs betreffend Fundraising
- Philippe Probst, Fürsprecher LL. M. Eur. Bern, für die spontane Unterstützung im Rechtsteil
- Dr. Hans Rudolf Strasser, Jurist und PR-Berater, Bern, der uns in der Kommunikationslehre seine Unterlagen zur Verfügung stellte

- Peter Widmer, Fürsprecher, Bern, ebenfalls für die spontane Unterstützung im Rechtsteil
- allen PR-Kolleginnen und -Kollegen, die mit den interessanten Gesprächen und ihren Erfahrungen immer wieder fachliche Inhalte geliefert haben

und «last but not least»

- unseren Lebenspartnern, unseren Familien, die zugunsten der PR auf manche gemeinsame Stunden verzichteten sowie
- Caruso, dem jungen Tiger-Kater, der Stunden um Stunden auf der Schneidmaschine im Büro die PC-Arbeit begleitet hat.

Angela Kreis-Muzzulini   Bernhard Müller